スバラシクよく解けると評判の

合格！数学III
実力 UP! 問題集

馬場敬之

改訂6
revision

MATHEMA

マセマ出版社

◆ はじめに ◆

　これまで，マセマの「**合格！数学**」シリーズで学習された読者の皆様から「**さらに腕試しをして，実力を確実なものにする問題集が欲しい。**」との声が，多数マセマに寄せられて参りました。この読者の皆様の強いご要望にお応えするために，

　「**合格！数学 III 実力 UP! 問題集 改訂 6**」を発刊することになりました。

　これはマセマの参考書「**合格！数学 III**」に対応した問題集で，練習量を大幅に増やせるのはもちろんのこと，参考書では扱えなかったテーマでも受験で頻出のものは積極的に取り入れていますから，**解ける問題のレベルと範囲がさらに広がります**。

　大学全入時代を向かえているにも関わらず，数学 III の**大学受験問題はむしろ難化傾向**を示しています。この難しい受験問題を解きこなすには，相当の問題練習が必要です。そのためにも，この問題集で十分に練習しておく必要があるのです。

　ただし，短期間に実践的な実力をつけるには，網羅系と呼ばれる参考書・問題集でむやみに数多くの雑問を解けば良いというわけではありません。必要・十分な量の**選りすぐりの良問を反復練習する**ことにより，様々な受験問題の解法パターンを身につけることが出来，受験でも合格点を取れるようになるのです。この問題集では，星の数ほどある受験問題の中から **142** 題（小問集合も含めると，実質的には **280** 題）の良問をこれ以上ない位スバラシク親切に，しかもストーリー性を持たせて解答・解説しています。ですから非常に学習しやすく，また**短期間で大きく実力をアップさせ，合格レベルに持っていく**ことができるのです。この問題集と「**合格！数学**」シリーズを併せてマスターすれば，難関大を除くほとんどの国公立大学，有名私立大の合格圏に持ち込むことができます！

2

ちなみに, 雑問とは玉石混交の一般の受験問題であり, 良問とは問題の意図が明快で, 反復練習することにより確実に実力を身につけることができる問題のことです。

この問題集は, "**6つの演習の章**" と "**補充問題**" から構成されていて, それぞれの章はさらに「**公式＆解法パターン**」と「**問題＆解答・解説編**」に分かれています。

まず, 各章の頭にある「公式＆解法パターン」で基本事項や公式, および問題を解く上での基本的な考え方を確認しましょう。それから「問題＆解答・解説編」で実際に問題を解いてみましょう。「問題＆解答・解説編」では各問題に難易度とチェック欄がついています。難易度は, ★の数で次のように分類しています。

★：易, ★★：やや易, ★★★：標準

慣れていない方は初めから解答・解説を見てもかまいません。そしてある程度自信が付いたら, 今度は解答・解説の部分は隠して**自力で問題に挑戦して下さい**。チェック欄は **3** つ用意していますから, 自力で解けたら "○" と所要時間を入れていくと, ご自身の成長過程が分かって良いと思います。**3** つのチェック欄にすべて"○"を入れ, さらに納得がいくまで反復練習しましょう!

本当に数学の実力を伸ばすためには, 「**良問を繰り返し自力で解く**」ことに限ります。**マセマの総力を結集した問題集です。**

この「**合格! 数学 III 実力 UP! 問題集 改訂6**」で, 是非皆様の夢を実現させて下さい! マセマはいつも頑張る皆様を応援しています!!

マセマ代表　馬場 敬之

この改訂 **6** では, 新たに補充問題として, 空間図形と体積の応用問題とその解答・解説を加えました。

◆ 目 次 ◆

4

テーマ

▶ **複素数平面の基本**
　（絶対値 $|\alpha|$、共役複素数 $\bar{\alpha}$ など）

▶ **極形式とド・モアブルの定理**
　$\left((\cos\theta + i\sin\theta)^n = \cos n\theta + i\sin n\theta\right)$

▶ **複素数平面の図形への応用**
　$\left(\dfrac{w - \alpha}{z - \alpha} = r(\cos\theta + i\sin\theta)\ \text{など}\right)$

1.複素数と複素数平面

（ i ）$\alpha = a + b\,i$ の絶対値

$$|\alpha| = \sqrt{a^2 + b^2}$$

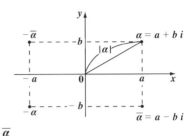

（ ii ）α の共役複素数 $\overline{\alpha} = a - b\,i$

・$\overline{\alpha \pm \beta} = \overline{\alpha} \pm \overline{\beta}$

・$\overline{\alpha \cdot \beta} = \overline{\alpha} \cdot \overline{\beta}$ ・$\overline{\left(\dfrac{\alpha}{\beta}\right)} = \dfrac{\overline{\alpha}}{\overline{\beta}}$

・$|\alpha| = |\overline{\alpha}| = |-\alpha| = |-\overline{\alpha}|$ ・$|\alpha|^2 = \alpha \cdot \overline{\alpha}$

2. 複素数の実数条件と純虚数条件

（ i ）α が実数 $\Longleftrightarrow \alpha = \overline{\alpha}$

（ ii ）α が純虚数 $\Longleftrightarrow \alpha + \overline{\alpha} = 0$ （$\alpha \neq 0$）

3. 2 点間の距離

$\alpha = a + b\,i$，$\beta = c + d\,i$ のとき，2 点 α, β 間の距離 $|\alpha - \beta|$ は

$$|\alpha - \beta| = \sqrt{(a - c)^2 + (b - d)^2}$$

4. 複素数の極形式

$z = a + b\,i = r(\cos\theta + i\sin\theta)$

$(r = |z| = \sqrt{a^2 + b^2},\ \theta = \arg z)$

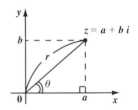

5. 複素数の積と商

$z_1 = r_1(\cos\theta_1 + i\sin\theta_1),\ z_2 = r_2(\cos\theta_2 + i\sin\theta_2)$ のとき，

（ i ）$z_1 \cdot z_2 = r_1 \cdot r_2 \{\cos(\theta_1 + \theta_2) + i\sin(\theta_1 + \theta_2)\}$

（ ii ）$\dfrac{z_1}{z_2} = \dfrac{r_1}{r_2} \{\cos(\theta_1 - \theta_2) + i\sin(\theta_1 - \theta_2)\}$ （$z_2 \neq 0$）

6. ド・モアブルの定理

$(\cos\theta + i\sin\theta)^n = \cos n\theta + i\sin n\theta$ （n：整数 ）

7. 内分点・外分点の公式

（ⅰ）2 点 α, β を結ぶ線分 $\alpha\beta$ を，

$$\begin{cases} \cdot \ m:n \text{ に内分する点 } \gamma \text{ は，} \quad \gamma = \dfrac{n\alpha + m\beta}{m + n} \\[2mm] \cdot \ m:n \text{ に外分する点 } \delta \text{ は，} \quad \delta = \dfrac{-n\alpha + m\beta}{m - n} \end{cases}$$

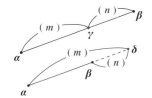

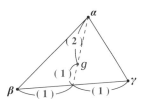

（ⅱ）3 点 α, β, γ を頂点とする三角形の重心 g は，

$$g = \frac{1}{3}(\alpha + \beta + \gamma)$$

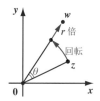

8. 円の方程式

中心 α，半径 r の円の方程式は，

$$|z - \alpha| = r$$

9. 垂直二等分線とアポロニウスの円

$|z - \alpha| = k|z - \beta|$ $(k > 0)$ をみたす動点 z の軌跡は，

（ⅰ）$k = 1$ のとき，線分 $\alpha\beta$ の垂直二等分線となる。

（ⅱ）$k \neq 1$ のとき，アポロニウスの円となる。

10. 回転と拡大（縮小）の合成変換

（ⅰ）$\dfrac{w}{z} = r(\cos\theta + i\sin\theta)$

「点 w は，点 z を原点 0 のまわりに θ だけ

$\Longleftrightarrow$ 回転して，r 倍に拡大（または縮小）

した点である。」

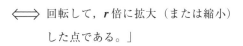

（ⅱ）$\dfrac{w - \alpha}{z - \alpha} = r(\cos\theta + i\sin\theta)$

「点 w は，点 z を点 α のまわりに θ だけ

$\Longleftrightarrow$ 回転して，r 倍に拡大（または縮小）

した点である。」

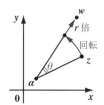

次の問いに答えよ。

(1) 複素数平面上で $3-i, 2+3i, -1-2i$ を表す点をそれぞれ A, B, C とするとき,

　（ⅰ）AC の中点 M を表す複素数を求めよ。

　（ⅱ）線分 BA, BC を 2 辺とする平行四辺形の頂点 D を表す複素数を求めよ。

(福井工大)

(2) 複素数平面上の 3 点 $-1+i, -i, 2+5i$ を,それぞれ P, Q, R とする。

　三角形 PQR の辺 PQ の長さは $\boxed{\ \ ア\ \ }$,辺 QR の長さは $\boxed{\ \ イ\ \ }$,

　$\angle PQR$ の大きさは $\boxed{\ \ ウ\ \ }°$ である。また,三角形 PQR の面積は

　$\boxed{\ \ エ\ \ }$ である。

(上智大)

ヒント！ **(1)** 複素数平面の内分点の公式は,ベクトルのときと同様である。
(2) 3辺の長さを求めて,余弦定理,三角形の面積の公式を用いる。

基本事項

内分点の公式

点 z が 2 点 α, β を結ぶ線分 $\alpha\beta$ を $m:n$ に内分するとき,

$$z = \frac{n\alpha + m\beta}{m+n}$$

（$\overrightarrow{OP} = \dfrac{n\overrightarrow{OA} + m\overrightarrow{OB}}{m+n}$ と同様。）

(1) 3 点 A, B, C を表す複素数をそれぞれ

$a = 3-i, b = 2+3i, c = -1-2i$

とおく。

（ⅰ）AC の中点 M を表す複素数を m とおくと,

$$m = \frac{a+c}{2}$$

（$\overrightarrow{OM} = \dfrac{\overrightarrow{OA} + \overrightarrow{OC}}{2}$ と同じ。）

$$= \frac{3-i-1-2i}{2} = 1 - \frac{3}{2}i \quad \cdots（答）$$

（ⅱ）平行四辺形の対

角線は互いに他

を 2 等分するの

で,点 D を表す

複素数を d とお

イメージ

C(c)　　A(a)　B(b)

M(m)　D(d)

くと,$\dfrac{b+d}{2} = m$ より（$\dfrac{\overrightarrow{OB}+\overrightarrow{OD}}{2} = \overrightarrow{OM}$ と同じ）

$$d = 2m - b = 2\left(1 - \frac{3}{2}i\right) - (2+3i)$$

$$= -6i \quad\cdots\cdots\cdots\cdots\cdots\cdots（答）$$

(2) 3 点 P, Q, R を表す複素数をそれぞれ

$p = -1+i, q = -i, r = 2+5i$ とおくと,

$$\begin{cases} PQ = |q-p| = |1-2i| = \sqrt{1^2 + (-2)^2} = \sqrt{5} \quad (ア)（答）\\ QR = |r-q| = |2+6i| = \sqrt{2^2 + 6^2} = 2\sqrt{10} \quad\cdots(イ)（答）\\ RP = |p-r| = |-3-4i| = \sqrt{(-3)^2 + (-4)^2} = 5 \end{cases}$$

$\angle PQR = \theta$ とおくと,

余弦定理より

イメージ

P

Q θ $2\sqrt{10}$ R

$\sqrt{5}$　　5

$$\cos\theta = \frac{(\sqrt{5})^2 + (2\sqrt{10})^2 - 5^2}{2 \cdot \sqrt{5} \cdot 2\sqrt{10}}$$

$$= \frac{20}{20\sqrt{2}} = \frac{1}{\sqrt{2}}$$

$$\therefore \theta = \angle PQR = 45° \quad\cdots\cdots\cdots（ウ）（答）$$

$\triangle PQR$ の面積 S は,

$$S = \frac{1}{2} \cdot \sqrt{5} \cdot 2\sqrt{10} \cdot \underbrace{\sin 45°}_{\frac{1}{\sqrt{2}}} = 5 \quad\cdots（エ）（答）$$

実力アップ問題 2 　難易度 ★ 　CHECK 1 　CHECK 2 　CHECK 3

次の空欄を埋めよ。

(1) $\left(\dfrac{5+\sqrt{3}i}{2-\sqrt{3}i}\right)^5 = \boxed{\ ア\ } - \boxed{\ イ\ }\,i$ 　（日本大）

(2) $z = \sqrt{3}+i$ を極形式で表すと，$z = \boxed{\ ウ\ }$ であり，$\left(\dfrac{z}{\cos50° - i\sin50°}\right)^n$ が

実数になるのは，整数 n が $\boxed{\ エ\ }$ の場合である。 　（大阪薬大）

ヒント！ 複素数の極形式とド・モアブルの定理の問題。(1) 分数式をまとめて極形式にする。(2) $\cos50° - i\sin50° = \cos(-50°)+i\sin(-50°)$ として計算する。

基本事項

1. 複素数の極形式

$z = a+bi$ $(a,b:$実数$)$ のとき，極形式は，$z = r(\cos\theta + i\sin\theta)$

$(r = \sqrt{a^2+b^2}, \theta:$ 偏角$)$

2. ド・モアブルの定理

$(\cos\theta + i\sin\theta)^n = \cos n\theta + i\sin n\theta$ $(n:$ 整数$)$

(1) $\dfrac{5+\sqrt{3}i}{2-\sqrt{3}i} = \dfrac{(5+\sqrt{3}i)(2+\sqrt{3}i)}{(2-\sqrt{3}i)(2+\sqrt{3}i)}$

$2^2-(\sqrt{3}i)^2 = 4+3 = 7$

$= \dfrac{10+5\sqrt{3}i+2\sqrt{3}i+3i^2}{7}$ （-1）

$= \dfrac{7+7\sqrt{3}i}{7} = 1+\sqrt{3}i$

$= 2\left(\dfrac{1}{2}+\dfrac{\sqrt{3}}{2}i\right)$

$\sqrt{1^2+(\sqrt{3})^2}$ 　$\cos60°$ 　$\sin60°$

$= 2(\cos60°+i\sin60°)$

$\therefore \left(\dfrac{5+\sqrt{3}i}{2-\sqrt{3}i}\right)^5 = \{2(\cos60°+i\sin60°)\}^5$

$= 2^5(\cos300°+i\sin300°)$ ←ド・モアブル

$= 32\left(\dfrac{1}{2}-\dfrac{\sqrt{3}}{2}i\right)$

$= 16-16\sqrt{3}i$ …………（ア，イ）（答）

(2) $z = \sqrt{3}+i = 2\left(\dfrac{\sqrt{3}}{2}+\dfrac{1}{2}i\right)$

$\cos30°$ 　$\sin30°$

$= 2(\cos30°+i\sin30°)$ ……（ウ）（答）

このとき，

$\left(\dfrac{z}{\cos50°-i\sin50°}\right)^n$ 　極形式 $\cos\theta+i\sin\theta$ の形に整える。

$\cos(-50°)+i\sin(-50°)$

$= \left\{\dfrac{2(\cos30°+i\sin30°)}{\cos(-50°)+i\sin(-50°)}\right\}^n$

$= 2^n\{\cos(30°+50°)+i\sin(30°+50°)\}^n$

$\dfrac{\cos\theta_1+i\sin\theta_1}{\cos\theta_2+i\sin\theta_2} = \cos(\theta_1-\theta_2)+i\sin(\theta_1-\theta_2)$

$= 2^n\{\cos(80°n)+i\sin(80°n)\}$ 　0

これが実数になるのは，

$80°n = 180°k$ $(k:$ 整数$)$ $\therefore n = \dfrac{9}{4}k$

のとき，すなわち整数 n が 9 の倍数の場合である。$(k$ は4の倍数$)$ …（エ）（答）

複素数 $z = a + bi = r(\cos\theta + i\sin\theta)$ が $z^5 = 1$ を満たすとき，次の問いに答えよ。ただし，a, b, r は正の実数で，$0° < \theta < 90°$ とする。

(1) r の値と θ の値を求めよ。

(2) z を解とする整数係数の 4 次方程式を求めよ。

(3) $z + \dfrac{1}{z}$ を解とする整数係数の 2 次方程式を求めよ。

(4) a の値を求めよ。

(新潟大)

ヒント！ (2) $z^5 = 1$ より，$(z-1)(z^4+z^3+z^2+z+1) = 0$ と変形する。
(4) $|z| = 1$ より，$|z|^2 = z \cdot \overline{z} = 1$。よって，$z^{-1} = \overline{z}$ となる。

(1) $z^5 = 1$ ……① ← 1 の 5 乗根

$z = a + bi = r(\cos\theta + i\sin\theta)$ とおくと，

①の左辺 $= r^5 \cdot (\cos\theta + i\sin\theta)^5$

$= r^5(\cos5\theta + i\sin5\theta)$ ← ド・モアブル

①の右辺 $= 1 + 0 \cdot i$

$= 1 \cdot (\cos360°n + i\sin360°n)$

$(n = 0, 1, 2, 3, 4)$ ← 5 乗根だから 5 通り

よって，①は

$r^5(\cos5\theta + i\sin5\theta)$
$= 1(\cos360°n + i\sin360°n)$

$\therefore r^5 = 1$ より，$r = 1$ ………(答)

$5\theta = 360°n$

$\theta = 72°n \quad (n = 0, 1, 2, 3, 4)$

よって，$0° < \theta < 90°$ より，$\theta = 72°$ …(答)

(2) ①より（$n = 1$ のとき）

$z^5 - 1 = 0$

$(z-1)(z^4+z^3+z^2+z+1) = 0$

ここで，$z \neq 1$ より，$z - 1 \neq 0$

よって両辺を $z-1$ で割って，

$z^4+z^3+z^2+z+1 = 0$ ………②(答)

(3) $z \neq 0$ より，②の両辺を z^2 で割って，

$z^2 + z + 1 + \dfrac{1}{z} + \dfrac{1}{z^2} = 0$

$\left(z^2 + \dfrac{1}{z^2}\right) + \left(z + \dfrac{1}{z}\right) + 1 = 0$ ……③

ここで，$t = z + \dfrac{1}{z}$ ……④とおくと，

④の両辺を 2 乗して，

$t^2 = z^2 + 2 \cdot z \cdot \dfrac{1}{z} + \dfrac{1}{z^2}$

$\therefore z^2 + \dfrac{1}{z^2} = t^2 - 2$ ………⑤

④，⑤を③に代入して，

$t^2 - 2 + t + 1 = 0$

よって，$t = z + \dfrac{1}{z}$ を解にもつ整数係数の方程式は，

$t^2 + t - 1 = 0$ ………⑥……(答)

$t = \dfrac{-1 \pm \sqrt{5}}{2}$

(4) $r = |z| = 1$ より，$|z|^2 = z \cdot \overline{z} = 1$

$\therefore \overline{z} = \dfrac{1}{z} = a - bi \quad (\because z = a + bi)$

よって⑥の解は，

$t = z + \dfrac{1}{z} = 2a = \dfrac{-1 + \sqrt{5}}{2}$

$\therefore a = \dfrac{\sqrt{5}-1}{4} \quad (\because a > 0)$ ………(答)

10

実力アップ問題 4　難易度 ★★★　CHECK1　CHECK2　CHECK3

(1) 自然数 n に対して $(\cos\theta + i\sin\theta)^n = \cos n\theta + i\sin n\theta$ が成り立つことを，数学的帰納法を用いて証明せよ。

(2) $z = \cos\dfrac{45°}{2} + i\sin\dfrac{45°}{2}$ とするとき，z^8 の値を求めよ。

また，$z + z^2 + z^3 + z^4 + z^5 + z^6 + z^7$ の実部を求めよ。

(岡山大)

ヒント！ (1) 自然数 n に対するド・モアブルの定理の証明も練習しておくとよい。
(2) $z^8 = -1$ より，$z^{16} = 1$，$z^{16} - 1 = 0$　この左辺を因数分解する。

(1) $n = 1, 2, 3, \cdots$ に対して，

$(\cos\theta + i\sin\theta)^n = \cos n\theta + i\sin n\theta \cdots(*)$

が成り立つことを数学的帰納法により示す。

(ⅰ) $n = 1$ のとき

明らかに成り立つ。

(ⅱ) $n = k$ のとき $(k = 1, 2, \cdots)$

$(\cos\theta + i\sin\theta)^k = \cos k\theta + i\sin k\theta \cdots①$

が成り立つと仮定して，$n = k+1$ の

ときについて調べる。

①の両辺に $\cos\theta + i\sin\theta$ をかけて，

$(\cos\theta + i\sin\theta)^{k+1}$

$= (\cos k\theta + i\sin k\theta)(\cos\theta + i\sin\theta)$

$= \cos k\theta\cos\theta + i\cos k\theta\sin\theta$

$\qquad\underset{(-1)}{}$

$\quad + i\sin k\theta\cos\theta + \boxed{i^2}\sin k\theta\sin\theta$

$= (\cos k\theta\cos\theta - \sin k\theta\sin\theta)$

$\quad + i(\sin k\theta\cos\theta + \cos k\theta\sin\theta)$

$= \cos(k\theta + \theta) + i\sin(k\theta + \theta)$

$= \cos(k+1)\theta + i\sin(k+1)\theta$

$\therefore n = k+1$ のときも成り立つ。

以上 (ⅰ)(ⅱ) より，すべての自然数 n に対して $(*)$ は成り立つ。………(終)

(2) $z = \cos\dfrac{45°}{2} + i\sin\dfrac{45°}{2}$ のとき

$z^8 = \left(\cos\dfrac{45°}{2} + i\sin\dfrac{45°}{2}\right)^8$

$\quad = \underset{-1}{\cos 180°} + \underset{0}{i\sin 180°} = -1$　$((*)$ より$)$

（ド・モアブル）

$\therefore z^8 = -1 \cdots② \cdots$(答)

②の両辺を 2 乗して，

$z^{16} = 1$　→　**1 の n 乗根の場合　この変形パターンは頻出！**

$z^{16} - 1 = 0$

$\underset{0}{(z-1)}(z^{15} + z^{14} + \cdots + z^8 + z^7 + \cdots + z + 1) = 0$

ここで，$z \ne 1$ より，$z - 1 \ne 0$

$\therefore z^{15} + z^{14} + \cdots + z^9 + z^8 + z^7 + \cdots + z + 1 = 0 \cdots③$

ここで，$|z| = \sqrt{(\cos 22.5°)^2 + (\sin 22.5°)^2} = 1$ より

$|z|^2 = \boxed{z\cdot\bar{z} = 1}$　$\therefore \bar{z} = \dfrac{1}{z} \cdots④$

③の両辺を $z^8(= -1)$ で割ると，

$z^7 + z^6 + \cdots + z + \cancel{1} + \dfrac{1}{z} + \dfrac{1}{z^2} + \cdots + \dfrac{1}{z^7} + \underset{-1}{\boxed{\dfrac{1}{z^8}}} = 0$

$\boxed{\bar{z} + \bar{z}^2 + \cdots + \bar{z}^7 \quad (④より)}$

$z + z^2 + \cdots + z^7 + \bar{z} + \bar{z}^2 + \cdots + \bar{z}^7 = 0 \cdots⑤$

$(\because ④)$

ここで，$z + z^2 + \cdots + z^7 = x + yi \cdots⑥$

$(x, y : \text{実数})$ とおくと，（実部）

$\overline{z + z^2 + \cdots + z^7} = x - yi \cdots⑦$

⑥，⑦を⑤に代入して，

$x + yi + x - yi = 2x = 0$　$\therefore x = 0$

よって，$z + z^2 + \cdots + z^7$ の実部は $0 \cdots$(答)

t を実数として, x についての **2** 次方程式 $x^2 + 2tx + 1 = 0$ の **2** つの解を α , β とする。複素数平面上で, 原点を **O** とし, α , β を表す点をそれぞれ **A, B** とする。**3** 点 **O, A, B** を頂点とする三角形がつくられるとき,

(1) t の値の範囲を求めよ。　　　**(2)** $|\alpha| = |\beta| = 1$ であることを示せ。

(3) △**OAB** が正三角形になるような t の値を求めよ。

(4) t を動かすとき, △**OAB** の面積を最大にする t の値を求めよ。　　　(九州大)

ヒント！ 実数係数の **2** 次方程式が虚数解 α をもつとき, その共役複素数 $\overline{\alpha}$ も解になるので, $\beta = \overline{\alpha}$ となる。（複素数平面上で, 点 β は点 α と実軸に関して対称。）

実数係数の **2** 次方程式:

$$\underset{\underset{1}{\|}}{a} \cdot x^2 + \underset{\underset{2t}{\|}}{b} \cdot x + \underset{\underset{1}{\|}}{c} = 0 \cdots ① \text{の2 解} \alpha , \beta$$

について, **3** 点 **O, A(α), B(β)** を **3** 頂点とする三角形ができるので, **2** 解 α , β は実数解でなく, また, 純虚数解でもない。

（右図参照）

α と β は共役な複素数より,

$\beta = \overline{\alpha}$ ………②

(1) ①は異なる **2** つの虚数解 $\alpha , \beta\, (= \overline{\alpha})$ をもつので, ①の判別式を D とおくと,

$$\frac{D}{4} = \boxed{t^2 - 1 < 0}$$

$(t+1)(t-1) < 0$

$\therefore -1 < t < 1$

（ただし, $t \neq 0$）

………(答)

> $\alpha, \overline{\alpha}$ が純虚数のとき, $\boxed{-\dfrac{b}{a}}$
> $\alpha + \overline{\alpha} = 0\,[= -2t]$
> $\therefore t = 0$
> よって, $\alpha, \overline{\alpha}$ は純虚数ではないので, $t \neq 0$ である。

(2) 解と係数の関係より, ②を用いて,

$$\alpha \cdot \beta = \boxed{\alpha \cdot \overline{\alpha} = 1} \quad \boxed{\alpha \cdot \beta = \dfrac{c}{a}}$$

$\therefore |\alpha|^2 = 1$ より, $|\alpha| = 1$

また, $|\beta| = |\overline{\alpha}| = |\alpha| = 1$

以上より, $|\alpha| = |\beta| = 1$ …………(終)

(3) $|\alpha| = 1$ から, 右図より

(α , β)

$$= \left(\frac{\sqrt{3}}{2} \pm \frac{i}{2}, \frac{\sqrt{3}}{2} \mp \frac{i}{2} \right)$$

または,

$$\left(-\frac{\sqrt{3}}{2} \pm \frac{i}{2}, -\frac{\sqrt{3}}{2} \mp \frac{i}{2} \right)$$

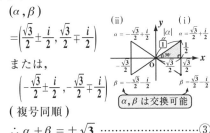

$\boxed{\alpha, \beta \text{ は交換可能}}$

（複号同順）

$\therefore \alpha + \beta = \pm \sqrt{3}$ ………………③

解と係数の関係より, $\alpha + \beta = -2t$ …④

③, ④より, $\pm \sqrt{3} = -2t$　$\therefore t = \pm \dfrac{\sqrt{3}}{2}$ …(答)

(4) 右下図より, △**OAB** の面積 S は,

$$S = \frac{1}{2} \cdot 2\sqrt{1-t^2} \cdot \boxed{|t|}$$

$$= \sqrt{\boxed{t^2(1-t^2)}}$$

$(-1 < t < 1,\ t \neq 0)$

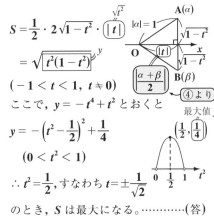

$\boxed{\dfrac{\alpha + \beta}{2}}$

④より

ここで, $y = -t^4 + t^2$ とおくと

$$y = -\left(t^2 - \frac{1}{2} \right)^2 + \frac{1}{4}$$

$(0 < t^2 < 1)$

$\therefore t^2 = \dfrac{1}{2}$, すなわち $t = \pm \dfrac{1}{\sqrt{2}}$

のとき, S は最大になる。…………(答)

最大値 y　$\left(\dfrac{1}{2}, \dfrac{1}{4} \right)$

実力アップ問題 6　難易度 ★★★　CHECK1　CHECK2　CHECK3

0 でない実数 a, b, c に対し，2 次方程式 $ax^2 + bx + c = 0$ の解を α, β とおく。
$\dfrac{\alpha}{\beta}, \dfrac{\beta}{\alpha}$ を 2 つの解とする 2 次方程式を $t^2 + pt + q = 0$ とする。

(1) p, q を a, b, c を用いて表せ。

(2) α, β が虚数になる条件は，方程式 $t^2 + pt + q = 0$ が虚数解をもつことであることを示せ。

(3) 複素数平面上で，3 点 $0, \dfrac{\alpha}{\beta}, \dfrac{\beta}{\alpha}$ が正三角形を作る条件は，
$b^2 = (2 \pm \sqrt{3})ac$ であることを示せ。

(学習院大)

ヒント！　(2) $b^2 - 4ac < 0$ と $p^2 - 4q < 0$ が同値であることを示す。

(1) $ax^2 + bx + c = 0$ $(a \neq 0, b \neq 0, c \neq 0)$
の解が α, β より，解と係数の関係から，

$$\alpha + \beta = -\frac{b}{a} \cdots ① \qquad \alpha\beta = \frac{c}{a} \cdots ②$$

2 次方程式 $t^2 + pt + q = 0$ ………③
の解が $\dfrac{\alpha}{\beta}, \dfrac{\beta}{\alpha}$ より，解と係数の関係から，

$$p = -\left(\frac{\alpha}{\beta} + \frac{\beta}{\alpha}\right) = -\frac{\alpha^2 + \beta^2}{\alpha\beta}$$

$$= -\frac{(\alpha + \beta)^2 - 2\alpha\beta}{\alpha\beta}$$

$$= -\frac{\left(-\frac{b}{a}\right)^2 - 2 \cdot \frac{c}{a}}{\frac{c}{a}} \qquad (\because ①, ②)$$

$$\therefore p = 2 - \frac{b^2}{ac} \cdots ④ \cdots\cdots (答)$$

$$q = \frac{\alpha}{\beta} \cdot \frac{\beta}{\alpha} = 1 \cdots ⑤ \cdots\cdots (答)$$

(2) ③が虚数解をもつとき，

判別式 $D_1 = \boxed{p^2 - 4q < 0}$ ……⑥

⑥に④，⑤を代入して

$$\left(2 - \frac{b^2}{ac}\right)^2 - 4 \cdot 1 < 0$$

$$\cancel{4} - \frac{4b^2}{ac} + \frac{b^4}{a^2c^2} - \cancel{4} < 0$$

$$\frac{\boxed{b^2}(b^2 - 4ac)}{a^2 c^2} < 0$$
$$(+)$$

ここで $\dfrac{b^2}{a^2 c^2} > 0$ より，

$$p^2 - 4q < 0 \Longleftrightarrow b^2 - 4ac < 0$$

$\therefore \alpha, \beta$ が虚数となる条件は，③が虚数解をもつことである。…………(終)

(3) p, q は実数より，③の解 $\dfrac{\alpha}{\beta} = \gamma$ とおくと，
$\dfrac{\beta}{\alpha} = \overline{\gamma}$ となる。◀ 共役複素数も解

⑤より，$\gamma \cdot \overline{\gamma} = |\gamma|^2 = 1$
$\therefore |\gamma| = 1$
よって，$\triangle 0\gamma\overline{\gamma}$ が正三角形となる γ は，

$$\gamma = \frac{\sqrt{3}}{2} \pm \frac{1}{2}i \text{ または } -\frac{\sqrt{3}}{2} \pm \frac{1}{2}i$$

$$\left(\overline{\gamma} = \frac{\sqrt{3}}{2} \mp \frac{1}{2}i \text{ または } -\frac{\sqrt{3}}{2} \mp \frac{1}{2}i\right)$$

(複号同順)

$$\therefore \boxed{\gamma + \overline{\gamma}} = 2 \cdot \left(\pm\frac{\sqrt{3}}{2}\right) = \pm\sqrt{3}\left(= \boxed{\frac{b^2}{ac} - 2}\right)$$

$\underbrace{\dfrac{\alpha}{\beta} + \dfrac{\beta}{\alpha}}_{-p}$

$(\because ④)$

$$\frac{b^2}{ac} = 2 \pm \sqrt{3} \qquad \therefore b^2 = (2 \pm \sqrt{3})ac \cdots (終)$$

r は $r > 1$ をみたす実数とする。複素数 z が $|z| = r$ をみたすとき, $z + \dfrac{1}{z}$ の絶対値の最大値および最小値を求めよ。また, そのときの z の値を求めよ。

(滋賀大)

ヒント！ $|z| = r\,(>1)$ より, $z = r(\cos\theta + i\sin\theta)\,(0° \leqq \theta < 360°)$ とおいて, $\left| z + \dfrac{1}{z} \right|^2$ を三角関数の式で表し, その最大・最小を調べる。

参考

$|z| = 1$ ならば, $z = \cos\theta + i\sin\theta$ とおいて（$\overline{z}$ としてもよい。）

$z + \dfrac{1}{z} = \cos\theta + i\sin\theta + (\cos\theta + i\sin\theta)^{-1}$

$= \cos\theta + i\sin\theta + \underbrace{\cos(-\theta)}_{\cos\theta} + \underbrace{i\sin(-\theta)}_{-\sin\theta}$

$= 2\cos\theta$（実数）と簡単になる。

しかし, 今回は $|z| = r\,(>1)$ の条件なので, r を含んだ三角関数の最大・最小問題に帰着する。

$|z| = r\,(>1)$ より, z を極形式で表すと,

$z = r(\cos\theta + i\sin\theta)$　（1周動かせば十分！）

$(r > 1,\ 0° \leqq \theta < 360°)$

$z + \dfrac{1}{z}$

$= r(\cos\theta + i\sin\theta) + \dfrac{1}{r(\cos\theta + i\sin\theta)}$

$= r(\cos\theta + i\sin\theta) + \dfrac{1}{r}(\cos\theta - i\sin\theta)$

$= \underbrace{\left(r + \dfrac{1}{r} \right)\cos\theta}_{実部} + \underbrace{i\left(r - \dfrac{1}{r} \right)\sin\theta}_{虚部}$

ここで, $P = \left| z + \dfrac{1}{z} \right|^2$ とおくと

$P = \left(r + \dfrac{1}{r} \right)^2 \cos^2\theta + \left(r - \dfrac{1}{r} \right)^2 \sin^2\theta$

（（実部）^{2} + （虚部）^{2}）

$P = r^2 \underbrace{(\cos^2\theta + \sin^2\theta)}_{1} + \dfrac{1}{r^2} \underbrace{(\cos^2\theta + \sin^2\theta)}_{1}$

$\qquad + 2\underbrace{(\cos^2\theta - \sin^2\theta)}_{\cos2\theta}$

$= \underbrace{r^2 + \dfrac{1}{r^2}}_{定数} + \underbrace{2\cos2\theta}_{変数}$　（この最大値, 最小値を求める。）

ここで, $0° \leqq 2\theta < 720°$ より,

(ⅰ) $2\theta = 0°, 360°$, すなわち $\theta = 0°, 180°$ のとき

P, すなわち $\left| z + \dfrac{1}{z} \right|$ は最大になる。

最大値 $\left| z + \dfrac{1}{z} \right| = \sqrt{r^2 + \dfrac{1}{r^2} + 2\cdot\underset{\cos2\theta\,の最大値}{1}}$

$= \sqrt{\left(r + \dfrac{1}{r} \right)^2} = r + \dfrac{1}{r}$ ……（答）

（このとき, $z = r\,(\pm1 + 0\cdot i) = \pm r$）

(ⅱ) $2\theta = 180°, 540°$, すなわち $\theta = 90°, 270°$ のとき, P, すなわち $\left| z + \dfrac{1}{z} \right|$ は最小になる。

最小値 $\left| z + \dfrac{1}{z} \right| = \sqrt{r^2 + \dfrac{1}{r^2} + 2\cdot\underset{\cos2\theta\,の最小値}{(-1)}}$

$= \sqrt{\left(r - \dfrac{1}{r} \right)^2} = \underset{1\,より大}{r} - \underset{1\,より小}{\dfrac{1}{r}}$ ……（答）

（このとき, $z = r\,(0 \pm 1\cdot i) = \pm ri$）

14

実力アップ問題 8 　難易度 ★★ 　CHECK *1* 　CHECK *2* 　CHECK *3*

複素数 $z = x + yi$ (x, y は実数) が $|z - (1 + i)| = \sqrt{2}\,|z + (1 + i)|$ を満たしながら動くとき, $|z - i|$ の最大値を求めよ。　　　　　　　(青山学院大)

ヒント!　$A(1 + i)$, $B(-1 - i)$, $P(z)$ とおくと与式から, 点 $P(z)$ はアポロニウスの円を描く。ここで, $w = z - i$ とおいて, $|w|$ を調べる。

$|z - (1 + i)| = \sqrt{2}\,|z - (-1 - i)|$ ……①

$z = x + yi$ (x, y: 実数) とおく。

参考

$P(z)$, $A(1 + i)$, $B(-1 - i)$ とおくと, ①より, $AP = \sqrt{2}\,BP$, すなわち

$AP : BP = \sqrt{2} : 1$ となるので,

点 $P(z)$ は, アポロニウスの円を描く。

①より,

$|x + yi - (1 + i)| = \sqrt{2}\,|x + yi + (1 + i)|$

$|(x - 1) + (y - 1)i| = \sqrt{2}\,|(x + 1) + (y + 1)i|$

この両辺を 2 乗して,

$(x - 1)^2 + (y - 1)^2 = 2\{(x + 1)^2 + (y + 1)^2\}$

$x^2 - 2x + 1 + y^2 - 2y + 1$
$\quad = 2(x^2 + 2x + 1 + y^2 + 2y + 1)$

$x^2 + 6x + y^2 + 6y = -2$

$(x^2 + \underline{6x + 9}) + (y^2 + \underline{6y + 9}) = 16$

[2 で割って 2 乗]　[2 で割って 2 乗]

$(x + 3)^2 + (y + 3)^2 = 16$

よって, 点 z は
中心 $-3 - 3i$,
半径 4 の円を
描く。

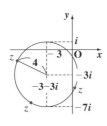

ここで, $w = z - i$ とおくと,

[虚軸方向に $-i$ だけ平行移動]

点 w の描く図形は, 点 z の描く円を虚軸方向に $-i$ だけ平行移動したものになる。

(右図参照)

ここで,

$|w| = |z - i|$ が

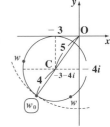

最大となるのは, 点 w が原点 O から最も離れるときである。

それは, 点 w の描く円の中心 $C(-3 - 4i)$ と原点 O とを結ぶ直線が円と交わる 2 点のうち, C に関して O と反対側の交点に w がきたときである。その点を w_0 とおくと, 図より明らかに,

最大値 $|w| = |z - i| = OC + Cw_0$
$\qquad\qquad = 5 + 4 = 9$ …………(答)

複素数平面上で, 点 z が 2 点 $1 - \dfrac{i}{2}$, $-\dfrac{1}{2} + i$ を通る直線上を動くとき,

$\dfrac{1}{z}$ はどのような図形を描くか。

（産業医大）

ヒント！ 複素数平面における直線と円の方程式の問題。2 点を通る直線の方程式を z と $\overline{z}$ で表し, $w = z^{-1}$ とおいて, それを w の方程式に書き変える。

基本事項

1. 直線の方程式の表し方

直線 $ax + by + c = 0 \cdots$ ⑦ を, 複素数 $z = x + yi$ で表す。$\overline{z} = x - yi$ より,

$$x = \frac{z + \overline{z}}{2}, \quad y = \frac{z - \overline{z}}{2i}$$

これを ⑦ に代入して, まとめる。

2. 円の方程式

$|z - \alpha| = r \cdots$ ①

（中心 α, 半径 r の円）

①の両辺を 2 乗して

$|z - \alpha|^2 = r^2$

$(z - \alpha)(\overline{z} - \overline{\alpha}) = r^2$

$z \cdot \overline{z} - \overline{\alpha} \cdot z - \alpha \cdot \overline{z} + |\alpha|^2 - r^2 = 0$

（これを逆にたどって, 円を導く問題が多い。）

2 点 $1 - \dfrac{1}{2}i$, $-\dfrac{1}{2} + i$ に対応する xy 平面上の 2 点を $\mathrm{A}\left(1, -\dfrac{1}{2}\right)$, $\mathrm{B}\left(-\dfrac{1}{2}, 1\right)$ とおく。

2 点 A, B を通る直線の方程式は,

$$y = \frac{-\dfrac{1}{2} - 1}{1 - \left(-\dfrac{1}{2}\right)}(x - 1) - \frac{1}{2} \quad \left(\frac{-3}{3} = -1\right) \text{ より,}$$

$\underline{2x + 2y = 1}$ ………①

ここで, $z = x + yi$ とおくと,

$\overline{z} = x - yi$

よって, $2x = \underline{z + \overline{z}}$ …………②

$$2y = \underbrace{\frac{1}{i}}_{-i^2}(z - \overline{z}) = \underline{-i(z - \overline{z})} \cdots ③$$

②, ③ を① に代入して,

$\underbrace{z + \overline{z}}_{} - \underbrace{i(z - \overline{z})}_{} = 1$

$(\underbrace{(1 - i)}_{\alpha})z + (\underbrace{(1 + i)}_{\overline{\alpha}})\overline{z} = 1$ ………④

直線の方程式の複素数表示

ここで, $w = \dfrac{1}{z}$ とおいて複素数 w の描く 図形を求める。

$w = 0$ とすると, $z \cdot 0 = 1$ となって矛盾

$z = \dfrac{1}{w}$ ……⑤ より, $\overline{z} = \dfrac{1}{\overline{w}}$ ……⑥ $(w \neq 0)$

ここで, $\alpha = 1 - i$, $\overline{\alpha} = 1 + i$ とおく。

⑤, ⑥ を④ に代入して,

$\alpha \cdot \dfrac{1}{w} + \overline{\alpha} \cdot \dfrac{1}{\overline{w}} = 1$ 　両辺に $w\overline{w}$ をかけた！

$\alpha \overline{w} + \overline{\alpha} w = w\overline{w}$

$w\overline{w} - \overline{\alpha} w - \alpha \overline{w} = 0$ ← 円の方程式

$w(\overline{w} - \overline{\alpha}) - \alpha(\overline{w} - \overline{\alpha}) = \alpha \overline{\alpha}$

$(w - \alpha)(\overline{w} - \overline{\alpha}) = |\alpha|^2$

　　　　$|1 - i|^2 = 1^2 + (-1)^2 = 2$

$(w - \alpha)(\overline{w - \alpha}) = 2$

$|w - \alpha|^2 = 2$

$|w - (1 - i)| = \sqrt{2}$

$\therefore$ $w = \dfrac{1}{z}$ は中心 $1 - i$,

半径 $\sqrt{2}$ の円を描く。（ただし, 0 は除く）…（答）

実力アップ問題 10 | 難易度 ★★★ | CHECK 1 | CHECK 2 | CHECK 3

$r > 0,\ 0° < \theta < 90°$ とし,$z = r(\cos\theta + i\sin\theta)$ とおく。

(1) 複素数平面上で $0, z, \dfrac{1}{z}$ を頂点とする三角形の面積 S_1 を r と θ で表せ。

(2) $0, z, 1, \dfrac{1}{z}$ を頂点とする四角形の面積 S_2 を r と θ で表せ。

(3) 点 1 は $0, z, \dfrac{1}{z}$ を頂点とする三角形の外部にあることを示せ。

(4) $1, z, \dfrac{1}{z}$ を頂点とする三角形の面積を求めよ。　　　(東京女子大*)

ヒント! (1)(2) $z^{-1} = r^{-1}\{\cos(-\theta) + i\sin(-\theta)\}$ より,z^{-1} の偏角は $-\theta$ となる。
(4) △$0z^{-1}1z$ の面積から△$0z^{-1}z$ の面積を引く。

基本事項

回転と相似の合成変換(Ⅰ)

$$\frac{w}{z} = r(\cos\theta + i\sin\theta)$$

・点 w は,点 z を原点
のまわりに θ だけ回転
して r 倍したもの。

(1)
$$\begin{cases} |z| = r \\ \left|\dfrac{1}{z}\right| = \dfrac{1}{r} \\ \angle z 0 \dfrac{1}{z} = 2\theta \end{cases}$$

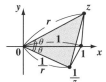

∴ △$0z\dfrac{1}{z}$ の
面積 S_1 は

$$S_1 = \frac{1}{2} \cdot r \cdot \frac{1}{r} \cdot \sin 2\theta$$

$$= \frac{1}{2} \cdot 2\sin\theta\cos\theta$$

$$= \sin\theta\cos\theta$$
　……(答)

$\angle\dfrac{1}{z}01 = \angle 10z = \theta$

$0\dfrac{1}{z} : 01 = 01 : 0z$

$\left(\dfrac{1}{r} : 1 = 1 : r\right)$

より,【相似】

△$0\dfrac{1}{z}1 ∽ $△$01z$

(2) △$0z1\dfrac{1}{z}$ の面積 S_2 は,

$$S_2 = △0\frac{1}{z}1 + △01z$$

$$= \frac{1}{2} \cdot \frac{1}{r} \cdot 1 \cdot \sin\theta + \frac{1}{2} \cdot 1 \cdot r \cdot \sin\theta$$

$$= \frac{1}{2}\left(r + \frac{1}{r}\right)\sin\theta \quad\cdots\cdots\cdots(答)$$

(3) $r > 0$ より,相加・相乗平均の式を用いて

$$S_2 = \frac{1}{2}\left(r + \frac{1}{r}\right)\sin\theta \geq \frac{1}{2} \cdot 2\sqrt{r \cdot \frac{1}{r}}\,\sin\theta$$

$$= \sin\theta > \sin\theta \cdot \underline{\cos\theta} = S_1$$
　　　　　　　　【1 より小】

∴ 点 1 は,△$0z\dfrac{1}{z}$ の外部にある。…(終)

(4) △$1z\dfrac{1}{z}$ の面積 S は,

$$S = S_2 - S_1 \left[\ = △0z1\frac{1}{z} - △0z\frac{1}{z}\ \right]$$

$$= \left\{\frac{1}{2}\left(r + \frac{1}{r}\right) - \cos\theta\right\}\sin\theta \quad\cdots\cdots(答)$$

右図のように，複素数平面の原点
O を P_0 とおき，P_0 から実軸の正
の向きに 4 進んだ点を P_1 とする。
以下，点 P_n ($n = 1, 2, 3, \cdots$) に
進んだ後，正の向き(反時計回り)
に $120°$ 回転して，前回進んだ距離
の $\dfrac{1}{2}$ 倍進んで到達する点を P_{n+1} と
する。このとき，点 P_6 を表す複素数を求めよ。 (東工大＊)

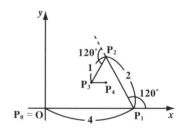

ヒント！　ベクトルの成分表示と複素数を併用して考えるんだね。すると，
$\overrightarrow{P_0P_1} = (4, 0) = 4 + 0i = 4$ となる。また，回転と縮小の合成変換の考え方も重要
なポイントになる。頻出問題だからシッカリマスターしよう。

右図のように，実
軸上の長さ 4 の線
分 P_0P_1 から始めて，
順に長さを $\dfrac{1}{2}$ 倍に
縮小し，そして正
の向きに $120°$ ずつ

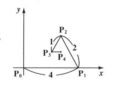

方向を変えながら，P_1P_2, P_2P_3, …と，折
れ線を作るとき，点 P_6 を表す複素数を求
める。

　まず，ベクトル $\overrightarrow{P_0P_6}$ について，まわり
道の原理を用いると，

$$\overrightarrow{P_0P_6} = \overrightarrow{P_0P_1} + \overrightarrow{P_1P_2} + \overrightarrow{P_2P_3} + \cdots + \overrightarrow{P_5P_6}$$
$$\cdots\cdots①$$

ここで，$\overrightarrow{P_0P_1} = (4, 0)$ を複素数で表す
と，次のようになる。

$$\overrightarrow{P_0P_1} = (4, 0) = 4 + 0 \cdot i = 4 \cdots\cdots②$$

次に，$\overrightarrow{P_1P_2}$ は右図
のように，$\overrightarrow{P_0P_1}$ を
$120°$ だけ回転して
$\dfrac{1}{2}$ 倍に縮小した
ものなので，ここ
で，複素数 α を

$$\alpha = \underbrace{\dfrac{1}{2}}(\underset{-\frac{1}{2}}{\underbrace{\cos120°}} + i\underset{\frac{\sqrt{3}}{2}}{\underbrace{\sin120°}})\cdots\cdots③$$

$$= \dfrac{1}{4}(-1 + \sqrt{3}\,i)\cdots\cdots\cdots\cdots③´ \quad と$$

おくと，

$$\overrightarrow{P_1P_2} = \alpha \cdot \underset{④}{\underbrace{\overrightarrow{P_0P_1}}} = 4\alpha \cdots\cdots④ \quad となる。$$

$\overrightarrow{P_2P_3}$ も $\overrightarrow{P_1P_2}$ を $120°$ だけ回転して $\dfrac{1}{2}$ 倍に

縮小したものなので,

$$\overrightarrow{P_2P_3} = \alpha \underbrace{\overrightarrow{P_1P_2}}_{4\alpha\,(④より)} = 4\alpha^2 \cdots\cdots ⑤ \text{ となる。}$$

同様にして,

$$\overrightarrow{P_3P_4} = \alpha \overrightarrow{P_2P_3} = \alpha \cdot 4\alpha^2 = 4\alpha^3 \cdots\cdots ⑥$$

$$\overrightarrow{P_4P_5} = \alpha \overrightarrow{P_3P_4} = \alpha \cdot 4\alpha^3 = 4\alpha^4 \cdots\cdots ⑦$$

$$\overrightarrow{P_5P_6} = \alpha \overrightarrow{P_4P_5} = \alpha \cdot 4\alpha^4 = 4\alpha^5 \cdots\cdots ⑧$$

②, ④, ⑤, ⑥, ⑦, ⑧を①に代入して,

$$\overrightarrow{P_0P_6} = \underbrace{4}_{\overrightarrow{P_0P_1}} + \underbrace{4\alpha}_{\overrightarrow{P_1P_2}} + \underbrace{4\alpha^2}_{\overrightarrow{P_2P_3}} + \cdots + \underbrace{4\alpha^5}_{\overrightarrow{P_5P_6}}$$

これは, 初項 $a = 4$, 公比 $r = \alpha$, 項数 $n = 6$ の等比数列の和より,

$$\overrightarrow{P_0P_6} = \frac{4(1-\alpha^6)}{1-\alpha} \cdots\cdots\cdots ①'$$

> 初項 a, 公比 r $(r \neq 1)$, 項数 n の等比数列の
> 和 S の公式 : $S = \dfrac{a(1-r^n)}{1-r}$

ここで, ③にド・モアブルの定理を用いると,

$$\alpha^6 = \left\{ \frac{1}{2}(\cos 120° + i\sin 120°) \right\}^6$$

$$= \frac{1}{2^6} \left\{ \underbrace{\cos(6 \times 120°)}_{\cos 720° = \cos 0° = 1} + \underbrace{i\sin(6 \times 120°)}_{\sin 720° = \sin 0° = 0} \right\}$$

$$= \frac{1}{2^6} = \frac{1}{64} \cdots\cdots\cdots ⑨$$

③′と⑨を①′に代入すると,

$$\overrightarrow{OP_6} = \overrightarrow{P_0P_6} \text{ は}$$

$$\overrightarrow{OP_6} = \overrightarrow{P_0P_6} = \frac{4\left(1 - \overbrace{\boxed{\dfrac{1}{64}}}^{\alpha^6(⑨より)}\right)}{1 - \underbrace{\dfrac{1}{4}(-1+\sqrt{3}i)}_{\alpha\,(③より)}}$$

$$= \frac{4 \cdot \dfrac{63}{64}}{\dfrac{1}{4}(5 - \sqrt{3}i)} \quad \text{分子・分母に } 16 \text{ をかけて}$$

$$= \frac{63}{4(5 - \sqrt{3}i)} \quad \begin{array}{l}\text{分子・分母に}\\ 5 + \sqrt{3}i \text{ を}\\ \text{かけた。}\end{array}$$

$$= \frac{63}{4} \cdot \frac{5 + \sqrt{3}i}{\underbrace{(5 - \sqrt{3}i)(5 + \sqrt{3}i)}_{5^2 - (\sqrt{3}i)^2 = 25 + 3 = 28}}$$

$$= \frac{63}{4} \cdot \frac{1}{28}(5 + \sqrt{3}i)$$

$$= \frac{9}{16}(5 + \sqrt{3}i)$$

$$= \frac{45}{16} + \frac{9\sqrt{3}}{16}i$$

以上より, 点 P_6 を表す複素数は,

$$\frac{45}{16} + \frac{9\sqrt{3}}{16}i \quad \text{である。} \cdots\cdots\cdots(\text{答})$$

複素数平面上に三角形 ABC と 2 つの正三角形 ADB, ACE とがある。ただし,点 C,点 D は直線 AB に関して反対側にあり,また,点 B,点 E は直線 AC に関して反対側にある。線分 AB の中点を K,線分 AC の中点を L,線分 DE の中点を M とする。線分 KL の中点を N とするとき,直線 MN と直線 BC とは垂直であることを示せ。　　　　　　(名古屋工大)

ヒント！　回転と相似の合成変換の応用問題。複素数平面上で, A, B, C を表す複素数を a, b, c として,他の複素数をすべてこれで表す。

基本事項

回転と相似の合成変換 (Ⅱ)

$$\frac{w-\alpha}{z-\alpha} = r(\cos\theta + i\sin\theta)$$

・点 w は,点 z を点 α のまわりに θ だけ回転して r 倍したもの。

複素数平面上の点 A, B, C, D, E, K, L, M, N を表す複素数を,それぞれその小文字の $a, b, c, d, e, k, l, m, n$ で表すことにする。

条件に従って,△ABC の辺 AB と辺 AC の上に, 2 つの正三角形 ADB

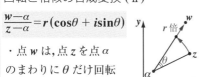

と ACE をとる。また, 2 辺 AB と AC の中点をそれぞれ K, L とおき,さらに線分 KL の中点を N,また線分 DE の中点を M とする。このとき,

$$\overrightarrow{\text{MN}} \perp \overrightarrow{\text{BC}}$$

が成り立つことを示す。

注意！

d, e, k, l, m, n の各複素数を,すべて a, b, c で表すことにする。

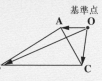

これは,右図の位置ベクトル $\overrightarrow{\text{OA}}, \overrightarrow{\text{OB}},$ $\overrightarrow{\text{OC}}$ で,他のすべてのベクトルを表すことと同じ発想である。

(i) 点 d は,点 a を点 b のまわりに $60°$ だけ回転したものより,

$$\frac{d-b}{a-b} = 1 \cdot (\underbrace{\cos 60°}_{\frac{1}{2}} + i\underbrace{\sin 60°}_{\frac{\sqrt{3}}{2}})$$

$$d = \frac{1+\sqrt{3}i}{2}(a-b) + b$$

$$\therefore d = \frac{1+\sqrt{3}i}{2}a + \frac{1-\sqrt{3}i}{2}b$$

(ii) 点 e は,点 c を点 a のまわりに $60°$ だけ回転したものより,同様に

$$\frac{e-a}{c-a} = \frac{1+\sqrt{3}i}{2}$$

$$\therefore e = \frac{1+\sqrt{3}i}{2}(c-a) + a$$

$$\therefore e = \frac{1-\sqrt{3}i}{2}a + \frac{1+\sqrt{3}i}{2}c$$

以上（ i ）（ ii ）より，線分 DE の中点 M を表す複素数 m は，

$$m = \frac{1}{2}(\underset{\sim}{d} + \underset{=}{e})$$

$$= \frac{1}{2}\left(\frac{1+\sqrt{3}i}{2}a + \frac{1-\sqrt{3}i}{2}b + \frac{1-\sqrt{3}i}{2}a + \frac{1+\sqrt{3}i}{2}c\right)$$

$$m = \frac{1}{2}a + \frac{1-\sqrt{3}i}{4}b + \frac{1+\sqrt{3}i}{4}c \cdots\cdots①$$

次に，辺 AB の中点が K(k) より，

$$k = \frac{1}{2}(a+b)$$

辺 AC の中点が L(l) より

$$l = \frac{1}{2}(a+c)$$

よって，線分 KL の中点 N を表す複素数 n は，

$$n = \frac{1}{2}(\underset{\sim}{k} + \underset{-}{l})$$

$$= \frac{1}{2}\left\{\frac{1}{2}(a+b) + \frac{1}{2}(a+c)\right\}$$

$$n = \frac{1}{2}a + \frac{1}{4}b + \frac{1}{4}c \cdots\cdots②$$

① － ② より，

$$m - n = -\frac{\sqrt{3}}{4}bi + \frac{\sqrt{3}}{4}ci$$

$$m - n = \frac{\sqrt{3}}{4}i(c-b)$$

$c - b \neq 0$ より，両辺を $c-b$ で割って，

$$\frac{m-n}{c-b} = \underset{=}{\frac{\sqrt{3}}{4}i}$$

$$\boxed{0 + 1 \cdot i = \cos90° + i\sin90°}$$

$$\boxed{\overrightarrow{\text{NM}} \text{とみる！}}$$

$$\underbrace{\frac{m-n}{c-b}} = \frac{\sqrt{3}}{4}(\cos90° + i\sin90°)\cdots\cdots③$$

$$\boxed{\overrightarrow{\text{BC}} \text{とみる！}}$$

注意！

③も回転と相似の合成変換の式である。

$$\begin{cases} m - n = \overrightarrow{\text{NM}} \\ c - b = \overrightarrow{\text{BC}} \end{cases}$$

と考えると，ベクトルは平行移動してもかまわないので，図アを図イのように描き変えると，③式は"$\overrightarrow{\text{BC}}$ を 90°

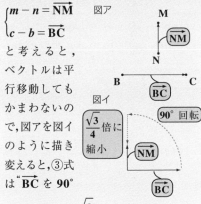

だけ回転して $\frac{\sqrt{3}}{4}$ 倍したものが $\overrightarrow{\text{NM}}$"ということを示している。

$$\therefore \overrightarrow{\text{NM}} \perp \overrightarrow{\text{BC}} \text{ となる。}$$

③より，$\overrightarrow{\text{BC}}$ を 90°回転して $\frac{\sqrt{3}}{4}$ 倍に縮小したものが $\overrightarrow{\text{NM}}$ である。

$\therefore \overrightarrow{\text{NM}} \perp \overrightarrow{\text{BC}}$ より，直線 MN と直線 BC は直交する。$\cdots\cdots\cdots\cdots\cdots\cdots\cdots$(終)

2つの複素数 α, β は $|\alpha|=1$, $|\beta|=\sqrt{10}$, $\dfrac{\beta}{\alpha}=3+i$

を満たしているとする。$\theta=\arg\dfrac{\beta}{\alpha}$ $(0°<\theta<90°)$ とおくとき，次の問に答えよ。

(1) 複素数 α^2, β^2 を表す複素数平面上の点をそれぞれ P, Q とし原点を O とするとき，$\triangle$POQ の面積を求めよ。

(2) $30°<2\theta<45°$ であることを示せ。

(3) $n\theta>90°$ となる最小の自然数 n を求めよ。　　　　　　　（宮崎大）

> ヒント！　(1) OP と OQ の長さとそのなす角を押さえて，三角形の面積公式を用いる。(3) $n>4$ より，まず $n=5$ を調べる。

$|\alpha|=1$, $|\beta|=\sqrt{10}$,

$\dfrac{\beta}{\alpha}=3+1\cdot i=\boxed{\sqrt{10}}\left(\boxed{\dfrac{3}{\sqrt{10}}}+\boxed{\dfrac{1}{\sqrt{10}}}\,i\right)$

$\underset{r}{\phantom{\sqrt{10}}}\quad\underset{\cos\theta}{}\quad\underset{\sin\theta}{}$

$\therefore \dfrac{\beta}{\alpha}=\sqrt{10}\,(\cos\theta+i\sin\theta)$ ………①

$\left(\text{ただし } \cos\theta=\dfrac{3}{\sqrt{10}},\ \sin\theta=\dfrac{1}{\sqrt{10}}\right)$

> 点 β は，点 α を原点のまわりに θ だけ回転して，$\sqrt{10}$ 倍に拡大したもの。

(1) $P(\alpha^2)$, $Q(\beta^2)$ とおく。

$OP=|\alpha^2|=|\alpha|^2=1$

$OQ=|\beta^2|=|\beta|^2=\left(\sqrt{10}\right)^2=10$

①の両辺を2乗して

> ド・モアブルの定理

$\dfrac{\beta^2}{\alpha^2}=10(\cos2\theta+i\sin2\theta)$

$\therefore \arg\dfrac{\beta^2}{\alpha^2}$，すなわち $\angle POQ=2\theta$

$\therefore \triangle POQ$ の面積 S は，

$S=\dfrac{1}{2}\cdot1\cdot10\cdot\sin2\theta$

$=5\cdot2\cdot\sin\theta\cdot\underline{\cos\theta}$

$\therefore S=10\cdot\underline{\dfrac{1}{\sqrt{10}}}\cdot\underline{\dfrac{3}{\sqrt{10}}}=3$ ……(答)

(2) $\cos2\theta=\cos^2\theta-\sin^2\theta$

$=\left(\dfrac{3}{\sqrt{10}}\right)^2-\left(\dfrac{1}{\sqrt{10}}\right)^2=\dfrac{4}{5}$

$\therefore \underset{\boxed{\frac{\sqrt{2}}{2}=0.7\cdots}}{\cos45°}<\underset{\boxed{0.8}}{\cos2\theta}<\underset{\boxed{\frac{\sqrt{3}}{2}=0.86\cdots}}{\cos30°}$

ここで，$0°<2\theta<180°$ より

$30°<2\theta<45°$…② (終)

(3) ② より $4\theta<90°$　　よって，$n\theta>90°$

となる最小の自然数 n は5以上である。

まず，5を調べる。

> パスカルの三角形
> 1　1
> 1　2　1
> 1　3　3　1
> 1　4　6　4　1
> 1　5　10　10　5　1

①の両辺を5乗して

$\left(\dfrac{\beta}{\alpha}\right)^5=(3+i)^5$

$=1\cdot3^5+5\cdot3^4i+10\cdot3^3\cdot i^2$
$\quad+10\cdot3^2i^3+5\cdot3i^4+1\cdot i^5$

$=243+405i-270-90i+15+i$

$=\underset{\ominus}{-12}+\underset{\oplus}{316i}$

> ド・モアブル

$=\left(\sqrt{10}\right)^5\cdot\left(\underset{\ominus}{\cos5\theta}+\underset{\oplus}{i\sin5\theta}\right)$ $(\because ①)$

$\therefore \cos5\theta<0$, $\sin5\theta>0$ より，$5\theta>90°$

よって，求める最小の自然数 n は5 …(答)

② 式と曲線

───◆テーマ◆───

▶ **2次曲線（放物線，だ円，双曲線）**

$$\left(x^2 = 4py, \ \frac{x^2}{a^2} + \frac{y^2}{b^2} = 1, \ \frac{x^2}{a^2} - \frac{y^2}{b^2} = \pm 1 \right)$$

▶ **媒介変数表示された曲線**

（アステロイド $x = a\cos^3\theta, \ y = a\sin^3\theta$ など）

▶ **極座標と極方程式**

$$\left(2\text{次曲線} \ \ r = \frac{k}{1 - e\cos\theta} \ \text{など} \right)$$

1. 放物線：$y^2 = 4px$（または，$x^2 = 4py$）

放物線上の点 $(x_1,\ y_1)$ における接線：$y_1 y = 2p(x + x_1)$

（または，$x_1 x = 2p(y + y_1)$）

（ⅰ）$y^2 = 4px$（横型放物線）

・焦点 $F(p,\ 0)$

・準線 $x = -p$

・QH = QF

$\left(\begin{array}{l} Q：放物線上の点 \\ QH：Q と準線との距離 \end{array} \right)$

（ⅱ）$x^2 = 4py$（たて型放物線）

・焦点 $F(0,\ p)$

・準線 $y = -p$

・QH = QF

$\left(\begin{array}{l} Q：放物線上の点 \\ QH：Q と準線との距離 \end{array} \right)$

2. だ円：$\dfrac{x^2}{a^2} + \dfrac{y^2}{b^2} = 1$

だ円周上の点 $(x_1,\ y_1)$ における接線：$\dfrac{x_1 x}{a^2} + \dfrac{y_1 y}{b^2} = 1$

（ⅰ）$a > b > 0$（横長だ円）

・焦点 $F(c,\ 0)$, $F'(-c,\ 0)$

$\quad (c = \sqrt{a^2 - b^2})$

・QF + QF′ = $2a$

（Q：だ円周上の点）

（ⅱ）$b > a > 0$（たて長だ円）

・焦点 $F(0,\ c)$, $F'(0,\ -c)$

$\quad (c = \sqrt{b^2 - a^2})$

・QF + QF′ = $2b$

（Q：だ円周上の点）

3. 双曲線：$\dfrac{x^2}{a^2} - \dfrac{y^2}{b^2} = \pm 1$

双曲線上の点 $(x_1,\ y_1)$ における接線：$\dfrac{x_1 x}{a^2} - \dfrac{y_1 y}{b^2} = \pm 1$

（ⅰ）$\dfrac{x^2}{a^2} - \dfrac{y^2}{b^2} = 1$（左右の双曲線）

・焦点 $F(c,\ 0)$, $F'(-c,\ 0)$

$\quad (c = \sqrt{a^2 + b^2})$

・$|QF - QF'| = 2a$

（Q：双曲線上の点）

・漸近線 $y = \pm \dfrac{b}{a} x$

（ⅱ）$\dfrac{x^2}{a^2} - \dfrac{y^2}{b^2} = -1$（上下の双曲線）

・焦点 $F(0,\ c)$, $F'(0,\ -c)$

$\quad (c = \sqrt{a^2 + b^2})$

・$|QF - QF'| = 2b$

（Q：双曲線上の点）

・漸近線 $y = \pm \dfrac{b}{a} x$

4. 媒介変数表示された曲線

(1) だ円 : $\dfrac{x^2}{a^2}+\dfrac{y^2}{b^2}=1$ は, $\begin{cases} x=a\cos\theta \\ y=b\sin\theta \end{cases}$ (θ : 媒介変数)

$\left(\begin{array}{l} \text{よって, だ円周上の点 }(a\cos\theta,\ b\sin\theta)\text{ における接線の方程式は,} \\[4pt] \dfrac{a\cos\theta}{a^2}x+\dfrac{b\sin\theta}{b^2}y=1 \ \text{ より, } \ \dfrac{\cos\theta}{a}x+\dfrac{\sin\theta}{b}y=1 \ \text{と表される。} \end{array}\right)$

(2) サイクロイド曲線

$\begin{cases} x=a(\theta-\sin\theta) \\ y=a(1-\cos\theta) \end{cases}$ (θ : 媒介変数)

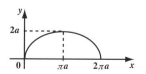

(3) らせん

(i) $\begin{cases} x=e^{-\theta}\cos\theta \\ y=e^{-\theta}\sin\theta \end{cases}$ 回転しながら動径が縮む。

(θ : 媒介変数)

(ii) $\begin{cases} x=e^{\theta}\cos\theta \\ y=e^{\theta}\sin\theta \end{cases}$ 回転しながら動径が伸びる。

(θ : 媒介変数)

(iii) $\begin{cases} x=a\theta\cos\theta \\ y=a\theta\sin\theta \end{cases}$ (アルキメデスのらせん)

(4) アステロイド曲線

$\begin{cases} x=a\cos^3\theta \\ y=a\sin^3\theta \end{cases}$ (θ : 媒介変数)

$\left(x^{\frac{2}{3}}+y^{\frac{2}{3}}=a^{\frac{2}{3}}\right)$

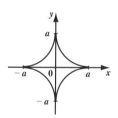

5. 極座標と極方程式

(1) xy 座標 ⟷ 極座標の変換公式

(i) $\begin{cases} x=r\cos\theta \\ y=r\sin\theta \end{cases}$ 　　　　(ii) $\begin{cases} r^2=x^2+y^2 \\ \tan\theta=\dfrac{y}{x} \end{cases}$

(2) 2 次曲線の極方程式

$r=\dfrac{k}{1-e\cos\theta}$ 　$\left[\text{または, } r=\dfrac{k}{1+e\cos\theta}\right]$ 　(e : 離心率)

(i) $0<e<1$: だ円　　(ii) $e=1$: 放物線　　(iii) $1<e$: 双曲線

(3) 極方程式と面積計算

極方程式 $r=f(\theta)$ と 2 直線 $\theta=\alpha$, $\theta=\beta$

とで囲まれる部分の面積 S は,

$S=\dfrac{1}{2}\displaystyle\int_{\alpha}^{\beta} r^2\,d\theta$

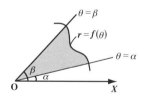

2つの不等式 $3x^2+y^2 \leqq 3$, $y \geqq x-1$ を同時に満たす xy 平面上の領域の面積を求めよ。　　　　　　　　　　　　　（東北大）

ヒント！　まず，$x^2+y^2 \leqq 1$ と $y \geqq \dfrac{1}{\sqrt{3}}x - \dfrac{1}{\sqrt{3}}$ で表される領域の面積を求めて，それを $\sqrt{3}$ 倍すれば，求める領域の面積になる。考え方が面白いはずだ。

基本事項

単位円とだ円

だ円：$\dfrac{x^2}{a^2} + \dfrac{y^2}{b^2} = 1$　[b倍]　[a倍]

$(a>0, b>0)$ は，
伸び・縮みする
ゴム板に描かれ
た，原点を中心とする半径1の円：
$x^2+y^2=1$ を，

(i) x 軸方向に a 倍
(ii) y 軸方向に b 倍だけ，

拡大（または縮小）したものと考えてよい。

（参考）
だ円：$\dfrac{x^2}{a^2} + \dfrac{y^2}{b^2} = 1$ の面積は，単位
円の面積 $\pi \cdot 1^2$ を，横に a 倍，た
てに b 倍したものより，
$\pi \cdot 1^2 \cdot a \cdot b = \pi ab$ となる。

$\begin{cases} \dfrac{x^2}{1^2} + \dfrac{y^2}{(\sqrt{3})^2} \leqq 1 & \cdots① \\ y \geqq x-1 \end{cases}$

図1

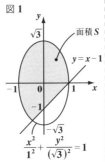

で表される領域（図1
・斜線部）の面積を S
とおく。①で表される

図1の領域は，

$\begin{cases} x^2+y^2 \leqq 1 \\ y \geqq \dfrac{1}{\sqrt{3}}(x-1) \end{cases} \cdots②$

で表される領域を y
軸方向に $\sqrt{3}$ 倍だけ
拡大したものである。

図2

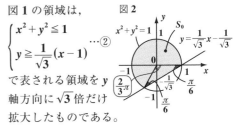

よって，②で表される領域の面積を S_0
とおくと，

$$S = \sqrt{3}\, S_0 \quad\cdots\cdots\cdots③$$

ここで，

$$S_0 = \pi \cdot 1^2 - \left(\dfrac{1}{2} \cdot 1^2 \cdot \dfrac{2}{3}\pi - \dfrac{1}{2} \cdot 1 \cdot 1 \cdot \boxed{\sin \dfrac{2}{3}\pi} \right)$$

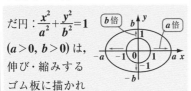

$$= \pi - \left(\dfrac{\pi}{3} - \dfrac{\sqrt{3}}{4} \right)$$

$$= \dfrac{2}{3}\pi + \dfrac{\sqrt{3}}{4} \quad\cdots\cdots\cdots④$$

④を③に代入して，求める面積 S は，

$$S = \sqrt{3}\left(\dfrac{2}{3}\pi + \dfrac{\sqrt{3}}{4} \right)$$

$$= \dfrac{2\sqrt{3}}{3}\pi + \dfrac{3}{4} \quad\cdots\cdots\cdots\cdots（答）$$

実力アップ問題 15	難易度 ★★☆	CHECK 1	CHECK 2	CHECK 3

放物線 $U : 4y - x^2 = 0$ および点 $P(x_1, y_1)$ がある。

(1) 点 P を通る傾き m の直線が U の接線となる条件を求めよ。

(2) 点 P から U に引いた 2 本の接線が直交するような点 P の軌跡の方程式を求めよ。

(3) 点 P から U に引いた 2 本の接線が 45°(あるいは 135°)で交わるような点 P の軌跡の方程式を求めよ。　　　　　　　　　　　　　（鳥取大＊）

> **ヒント！**　**(3)** 2 本の接線の傾きを $m_1 = \tan\theta_1$, $m_2 = \tan\theta_2$ $(\theta_1 > \theta_2)$ とおくと，$\theta_1 - \theta_2 = 45°$，または 135° より，$\tan(\theta_1 - \theta_2) = \pm 1$ となるんだね。

放物線 $U : 4y - x^2 = 0$ ………………①

(1) 点 $P(x_1, y_1)$ を通る傾き m の直線は，

$$y = m(x - x_1) + y_1$$
$$y = mx - (mx_1 - y_1) \quad \text{………②}$$

①，②より y を消去して，

$$4\{mx - (mx_1 - y_1)\} - x^2 = 0$$

$$\underset{a}{1} \cdot x^2 \underset{2b'}{- 4mx} + \underset{c}{4(mx_1 - y_1)} = 0 \quad \text{……③}$$

①，②が接するとき，x の 2 次方程式③は重解をもつ。

③の判別式を D とおくと，

$$\boxed{\dfrac{D}{4} = 4m^2 - 4(mx_1 - y_1) = 0}$$

$$\underset{a}{1} \cdot m^2 \underset{b}{- x_1 m} + \underset{c}{y_1} = 0 \quad \text{……④……（答）}$$

$$\left(\begin{array}{l} \text{④の判別式を } D_1 \text{ とおくと，} \\ D_1 = x_1{}^2 - 4y_1 > 0 \text{ のとき，} y_1 < \dfrac{1}{4}x_1{}^2 \cdots (*) \end{array} \right)$$

(2) $(*)$ のもとで，m の 2 次方程式④の異なる 2 実数解を m_1, m_2 とおくと，解と係数の関係より，

$$\begin{cases} m_1 + m_2 = x_1 \cdots ⑤ \\ m_1 \cdot m_2 = y_1 \cdots ⑥ \end{cases}$$

点 $P(x_1, y_1)$ から U に引いた 2 接線が直交するとき，

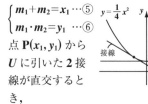
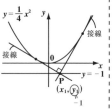

$$m_1 \cdot m_2 = -1 \quad \text{………………⑦}$$

⑥，⑦より，$y_1 = -1$（$(*)$ をみたす）

∴ 点 P の軌跡の方程式は，

$$y = -1 \quad \text{…………………（答）}$$

(3)

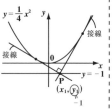

上図のように，2 接線の傾きを，$m_1 = \tan\theta_1$, $m_2 = \tan\theta_2$ $(\theta_1 > \theta_2)$ とおくと，

条件より，$\theta_1 - \theta_2 = 45°$ または 135°

∴ $\tan(\theta_1 - \theta_2) = \pm 1$　よって，

$$\dfrac{\tan\theta_1 - \tan\theta_2}{1 + \tan\theta_1 \tan\theta_2} = \pm 1, \quad \dfrac{m_1 - m_2}{1 + m_1 m_2} = \pm 1$$

$$(m_1 - m_2)^2 = \{\pm 1 \cdot (1 + m_1 m_2)\}^2$$

$$(\underset{x_1}{m_1 + m_2})^2 - 4\underset{y_1}{m_1 m_2} = (1 + \underset{y_1}{m_1 m_2})^2$$

これに⑤，⑥を代入して，

$$x_1{}^2 - 4y_1 = (1 + y_1)^2 \quad (\text{$(*)$ をみたす})$$

$$x_1{}^2 - (y_1{}^2 + 6y_1 + 9) = -8$$

$$x_1{}^2 - (y_1 + 3)^2 = -8$$

∴ 求める点 P の軌跡の方程式は，

$$x^2 - (y + 3)^2 = -8 \quad \text{…………（答）}$$

> 双曲線

27

A(a, 0) を定点とし，C を双曲線 $x^2 - y^2 = 4$ の $x > 0$ の部分とする。A を通る傾き m (ただし $m > 0$) の直線が，異なる 2 点で C と交わるように m の範囲を定めよ。　　　　　　　　　　　　　　　　　　　　（早稲田大）

ヒント!　双曲線と，直線 $y = m(x - a)$ から y を消去してできる x の 2 次方程式が，異なる正の 2 実数解をもつための条件を調べればいい。

双曲線 $C : x^2 - y^2 = 4$　……①
$\qquad\qquad\qquad (x > 0)$

点 A(a, 0) を通る傾き m の直線は，

$\quad y = m(x - a)$ ……………② 　($m > 0$)

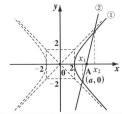

異なる正の 2 実数解 x_1, x_2 をもつ。

①，②より y を消去して，

$\quad x^2 - m^2(x - a)^2 = 4$

$\quad x^2 - m^2(x^2 - 2ax + a^2) = 4$

$\quad \underbrace{(m^2 - 1)}_{a} x^2 \underbrace{- 2am^2}_{2b'} x + \underbrace{a^2m^2 + 4}_{c} = 0$ …③

③を x の 2 次方程式とみて，これが相異なる正の 2 実数解 x_1, x_2 をもつための条件を調べればよい。

$D > 0$，かつ $x_1 + x_2 > 0$，かつ $x_1 \cdot x_2 > 0$

(ⅰ) $m^2 - 1 \neq 0$　←　③が x の 2 次方程式となる条件

$\quad \therefore m \neq 1 \ (\because m > 0)$

(ⅱ) ③の判別式を D とおくと，

$\quad \dfrac{D}{4} = a^2m^4 - (m^2 - 1)(a^2m^2 + 4) > 0$

$\quad -4m^2 + a^2m^2 + 4 > 0$

$\quad (4 - a^2)m^2 < 4$ …………④

(ⅲ) $x_1 + x_2 = \dfrac{2am^2}{m^2 - 1} > 0$　←　解と係数の関係

$\quad 2am^2(m^2 - 1) > 0$　←　分数不等式

$\quad 2am^2(m + 1)(m - 1) > 0$

両辺を $2m^2(m + 1)$ (> 0) で割って，

$\quad a(m - 1) > 0$ …⑤

(ⅳ) $x_1 x_2 = \dfrac{a^2m^2 + 4}{m^2 - 1} > 0$　←　解と係数の関係

$\quad (a^2m^2 + 4)(m^2 - 1) > 0$　←　分数不等式

$\quad (a^2m^2 + 4)(m + 1)(m - 1) > 0$

この両辺を，$(a^2m^2 + 4)(m + 1)$ (> 0)

で割って，$m - 1 > 0$ 　$\therefore m > 1$ …⑥

⑤の両辺を $m - 1$ (> 0) で割って，

$\quad a > 0$ …………⑤´

以上より，

$\begin{cases} (4 - a^2)m^2 < 4 \cdots④ \\ a > 0 \cdots\cdots\cdots⑤´ \\ m > 1 \cdots\cdots⑥ \end{cases}$　←　これから (ⅱ) $0 < a < 2$ (ⅲ) $2 \leqq a$ に分類する。

よって，

(i) $a \leqq 0$ のとき，m の範囲なし。…(答)

(ⅱ) $0 < a < 2$ のとき，　　1 より大

④の両辺を $4 - a^2$ (> 0) で割って，

$\quad m^2 < \dfrac{4}{4 - a^2}$　　$m < \sqrt{\dfrac{4}{4 - a^2}}$

$\quad \therefore 1 < m < \dfrac{2}{\sqrt{4 - a^2}}$ …………(答)

(ⅲ) $2 \leqq a$ のとき，

常に $(4 - a^2)m^2 \leqq 0$ より，④をみたす。

$\quad \therefore 1 < m$ ……………(答)

実力アップ問題 17　　難易度 ★★　　CHECK 1　　CHECK 2　　CHECK 3

だ円 $E : \dfrac{(x-2)^2}{4} + y^2 = 1$ の周上の点 $P(x, y)$ について，xy の最大値と最小値を求めよ。

ヒント！ $x = 2\cos\theta + 2$, $y = \sin\theta$ $(0 \leqq \theta \leqq 2\pi)$ とおけるので，$xy = (2\cos\theta + 2) \cdot \sin\theta$ の最大値と最小値を求めればいいんだね。

基本事項

だ円の媒介変数表示

だ円 $: \dfrac{(x-p)^2}{a^2} + \dfrac{(y-q)^2}{b^2} = 1$ を，媒介変数 θ を使って表すと，次のようになる。

$\begin{cases} x = a\cos\theta + p \\ y = b\sin\theta + q \end{cases}$ $(\theta : 媒介変数)$

（これを，だ円の式に代入してまとめると，$\cos^2\theta + \sin^2\theta = 1$ に帰着する。）

だ円 $E :$

$\dfrac{(x-2)^2}{2^2} + \dfrac{y^2}{1^2} = 1$

の 周 上 の 点 を $P(x, y)$ とおくと，

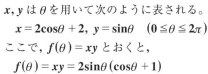

x, y は θ を用いて次のように表される。

　$x = 2\cos\theta + 2$, $y = \sin\theta$ $(0 \leqq \theta \leqq 2\pi)$

ここで，$f(\theta) = xy$ とおくと，

$f(\theta) = xy = 2\sin\theta(\cos\theta + 1)$
$\qquad\qquad\qquad (0 \leqq \theta \leqq 2\pi)$

$f'(\theta) = 2\cos\theta(\cos\theta + 1) - \underset{(1-\cos^2\theta)}{2\sin^2\theta}$

$\qquad = 2(2\cos^2\theta + \cos\theta - 1)$

$\qquad\quad \underset{1}{\overset{2}{\diagdown}} \underset{1}{\overset{-1}{\diagup}}$

$\qquad = 2\underbrace{(\cos\theta + 1)}_{\boxed{0\ 以上}}\underbrace{(2\cos\theta - 1)}_{f'(\theta)}$

$f'(\theta) = 0$ のとき，

$\cos\theta = \dfrac{1}{2}$, -1

$\therefore \theta = \dfrac{\pi}{3}$, π, $\dfrac{5}{3}\pi$

　増減表 $(0 \leqq \theta \leqq 2\pi)$

θ	0		$\dfrac{\pi}{3}$		π		$\dfrac{5}{3}\pi$		2π
$f'(\theta)$		+	0	−	0	−	0	+	
$f(\theta)$	0	↗		↘	0	↘		↗	0

$f(0) = f(\pi) = f(2\pi) = 0$

以上より，

(i) $\theta = \dfrac{\pi}{3}$ のとき，

最大値 $f\left(\dfrac{\pi}{3}\right)$

$\quad = \cancel{2} \cdot \dfrac{\sqrt{3}}{\cancel{2}} \cdot \left(\dfrac{1}{2} + 1\right)$

$\quad = \dfrac{3\sqrt{3}}{2}$ …………………………(答)

(ii) $\theta = \dfrac{5}{3}\pi$ のとき，

最小値 $f\left(\dfrac{5}{3}\pi\right) = \cancel{2} \cdot \left(-\dfrac{\sqrt{3}}{\cancel{2}}\right) \cdot \left(\dfrac{1}{2} + 1\right)$

$\qquad\qquad = -\dfrac{3\sqrt{3}}{2}$ ………(答)

xy 平面におけるだ円 $\dfrac{x^2}{a^2}+\dfrac{y^2}{b^2}=1$ $(a>b>0)$ 上の点 $\mathrm{P}(a\cos\theta,b\sin\theta)$ $\left(0<\theta<\dfrac{\pi}{2}\right)$ における法線と x 軸, y 軸との交点をそれぞれ Q,R とおく。また, 原点を O とおく。

(1) 2 点 Q,R の座標を求めよ。

(2) △ OQR の面積 S の取り得る値の範囲を求めよ。

(3) 線分 QR の長さ l の取り得る値の範囲を求めよ。　　（立命館大＊）

ヒント！ だ円 $\dfrac{x^2}{a^2}+\dfrac{y^2}{b^2}=1$ 上の点 $\mathrm{P}(a\cos\theta,b\sin\theta)$ における接線の

方程式は, $\dfrac{a\cos\theta}{a^2}x+\dfrac{b\sin\theta}{b^2}y=1$ より, $y=-\dfrac{b\cos\theta}{a\sin\theta}x+\dfrac{b}{\sin\theta}$ となる。よって,

点 P における法線の傾きは $\dfrac{a\sin\theta}{b\cos\theta}$ となるんだね。

---

(1) だ円 $\dfrac{x^2}{a^2}+\dfrac{y^2}{b^2}=1$ $(a>b>0)$ 上の

点 $\mathrm{P}(a\cos\theta,b\sin\theta)$ $\left(0<\theta<\dfrac{\pi}{2}\right)$ に

> 点 P は，第 1 象限のだ円周上の点だ。

における接線の傾きは,

$-\dfrac{b\cos\theta}{a\sin\theta}$ より,

> ヒント参照

点 P におけ

る法線の傾

きは,

$\dfrac{a\sin\theta}{b\cos\theta}$ である。

よって, 点 P における法線の方程式は

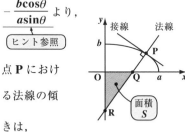

接線　　法線

面積 S

$y=\dfrac{a\sin\theta}{b\cos\theta}(x-a\cos\theta)+b\sin\theta$

$y=\dfrac{a\sin\theta}{b\cos\theta}x-\dfrac{a^2\sin\theta}{b}+b\sin\theta$

$y=\dfrac{a\sin\theta}{b\cos\theta}x-\dfrac{(a^2-b^2)\sin\theta}{b}$ ……①

> ⊕ の傾き　　⊖ の y 切片

(ⅰ) $y=0$ のとき, ①より,

$\dfrac{a\sin\theta}{b\cos\theta}x=\dfrac{(a^2-b^2)\sin\theta}{b}$

$x=\dfrac{(a^2-b^2)\cos\theta}{a}$

∴点 Q の座標は,

$\mathrm{Q}\left(\dfrac{a^2-b^2}{a}\cos\theta,\ 0\right)$ …………(答)
⊕

(ⅱ) $x = 0$ のとき，①より，

$$y = -\frac{a^2 - b^2}{b}\sin\theta$$

∴点 R の座標は，

$$R\left(0, \ \underset{\ominus}{-\frac{a^2 - b^2}{b}\sin\theta}\right) \cdots\cdots(答)$$

(2) △OQR の面積 S は，(1) の結果より，

$$S = \frac{1}{2} \cdot \underset{\boxed{\frac{a^2-b^2}{a}\cos\theta}}{OQ} \cdot \underset{\boxed{\frac{a^2-b^2}{b}\sin\theta}}{OR}$$

$$= \frac{(a^2 - b^2)^2}{2ab} \cdot \sin\theta \cdot \cos\theta$$

$$= \underset{\oplus}{\frac{(a^2 - b^2)^2}{4ab}} \cdot \sin2\theta \quad \left(0 < \theta < \frac{\pi}{2}\right)$$

ここで，$\dfrac{(a^2 - b^2)^2}{4ab}$ は正の定数。また

$0 < 2\theta < \pi$ より，$0 < \sin2\theta \leqq 1$

以上より，求める △OQR の面積 S の

取り得る値の範囲は，

$$0 < S \leqq \frac{(a^2 - b^2)^2}{4ab} \quad \cdots\cdots\cdots\cdots(答)$$

(3) 線分 QR の長さ l の 2 乗は，三平方

の定理より，

$$l^2 = OQ^2 + OR^2$$

$$= \frac{(a^2 - b^2)^2}{a^2}\cos^2\theta + \frac{(a^2 - b^2)^2}{b^2}\sin^2\theta$$

$$= \frac{(a^2 - b^2)^2}{a^2 b^2}\underset{\boxed{(1 - \sin^2\theta)}}{(a^2\sin^2\theta + b^2\cos^2\theta)}$$

$$l^2 = \frac{(a^2 - b^2)^2}{a^2 b^2}\{\underset{\boxed{\oplus \text{の定数}}}{(a^2 - b^2)}\sin^2\theta + b^2\}$$

よって，

$$l = \frac{a^2 - b^2}{ab}\sqrt{\underset{\oplus}{(a^2 - b^2)}\underset{\boxed{0\sim1}}{\sin^2\theta} + \underset{\oplus}{b^2}}$$

ここで，$0 < \theta < \dfrac{\pi}{2}$ より，

$0 < \sin\theta < 1$ ∴ $0 < \sin^2\theta < 1$

以上より，求める QR の長さ l の取

り得る値の範囲は，

$$\underset{\boxed{|b|=b}}{\frac{a^2 - b^2}{ab}\sqrt{b^2}} < l < \underset{\boxed{\sqrt{a^2}=|a|=a}}{\frac{a^2 - b^2}{ab}\sqrt{(a^2 - b^2) + b^2}}$$

(上に矢印: $\boxed{\sin^2\theta = 0 \text{ のとき}}$, $\boxed{\sin^2\theta = 1 \text{ のとき}}$)

$$\frac{a^2 - b^2}{a} < l < \frac{a^2 - b^2}{b} \quad \cdots\cdots\cdots\cdots(答)$$

円 $x^2 + y^2 = 1$ の $y > 0$ の部分を C とする。C 上の点 P と点 $R(-1, 0)$ を結ぶ直線 PR と y 軸の交点を Q とし，その座標を $Q(0, t)$ とする。

(1) 点 P の座標を $(\cos\theta, \sin\theta)$ $(0 < \theta < \pi)$ とする。$\cos\theta$ と $\sin\theta$ を t を用いて表せ。

(2) 3 点 A, B, S の座標を $A(-3, 0)$，$B(3, 0)$，$S\left(0, \dfrac{1}{t}\right)$ とし，

直線 AQ と BS の交点を T とする。点 P が C 上を動くとき，点 T の描く図形を求めよ。　　　　　　　　　　　　　　　　　（弘前大）

ヒント！ (1) 図形的に考えると，$t = \tan\dfrac{\theta}{2}$ となるので，$\cos\theta = \dfrac{1 - t^2}{1 + t^2}$，

$\sin\theta = \dfrac{2t}{1 + t^2}$ となることがわかるはずだ。(2) では，T の x 座標，y 座標は共に媒介変数 t で表されるので，これを消去して，x と y の関係式を求めればいいんだね。

(1) 曲線 C :

図 (i)

$x^2 + y^2 = 1$

$(y > 0)$

上の動点

P の座標

を，

$P(\cos\theta, \sin\theta)$ $(0 < \theta < \pi)$ と

おくと，図 (i) より，△ OPR は

OP = OR = 1 の 2 等辺三角形である

ので，

$\angle PRO = \dfrac{\theta}{2}$ となる。

よって，直線 PR と y 軸の交点を

$Q(0, t)$ とおくと，

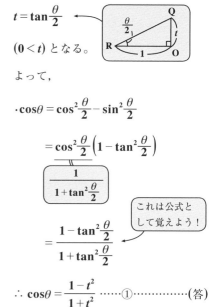

$t = \tan\dfrac{\theta}{2}$

$(0 < t)$ となる。

よって，

$\cos\theta = \cos^2\dfrac{\theta}{2} - \sin^2\dfrac{\theta}{2}$

$= \cos^2\dfrac{\theta}{2}\left(1 - \tan^2\dfrac{\theta}{2}\right)$

$\boxed{\dfrac{1}{1 + \tan^2\dfrac{\theta}{2}}}$

これは公式として覚えよう！

$= \dfrac{1 - \tan^2\dfrac{\theta}{2}}{1 + \tan^2\dfrac{\theta}{2}}$

$\therefore \cos\theta = \dfrac{1 - t^2}{1 + t^2}$ ……① …………(答)

$\cdot \sin\theta = 2\sin\dfrac{\theta}{2}\,\cos\dfrac{\theta}{2}$

$\qquad = 2\tan\dfrac{\theta}{2}\cdot\underbrace{\cos^2\dfrac{\theta}{2}}$

$$\dfrac{1}{1+\tan^2\dfrac{\theta}{2}}$$

$\qquad = \dfrac{2\tan\dfrac{\theta}{2}}{1+\tan^2\dfrac{\theta}{2}}$ ← これも公式として覚えよう！

$\therefore\ \sin\theta = \dfrac{2t}{1+t^2}\ \cdots\cdots②\cdots\cdots\cdots(答)$

> 三角関数の公式
> $\cos2\alpha = \cos^2\alpha - \sin^2\alpha$
> $\sin2\alpha = 2\sin\alpha\cos\alpha$
> $1+\tan^2\alpha = \dfrac{1}{\cos^2\alpha}$ を使った。

(2) 図(ⅱ)

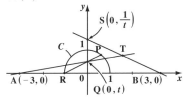

図(ⅱ)に示すように，

・2点 $A(-3,0)$，$Q(0,t)$ を通る

直線 AQ の方程式は，

$y = \dfrac{t}{3}x + t\ \cdots\cdots③$

・2点 $B(3,0)$, $S\left(0,\dfrac{1}{t}\right)$ を通る

直線 BS の方程式は，

$y = -\dfrac{1}{3t}x + \dfrac{1}{t}\ \cdots\cdots④$

③，④より y を消去して，

$\dfrac{t}{3}x + t = -\dfrac{1}{3t}x + \dfrac{1}{t}$

$\dfrac{1}{3}\left(t+\dfrac{1}{t}\right)x = \dfrac{1}{t} - t$

$\dfrac{t^2+1}{3\cancel{t}}x = \dfrac{1-t^2}{\cancel{t}}$

$x = \dfrac{3(1-t^2)}{1+t^2}\ \cdots\cdots⑤$

⑤を③に代入して，

$y = \dfrac{t}{\cancel{3}}\cdot\dfrac{\cancel{3}(1-t^2)}{1+t^2} + t$

$\quad = \dfrac{t - t^{\cancel{3}} + t + t^{\cancel{3}}}{1+t^2}$

$\quad = \dfrac{2t}{1+t^2}\ \cdots\cdots⑥$

以上⑤，⑥より，2直線 AQ と

BS の交点 T の座標は，

$T(x,y) = \left(3\cdot\dfrac{1-t^2}{1+t^2},\ \dfrac{2t}{1+t^2}\right)$

$\qquad\qquad\underbrace{\dfrac{1-t^2}{1+t^2}}_{\substack{\cos\theta\\(①より)}}\quad\underbrace{\dfrac{2t}{1+t^2}}_{\substack{\sin\theta\\(②より)}}$

$\qquad = (3\cos\theta,\ \sin\theta)\ (\because①,②)$

$\therefore \begin{cases} x = 3\cos\theta \\ y = \sin\theta \end{cases} (0<\theta<\pi)$ より，

点 T の描く図形は，

$\left(\dfrac{x}{3}\right)^2 + y^2 = \cos^2\theta + \sin^2\theta = 1$ より，

だ円：$\dfrac{x^2}{9} + y^2 = 1$ の $y>0$ の部分

である。$\cdots\cdots\cdots\cdots\cdots\cdots$(答)

だ円 $\dfrac{x^2}{16}+\dfrac{y^2}{9}=1$ の周上に 4 点 $A(a, b)$, $B(-a, b)$, $C(-a, -b)$, $D(a, -b)$

をとり, だ円に内接する長方形 ABCD を作る。ただし, $a>0$, $b>0$ とする。

(1) この長方形の面積の最大値を求めよ。

(2) この長方形を x 軸のまわりに回転してできる円柱の体積の最大値を求

　　めよ。　　　　　　　　　　　　　　　　　　　　　　　　　　（上智大＊）

ヒント！　**(1)** 媒介変数表示により, $a=4\cos\theta$, $b=3\sin\theta$ とおく。

(2) 円柱の体積 $V=\pi b^2\cdot 2a$ より, b を a で表せばいいんだね。

---

(1) だ円周上の点

　$A(a, b)$ は第 1

　象限の点より,

　$\dfrac{a^2}{16}+\dfrac{b^2}{9}=1$

　　　……①

　$(a>0, \ b>0)$

よって, a, b を媒介変数 θ を使って

表すと,

$$\begin{cases} a=4\cos\theta \\ b=3\sin\theta \end{cases} \left(0<\theta<\dfrac{\pi}{2}\right)$$

長方形 ABCD の面積を S とおくと,

$\quad S=2a\cdot 2b$

$\quad\ \ =2\cdot 4\cos\theta\cdot 2\cdot 3\sin\theta$

$\quad\ \ =24\cdot 2\sin\theta\cdot\cos\theta$ ◄───

$\quad\ \ =24\sin 2\theta$ ◄───　　2 倍角の公式

$0<2\theta<\pi$ より,

$\quad 2\theta=\dfrac{\pi}{2}$, すなわち $\theta=\dfrac{\pi}{4}$ のとき,

S は最大となる。

$\therefore$ 最大値 $S=24\times\underset{\boxed{\sin\frac{\pi}{2}}}{1}=24$ ………(答)

(2) 長方形 ABCD

　の回転体の体

　積 V は,

　$V=\pi b^2\cdot 2a$

　　$=2\pi ab^2$

　　　……②

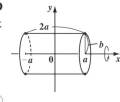

①より, $b^2=9\left(1-\dfrac{a^2}{16}\right)$ ………①′

①′ を②に代入して,

$V=2\pi a\cdot 9\left(1-\dfrac{a^2}{16}\right) \quad (0<a<4)$

$\quad =\dfrac{9}{8}\pi\underset{\boxed{f(a)\text{ とおく。}}}{\left(16a-a^3\right)}$　　a の 3 次関数

ここで, $f(a)=-a^3+16a$ とおくと,

$f'(a)=-3a^2+16=(4+\sqrt3\,a)(4-\sqrt3\,a)$

$f'(a)=0$ のとき,

$a=\dfrac{4}{\sqrt3}$　　この値の

前後で, $f'(a)$ の符号

は正から負に転ずる。

$\therefore a=\dfrac{4}{\sqrt3}$ のとき, $f(a)$, すなわち V

は最大になる。

$\therefore$ 最大値 $V=\dfrac{9}{8}\pi\cdot\dfrac{4}{\sqrt3}\cdot\left(16-\dfrac{16}{3}\right)$

$\qquad\qquad =16\sqrt3\,\pi$ …………(答)

実力アップ問題 21　難易度 ★★　CHECK1　CHECK2　CHECK3

$x = a\cos^3\theta$, $y = a\sin^3\theta$ $\left(0 < \theta < \dfrac{\pi}{2}, a: 正の定数\right)$ で表される曲線Cがある。C上の点 $P(a\cos^3\theta_1, a\sin^3\theta_1)$ における接線を l とする。l と x 軸との交点を Q, l と y 軸との交点を R とおくとき，線分 QR の長さが θ_1 によらず一定であることを示せ。

（自治医大＊）

ヒント！　媒介変数 θ で表された曲線 (アステロイド) 上の点における接線の傾きは，$\dfrac{dy}{d\theta}$ を $\dfrac{dx}{d\theta}$ で割れば求まるんだね。

・$\dfrac{dx}{d\theta} = (a\cos^3\theta)'$
$= 3a\cos^2\theta\cdot(-\sin\theta)$
$= -3a\sin\theta\cos^2\theta$

・$\dfrac{dy}{d\theta} = (a\sin^3\theta)'$
$= 3a\sin^2\theta\cos\theta$

よって，アステロイド

曲線 C 上の点 $P(a\cos^3\theta_1, a\sin^3\theta_1)$ における接線 l の傾きは，

$\dfrac{dy}{dx} = \dfrac{3a\sin^2\theta\cos\theta}{-3a\sin\theta\cos^2\theta}$

公式　$\dfrac{dy}{dx} = \dfrac{\frac{dy}{d\theta}}{\frac{dx}{d\theta}}$

$= -\dfrac{\sin\theta}{\cos\theta} = -\tan\theta_1$ となる。

変数 θ に，定数 θ_1 を代入する。

よって，接線 l の方程式は，

$y = -\tan\theta_1(x - a\cos^3\theta_1) + a\sin^3\theta_1$

$= -\tan\theta_1\cdot x + a\sin\theta_1\cos^2\theta_1 + a\sin^3\theta_1$

$a\sin\theta_1\cdot(\cos^2\theta_1 + \sin^2\theta_1)$ ①

∴ $y = -\tan\theta_1\cdot x + a\sin\theta_1$ ……①

（ⅰ）①に $y = 0$ を代入して，
$0 = -\tan\theta_1\cdot x + a\sin\theta_1$
$\tan\theta_1\cdot x = a\sin\theta_1$
$\dfrac{\sin\theta_1}{\cos\theta_1}\cdot x = a\cdot\sin\theta_1$　∴ $x = a\cos\theta_1$
よって，点 $Q(a\cos\theta_1, 0)$ となる。

（ⅱ）①に $x = 0$ を代入して，
$y = a\sin\theta_1$
よって，点 $R(0, a\sin\theta_1)$ となる。

以上（ⅰ），（ⅱ）より，線分 QR の長さの 2 乗 QR^2 を求めると，

$QR^2 = (a\cos\theta_1 - 0)^2 + (0 - a\sin\theta_1)^2$
$= a^2\cos^2\theta_1 + a^2\sin^2\theta_1$
$= a^2(\underset{①}{\cos^2\theta_1 + \sin^2\theta_1}) = a^2$

ここで，a は正の定数より

$QR = a$ (定数) となる。よって，QR の長さは，θ_1 の値によらず一定であることが分かる。…………(終)

$x = \cos 2\theta$, $y = \sin 3\theta$ $\left(0 \leqq \theta \leqq \dfrac{\pi}{3}\right)$ で表される曲線 C と x 軸とで囲まれる図形の面積を求めよ。

ヒント！　x と θ のグラフ，および y と θ のグラフから特徴的な点を抽出して，曲線 C の概形を描いて，面積計算にもち込めばいい。

曲線 C

$\begin{cases} x = \cos 2\theta \\ y = \sin 3\theta \end{cases}$

$\left(0 \leqq \theta \leqq \dfrac{\pi}{3}\right)$

の概形を描くために，まず，右のように θ と x，θ と y のグラフから<u>特徴的な点</u>を抽出すると，

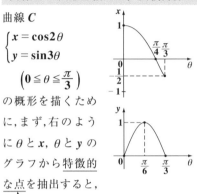

始点，終点，極大（小）点，0 となる点

$\boxed{\theta = 0}$ 　　$\boxed{\theta = \dfrac{\pi}{6}}$ 　　$\boxed{\theta = \dfrac{\pi}{4}}$

$(1,\ 0) \xrightarrow{①} \left(\dfrac{1}{2},\ 1\right) \xrightarrow{②} \left(0,\ \dfrac{\sqrt{2}}{2}\right)$

$\boxed{\theta = \dfrac{\pi}{3}}$

$\xrightarrow{③} \left(-\dfrac{1}{2},\ 0\right)$ となる。

これらの点を滑らかな曲線で結ぶことにより，右のような曲線 C の概形が求まる。

よって，曲線 C と x 軸とで囲まれる図形の面積を S とおくと，

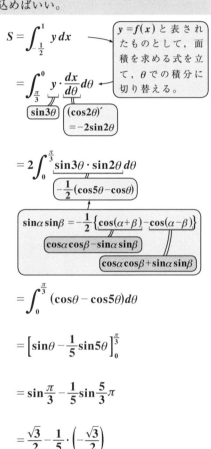

$S = \displaystyle\int_{-\frac{1}{2}}^{1} y\,dx$

　$y = f(x)$ と表されたものとして，面積を求める式を立て，θ での積分に切り替える。

$= \displaystyle\int_{\frac{\pi}{3}}^{0} \underbrace{y}_{\sin 3\theta} \cdot \underbrace{\dfrac{dx}{d\theta}}_{\substack{(\cos 2\theta)' \\ = -2\sin 2\theta}} d\theta$

$= 2\displaystyle\int_{0}^{\frac{\pi}{3}} \underbrace{\sin 3\theta \cdot \sin 2\theta}_{-\frac{1}{2}(\cos 5\theta - \cos\theta)} \,d\theta$

$\sin\alpha\sin\beta = -\dfrac{1}{2}\{\cos(\alpha+\beta) - \cos(\alpha-\beta)\}$

$\cos\alpha\cos\beta - \sin\alpha\sin\beta$

$\cos\alpha\cos\beta + \sin\alpha\sin\beta$

$= \displaystyle\int_{0}^{\frac{\pi}{3}} (\cos\theta - \cos 5\theta)\,d\theta$

$= \left[\sin\theta - \dfrac{1}{5}\sin 5\theta\right]_{0}^{\frac{\pi}{3}}$

$= \sin\dfrac{\pi}{3} - \dfrac{1}{5}\sin\dfrac{5}{3}\pi$

$= \dfrac{\sqrt{3}}{2} - \dfrac{1}{5}\cdot\left(-\dfrac{\sqrt{3}}{2}\right)$

$= \dfrac{6\sqrt{3}}{10} = \dfrac{3\sqrt{3}}{5}$ ………………(答)

実力アップ問題 23 　難易度 ★ ★ ★ 　CHECK 1 　CHECK2 　CHECK3

$x = t - \sin t$, $y = 1 - \cos t$ $(0 \leqq t \leqq 2\pi)$ で表される曲線 C がある。曲線 C 上の点で，その接線の傾きが 1，-1 となる点をそれぞれ P, Q とおく。線分 PQ と C で囲まれた図形の面積を求めよ。　　　　　　　（上智大＊）

ヒント！ 媒介変数表示された曲線（サイクロイド）が囲む図形の面積なので，まず，x での積分で表し，次に，媒介変数 θ での積分に切り替えて求めるんだね。

$C \begin{cases} x = t - \sin t \\ y = 1 - \cos t \end{cases}$
$(0 \leqq t \leqq 2\pi)$

サイクロイド曲線

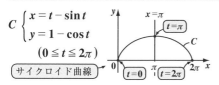

C はサイクロイド曲線で，直線 $x = \pi$ に関して対称なグラフとなる。よって，2点 P, Q も直線 $x = \pi$ に関して対称な位置にある。まず，P の座標を求める。

$\begin{cases} \dfrac{dx}{dt} = 1 - \cos t \cdots\cdots① \\ \dfrac{dy}{dt} = \sin t \cdots\cdots② \quad (0 < t < \pi) \end{cases}$

接線の傾き $\dfrac{dy}{dx} = \dfrac{\dfrac{dy}{dt}}{\dfrac{dx}{dt}} = 1$ のとき，

$\therefore \dfrac{dy}{dt} = \dfrac{dx}{dt}$ 　これに①，②を代入して，

$\sin t = 1 - \cos t \cdots\cdots③ \quad (0 < t < \pi)$

③を，$\cos^2 t + \sin^2 t = 1$ に代入して，

$\cos^2 t + (1 - \cos t)^2 = 1$

$2\cos^2 t - 2\cos t = 0$

$\cos t(\cos t - 1) = 0 \quad (\cos t - 1 < 0) \quad (\because 0 < t < \pi)$

$\therefore \cos t = 0$ より，$t = \dfrac{\pi}{2}$

このとき，$\begin{cases} x = \dfrac{\pi}{2} - \sin \dfrac{\pi}{2} = \dfrac{\pi}{2} - 1 \\ y = 1 - \cos \dfrac{\pi}{2} = 1 \end{cases}$

$\therefore P\left(\overset{\alpha}{\boxed{\dfrac{\pi}{2} - 1}}, 1\right)$ 　　よって，$Q\left(\overset{\beta}{\boxed{\dfrac{3}{2}\pi + 1}}, 1\right)$

$P(\alpha, 1)$, $Q(\beta, 1)$ とすると，$\dfrac{\alpha + \beta}{2} = \pi$ となる。

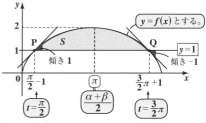

求める面積 S は，

$S = \displaystyle\int_{\frac{\pi}{2}-1}^{\frac{3}{2}\pi+1} (\underbrace{y}_{\text{上側}} - \underbrace{1}_{\text{下側}})dx$ 　$f(x)$ と表されたものとする。

t での積分に切り替える。
$x : \dfrac{\pi}{2} - 1 \to \dfrac{3}{2}\pi + 1$
$t : \dfrac{\pi}{2} \longrightarrow \dfrac{3}{2}\pi$

$= \displaystyle\int_{\frac{\pi}{2}}^{\frac{3}{2}\pi} (y - 1) \cdot \underbrace{\dfrac{dx}{dt}}_{1 - \cos t} dt$

$= \displaystyle\int_{\frac{\pi}{2}}^{\frac{3}{2}\pi} \underbrace{(\cos^2 t - \cos t)}_{\frac{1}{2}(1 + \cos 2t)} dt$

$= \displaystyle\int_{\frac{\pi}{2}}^{\frac{3}{2}\pi} \left(\dfrac{1}{2} + \dfrac{1}{2}\cos 2t - \cos t\right)dt$

$= \left[\dfrac{1}{2}t + \dfrac{1}{4}\sin 2t - \sin t\right]_{\frac{\pi}{2}}^{\frac{3}{2}\pi}$

$= \dfrac{1}{2}\left(\dfrac{3}{2}\pi - \dfrac{\pi}{2}\right) - (-1) + 1$

$= \dfrac{\pi}{2} + 2 \quad\cdots\cdots\cdots\cdots\text{(答)}$

a を正の実数とする。曲線 C_a を極方程式

　$r = 2a\cos(a - \theta)$

によって定める。このとき，次の問いに答えよ。

(1) C_a は円になることを示し，その中心と半径を求めよ。

(2) C_a が直線 $y = -x$ に接するような a をすべて求めよ。 　　（筑波大）

ヒント！ (1)変換公式を使って，極方程式を xy 直交座標系の方程式に変形する。
(2) 点 (中心) と直線との距離の公式を使うことがポイントだ。

(1) $C_a : r = 2a\cos(a - \theta)$ 　……①
　　　　　(a : 正の定数)

①を変形して，

$r = 2a(\cos a \cos\theta + \sin a \sin\theta)$

この両辺に r をかけて，

$r^2 = 2ar(\cos a \cos\theta + \sin a \sin\theta)$

$\boxed{r^2} = 2a(\cos a \cdot \boxed{r\cos\theta} + \sin a \cdot \boxed{r\sin\theta})$
　$\underset{x^2+y^2}{}$ 　　　　　　　$\underset{x}{}$ 　　　　$\underset{y}{}$

ここで，極座標と直交座標の変換公式より，

$r^2 = x^2 + y^2,\ r\cos\theta = x,\ r\sin\theta = y$

よって，与式は，

$x^2 + y^2 = 2a(x\cos a + y\sin a)$

$x^2 - 2ax\cos a + y^2 - 2ay\sin a = 0$

$(x^2 - 2a\cos a \cdot x + a^2\cos^2 a)$

　　　　　　　　　　2 で割って 2 乗

$+ (y^2 - 2a\sin a \cdot y + a^2\sin^2 a)$

　　　　　　　　　　2 で割って 2 乗

$= a^2(\boxed{\cos^2 a + \sin^2 a})$
　　　　　　$\underset{1}{}$

$(x - a\cos a)^2 + (y - a\sin a)^2 = a^2$

以上より，曲線 C_a は，

中心 $A(a\cos a, a\sin a)$，半径 a の円

である。……………………(終)(答)

基本事項

点と直線との間の距離

点 $P(x_1, y_1)$ と
直線 $ax + by + c = 0$
との間の距離 h は，

$h = \dfrac{|ax_1 + by_1 + c|}{\sqrt{a^2 + b^2}}$

(2) C_a と直線
$x + y = 0$ が接す
るとき，中心 A
$(a\cos a, a\sin a)$
と直線 $\underset{\sim}{1} \cdot x + \underset{=}{1} \cdot y$
$= 0$ との間の距

離 h が，半径 a と等しくなる。よって，

$\dfrac{|1 \cdot a\cos a + 1 \cdot a\sin a|}{\sqrt{\underset{\sim}{1}^2 + \underset{=}{1}^2}} = a$

$|\sin a + \cos a| = \sqrt{2}$ 　　　三角関数
　　　　　　　　　　　　　　　　の合成

$\sqrt{2} \cdot \sin\left(a + \dfrac{\pi}{4}\right) = \pm\sqrt{2}$

$\sin\left(a + \dfrac{\pi}{4}\right) = \pm 1$ より，

$a + \dfrac{\pi}{4} = \dfrac{\pi}{2} + n\pi$ 　(n : 整数)

　　　　　　　　　　(∵ $a > 0$)

∴ $a = \dfrac{\pi}{4} + n\pi$ 　($n = \underline{0}, 1, 2, \cdots$)

　　　　　　　　　　………(答)

(1) 点 A(3, 0) と直線 $x = 1$ からの距離の比が $1 : 1$ になっている点 P の軌跡の方程式が 2 次曲線を表すことを示し，その焦点の座標を求めよ。

(2) 次に，点 A を極，x 軸の正方向の半直線 Ax とのなす角 θ を偏角として，極座標系を定めるとき，点 P の軌跡の極方程式を示せ。（岡山理科大＊）

ヒント！ **(1)** $|x - 1| = \sqrt{(x-3)^2 + y^2}$ を変形してまとめればいい。
(2) 離心率 $e = 1$ の 2 次曲線 (放物線) の極方程式が得られるよ。

(1) 動点 P(x, y) から $x = 1$ に下ろした垂線の足を H とおくと，

$$\mathrm{PH} = \mathrm{PA}$$

よって，

$$|x - 1| = \sqrt{(x-3)^2 + y^2}$$

この両辺を 2 乗して，

$$(x-1)^2 = (x-3)^2 + y^2$$
$$x^2 - 2x + 1 = x^2 - 6x + 9 + y^2$$
$$y^2 = 4x - 8$$
$$y^2 = 4 \cdot (x - 2) \quad \cdots\cdots① \cdots\cdots\cdots (終)$$

参考

放物線 $y^2 = 4px$ の
$$\begin{cases} 焦点は (p, 0) \\ 準線は x = -p \end{cases}$$ より，

・$y^2 = 4 \cdot 1 \cdot x$ の焦点は $(1, 0)$

・$y^2 = 4 \cdot 1 \cdot (x - 2)$ は，$y^2 = 4 \cdot 1 \cdot x$ 全体をベクトル $(2, 0)$ だけ平行移動したものより，焦点は $(1 + 2, 0)$

この放物線①の焦点の座標は，

$$\mathrm{A}(3, 0) \quad \cdots\cdots\cdots\cdots\cdots\cdots (答)$$

(2) A を極，Ax を始線にとった極座標系で，動点 P (r, θ) を考えると，

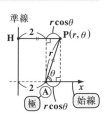

$$\begin{cases} \mathrm{PA} = r \\ \mathrm{PH} = r\cos\theta + 2 \end{cases}$$

$\mathrm{PA} = \mathrm{PH}$ より，$r = r\cos\theta + 2$

$$(1 - \cos\theta) \cdot r = 2$$

$$\therefore r = \frac{2}{1 - \cos\theta} \quad \cdots\cdots② \cdots\cdots\cdots (答)$$

基本事項

2 次曲線の極方程式

$$r = \frac{k}{1 \pm e\cos\theta} \quad \left(e : 離心率 = \frac{\mathrm{PA}}{\mathrm{PH}} \right)$$

(ⅰ) $0 < e < 1$ のとき， だ円

(ⅱ) $e = 1$ のとき，   放物線

(ⅲ) $1 < e$ のとき，   双曲線

②より，$r(1 - \cos\theta) = 2$

$$r - \boxed{r\cos\theta}^{x} = 2 \qquad r = x + 2 \qquad 2 乗して，$$

$$\boxed{r^2}_{x^2 + y^2} = (x + 2)^2 \qquad y^2 = 4(x + 1) \qquad となる。$$

これは，A(3, 0) を原点と見ているため，A を原点とする新たな xy 座標系における方程式である。

(1) 直交座標において，点 $A(\sqrt{3}, 0)$ と準線 $x = \dfrac{4}{\sqrt{3}}$ からの距離の比が $\sqrt{3} : 2$
である点 $P(x, y)$ の軌跡を求めよ。

(2) (1) における A を極，x 軸の正の部分の半直線 AX とのなす角 θ を偏角
とする極座標を定める。このとき，P の軌跡を $r = f(\theta)$ の形の極方程式
で求めよ。ただし，$0 \leqq \theta < 2\pi$，$r > 0$ とする。

(3) A を通る任意の直線と (1) で求めた曲線との交点を R，Q とする。
このとき

$$\frac{1}{RA} + \frac{1}{QA}$$

は一定であることを示せ。　　　　　　　　　　　　　　　　　　（帯広畜産大）

ヒント！　**(1)** 離心率 $e = \dfrac{\sqrt{3}}{2}$ で，$0 < e < 1$ より，動点 P はだ円を描くことがわ
かる。**(3)** (2) の極方程式を利用すると，簡単に証明できる。頻出問題の 1 つだ。

---

(1) 動点 $P(x, y)$
から，直線
$x = \dfrac{4}{\sqrt{3}}$ に下
した垂線の足
を H とおくと，

$PA : PH = \sqrt{3} : 2$ より → 離心率 $e = \dfrac{PA}{PH} = \dfrac{\sqrt{3}}{2}$

$\sqrt{3}\,\underline{PH} = 2PA$ ……①

$\sqrt{3}\left|x - \dfrac{4}{\sqrt{3}}\right| = 2\sqrt{(x - \sqrt{3})^2 + y^2}$

この両辺を 2 乗して，

$3\left(x - \dfrac{4}{\sqrt{3}}\right)^2 = 4\{(x - \sqrt{3})^2 + y^2\}$

$3\left(x^2 - \dfrac{8}{\sqrt{3}}x + \dfrac{16}{3}\right)$

$= 4(x^2 - 2\sqrt{3}\,x + 3) + 4y^2$

$3x^2 + 16 = 4x^2 + 12 + 4y^2$

よって，P の軌跡はだ円

$x^2 + 4y^2 = 4$ ……② ………………（答）

だ円：$\dfrac{x^2}{2^2} + \dfrac{y^2}{1^2} = 1$ としてもよい。

(2) A を極，AX
を始線にと
った極座標
で，動点 P を
$P(r, \theta)$ として
考えると，

$\dfrac{4}{\sqrt{3}} - \sqrt{3} = \dfrac{4-3}{\sqrt{3}} = \dfrac{1}{\sqrt{3}}$

$\begin{cases} PA = \underline{r} \\ PH = \dfrac{1}{\sqrt{3}} - r\cos\theta \end{cases}$

これを①に代入して，

$\sqrt{3}\left(\dfrac{1}{\sqrt{3}} - r\cos\theta\right) = 2 \cdot \underline{r}$

$1 - \sqrt{3}\, r\cos\theta = 2r$

$r(2 + \sqrt{3}\cos\theta) = 1$

∴求める動点 P の極方程式は，

$$r = \dfrac{1}{2 + \sqrt{3}\,\cos\theta} \quad \cdots\cdots③ \quad\cdots\cdots(答)$$

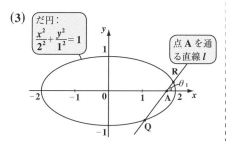

これを $r = \dfrac{\boxed{\frac{1}{2}} = k}{1 + \boxed{\frac{\sqrt{3}}{2}}\cos\theta}$ の形で示してもよい。

e：離心率

(3)

だ円：$\dfrac{x^2}{2^2} + \dfrac{y^2}{1^2} = 1$

点 A を通る直線 l

点 A (焦点) を通る直線 l と

だ円：$\dfrac{x^2}{2^2} + \dfrac{y^2}{1^2} = 1$ ……② との交

点を R, Q とおくと，直線 l がどのように変化しても，

$$\dfrac{1}{\mathrm{RA}} + \dfrac{1}{\mathrm{QA}} = (一定) \quad\cdots\cdots(*)$$

が成り立つことを示す。

注意！

これを，xy 座標系で示そうとすると計算が非常に大変になる。これに対して，極座標でアプローチすると，簡単に証明できる。

頻出問題の 1 つなので，この解法も覚えておくといい。

極座標系で考える。極座標で $\mathrm{R}(r_1, \theta_1)$ とおくと，点 Q は，$(r_2, \theta_1 + \pi)$ となる。

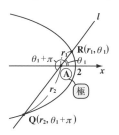

ここで，$\mathrm{RA} = r_1$，$\mathrm{QA} = r_2$

また，2 点 R, Q は共にだ円上の点より，③の極方程式をみたす。

$$\therefore r_1 = \dfrac{1}{2 + \sqrt{3}\,\cos\theta_1} \quad\cdots\cdots④$$

$$r_2 = \dfrac{1}{2 + \sqrt{3}\underbrace{(\cos(\theta_1 + \pi))}_{-\cos\theta_1}}$$

$$= \dfrac{1}{2 - \sqrt{3}\,\cos\theta_1} \quad\cdots\cdots⑤$$

以上より，

$$\dfrac{1}{\mathrm{RA}} + \dfrac{1}{\mathrm{QA}} = \dfrac{1}{r_1} + \dfrac{1}{r_2}$$

$$= \underbrace{2 + \sqrt{3}\,\cos\theta_1 + 2 - \sqrt{3}\,\cos\theta_1}_{(④,⑤ より)}$$

$$= 4 \quad (一定)$$

∴ θ_1 がどのように変化しても，

$$\dfrac{1}{\mathrm{RA}} + \dfrac{1}{\mathrm{QA}} = 4 \,(一定) \quad\cdots\cdots(*)$$

が成り立つ。 ……………………(終)

次の極方程式で表された曲線や直線で囲まれた図形の面積を求めよ。
ただし，a は正の定数とする。

(1) 曲線 $r = \sin 2\theta$　$\left(0 \leqq \theta \leqq \dfrac{\pi}{2}\right)$

(2) 曲線 $r = a\theta$　$(0 \leqq \theta \leqq 2\pi)$，および直線 $\theta = 0$　$(r \geqq 0)$

(3) 曲線 $r = a(1 + \cos\theta)$　$(0 \leqq \theta \leqq 2\pi)$

‖レクチャー　　◆極方程式の面積公式◆

極方程式 $r = f(\theta)$ で表された曲線と，2直線 $\theta = \alpha$，$\theta = \beta$ $(\alpha < \beta)$ で囲まれる図形の面積 S を求める公式も受験で出題される可能性大なので，ここでマスターしておこう。

このときの微小面積 dS は，右図の微少な扇形から，次のようになる。

$$dS = \frac{1}{2}r^2 d\theta$$

これを，$S = \displaystyle\int dS$ に代入して，θ による積分区間 $[\alpha, \beta]$ の積分に置き換えると，

$$S = \frac{1}{2}\int_\alpha^\beta r^2 d\theta$$ が導かれる。

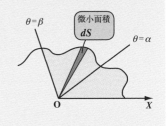

dS を微小な扇形の面積と考えて，
$$dS = \frac{1}{2}r^2 d\theta$$ となる。

(1) 正葉曲線

$r = \sin 2\theta$
$\left(0 \leqq \theta \leqq \dfrac{\pi}{2}\right)$
の概形を右図に示す。
この曲線により囲まれる図形の面積を S，微小面積を dS とおくと

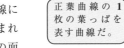

正葉曲線の 1 枚の葉っぱを表す曲線だ。

$$dS = \frac{1}{2}r^2 d\theta = \frac{1}{2}\sin^2 2\theta\, d\theta\ \ \text{より，}$$

極方程式で表された曲線による面積公式は，このように答案で導いた形にするといいと思う。

$$S = \frac{1}{2}\int_0^{\frac{\pi}{2}} \underbrace{\sin^2 2\theta}_{\frac{1 - \cos 4\theta}{2}}\, d\theta$$

半角の公式
$$\sin^2\alpha = \frac{1 - \cos 2\alpha}{2}$$

$$= \frac{1}{4}\int_0^{\frac{\pi}{2}} (1 - \cos 4\theta)\, d\theta$$

よって,

$$S = \frac{1}{4}\left[\theta - \frac{1}{4}\sin4\theta\right]_0^{\frac{\pi}{2}}$$

$$= \frac{1}{4}\cdot\frac{\pi}{2} = \frac{\pi}{8} \quad\cdots\cdots\cdots\cdots\cdots\text{(答)}$$

(2) アルキメデスのらせん

$r = a\theta \quad (0 \leqq \theta \leqq 2\pi)$

と, X 軸の 0 以上の部分 $\theta = 0, r \geqq 0$

とで囲まれ

る図形の概

形を右図に

示す。

この図形の

面積を S,

微小面積を

dS とおくと,

$$dS = \frac{1}{2}r^2 d\theta = \frac{1}{2}(a\theta)^2 d\theta$$

$$= \frac{a^2}{2}\theta^2 d\theta \quad \text{となる。}$$

よって, 求める面積 S は,

$$S = \frac{a^2}{2}\int_0^{2\pi}\theta^2 d\theta$$

$$= \frac{a^2}{2}\left[\frac{1}{3}\theta^3\right]_0^{2\pi}$$

$$= \frac{a^2}{2}\cdot\frac{2^3\cdot\pi^3}{3} = \frac{4}{3}\pi^3 a^2 \quad\cdots\cdots\cdots\text{(答)}$$

(3) カージオイド

$r = a(1 + \cos\theta)$

$\quad (0 \leqq \theta \leqq 2\pi)$

により囲まれ

る図形の概形

を右図に示す。

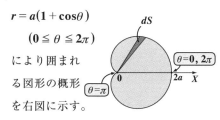

この図形の面積を S, また微小面積を

dS とおくと,

$$dS = \frac{1}{2}r^2 d\theta = \frac{1}{2}a^2(1 + \cos\theta)^2 d\theta$$

$$= \frac{a^2}{2}(1 + 2\cos\theta + \cos^2\theta)d\theta$$

半角の公式
$$\cos^2\alpha = \frac{1 + \cos2\alpha}{2}$$

$$\frac{1 + \cos2\theta}{2}$$

$$= \frac{a^2}{2}\left(\frac{3}{2} + 2\cos\theta + \frac{1}{2}\cos2\theta\right)d\theta$$

となる。

よって, 求める面積 S は,

$$S = \frac{a^2}{2}\int_0^{2\pi}\left(\frac{3}{2} + 2\cos\theta + \frac{1}{2}\cos2\theta\right)d\theta$$

$$= \frac{a^2}{2}\left[\frac{3}{2}\theta + 2\sin\theta + \frac{1}{4}\sin2\theta\right]_0^{2\pi}$$

$$= \frac{a^2}{2}\cdot\frac{3}{2}\cdot2\pi$$

$$= \frac{3}{2}\pi a^2 \quad\cdots\cdots\cdots\cdots\cdots\text{(答)}$$

極方程式で表された曲線 $C：r = 4\sin\theta$　$(0 \leqq \theta < \pi)$ と 2 直線 $\theta = \dfrac{\pi}{8}$,

$\theta = \dfrac{5}{8}\pi$ で囲まれる図形の面積を求めよ。

ヒント!　実力アップ問題 **27 (P42)** で解説した "極方程式の面積公式"

$S = \dfrac{1}{2}\displaystyle\int_{\alpha}^{\beta} r^2 \, d\theta$ を使って計算すればいいんだね。

曲線 $C：r = 4\sin\theta$ ……① $(0 \leqq \theta < \pi)$

と，2 直線 $\theta = \dfrac{\pi}{8}$,　$\theta = \dfrac{5}{8}\pi$ とで

囲まれる図形の面積を S とおくと，

極方程式の面積公式により，

$S = \dfrac{1}{2}\displaystyle\int_{\frac{\pi}{8}}^{\frac{5}{8}\pi} \underbrace{r^2}_{(4\sin\theta)^2 \,(\text{①より})} \, d\theta$

$= 8\displaystyle\int_{\frac{\pi}{8}}^{\frac{5}{8}\pi} \underbrace{\sin^2\theta}_{\frac{1 - \cos2\theta}{2}} \, d\theta$

$= 4\displaystyle\int_{\frac{\pi}{8}}^{\frac{5}{8}\pi} (1 - \cos2\theta) \, d\theta$

$= 4\left[\theta - \dfrac{1}{2}\sin2\theta\right]_{\frac{\pi}{8}}^{\frac{5}{8}\pi}$

$= 4\left\{\dfrac{5}{8}\pi - \dfrac{\pi}{8} - \dfrac{1}{2}\left(\underbrace{\sin\dfrac{5}{4}\pi}_{-\frac{1}{\sqrt{2}}} - \underbrace{\sin\dfrac{\pi}{4}}_{\frac{1}{\sqrt{2}}}\right)\right\}$

$= 4\left(\dfrac{\pi}{2} + \dfrac{1}{2} \cdot \dfrac{2}{\sqrt{2}}\right)$

$\therefore S = 2(\pi + \sqrt{2})$ …………………(答)

参考

①を変形して，xy 座標系の方程式に

書き変えると，

$\underbrace{r^2}_{x^2 + y^2} = 4\underbrace{r\sin\theta}_{y}$
　　　　　　①の両辺に r をかけた。

$x^2 + y^2 = 4y$ となって，

これは，中心 $(0 , 2)$，半径 2 の円を

表す。

　これと，2 直線 $y = \left(\tan\dfrac{\pi}{8}\right)x$,

$y = \left(\tan\dfrac{5}{8}\pi\right)x$ とで囲まれる下図の

網目部の面積が S のことだったんだね。

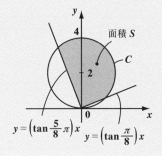

演習
exercise
3 数列の極限

テーマ

▶ Σ 計算と数列の極限

▶ 無限級数の和
（無限等比級数、部分分数分解型）

▶ 漸化式と数列の極限
（等比関数列型 $F(n+1) = rF(n)$）

▶ 漸化式と数列の極限の応用
（刑事コロンボ型）

数列の極限 ●公式&解法パターン

1. Σ 計算の公式

(1) $\sum\limits_{k=1}^{n} k = \dfrac{1}{2} n(n+1)$

(2) $\sum\limits_{k=1}^{n} k^2 = \dfrac{1}{6} n(n+1)(2n+1)$

(3) $\sum\limits_{k=1}^{n} k^3 = \dfrac{1}{4} n^2(n+1)^2$

(4) $\sum\limits_{k=1}^{n} c = nc$　（c：定数）

2. $\dfrac{\infty}{\infty}$ の不定形のイメージ

(1) $\dfrac{400}{10000000000} \longrightarrow 0$（収束）　$\left[\dfrac{弱い\infty}{強い\infty} \longrightarrow 0\right]$

(2) $\dfrac{3000000000}{100} \longrightarrow \infty$（発散）　$\left[\dfrac{強い\infty}{弱い\infty} \longrightarrow \infty\right]$

(3) $\dfrac{100000}{200000} \longrightarrow \dfrac{1}{2}$（収束）　$\left[\dfrac{同じ強さの\infty}{同じ強さの\infty} \longrightarrow 有限な値\right]$

> この"強い∞"や"弱い∞"などの表現は，あくまでもイメージをとらえる便宜上の表現で数学的に正式なものではないので，答案に書いてはいけない。

3. $\lim\limits_{n \to \infty} r^n$ の極限

$$\lim_{n \to \infty} r^n = \begin{cases} 0 & (-1 < r < 1 \text{ のとき}) \\ 1 & (r = 1 \text{ のとき}) \\ 発散 & (r \leqq -1 \text{ または } 1 < r \text{ のとき}) \end{cases}$$

ここで，$r < -1$ または $1 < r$ のとき，$-1 < \dfrac{1}{r} < 1$ より，$\lim\limits_{n \to \infty}\left(\dfrac{1}{r}\right)^n = 0$ となる。

よって，このような問題では，(i)$-1 < r < 1$，　（ ii ）$r = 1$，　（ iii ）$r = -1$，

(iv)$r < -1$，$1 < r$ の 4 通りに場合分けすればいい。

4. 無限級数の和

(1) 無限等比級数の和

$$\sum_{k=1}^{\infty} ar^{k-1} = a + ar + ar^2 + \cdots\cdots = \frac{a}{1-r}$$　（収束条件：$-1 < r < 1$）

(2) 部分分数分解型の無限級数の和

$\sum\limits_{k=1}^{\infty}(I_k - I_{k+1})$ について，まず，部分和 $S_n = \sum\limits_{k=1}^{n}(I_k - I_{k+1})$ を求めて，

> たとえば，$\dfrac{1}{k} - \dfrac{1}{k+1}$ や $\dfrac{1}{\sqrt{k}} - \dfrac{1}{\sqrt{k+1}}$ など…

$S_n = \sum\limits_{k=1}^{n}(I_k - I_{k+1}) = (I_1 - \cancel{I_2}) + (\cancel{I_2} - \cancel{I_3}) + \cdots + (\cancel{I_n} - I_{n+1}) = I_1 - I_{n+1}$

$S_n = I_1 - I_{n+1}$ とし，この $n \to \infty$ の極限をとって次のように計算する。

$$\sum_{k=1}^{\infty}(I_k - I_{k+1}) = \lim_{n \to \infty} S_n = \lim_{n \to \infty}(I_1 - I_{n+1})$$

5. 漸化式と数列の極限

(1) 階差数列型の漸化式

$a_{n+1} - a_n = b_n$ のとき，$n \geqq 2$ で，$a_n = a_1 + \sum_{k=1}^{n-1} b_k$

(2) 等比関数列型の漸化式

$F(n+1) = r \cdot F(n)$ のとき，

$F(n) = F(1) \cdot r^{n-1}$

$(ex1)$ $a_{n+1} + 2 = 3(a_n + 2)$ のとき，

$\qquad a_n + 2 = (a_1 + 2) \cdot 3^{n-1}$

$(ex2)$ $a_{n+2} - 2a_{n+1} = -4 \cdot (a_{n+1} - 2a_n)$ のとき，

$\qquad a_{n+1} - 2a_n = (a_2 - 2a_1) \cdot (-4)^{n-1}$

$(ex3)$ $a_{n+1} + 3b_{n+1} = -2(a_n + 3b_n)$ のとき，

$\qquad a_n + 3b_n = (a_1 + 3b_1) \cdot (-2)^{n-1}$

(3) $S_n = \sum_{k=1}^{n} a_k = f(n)$ $(n = 1, 2, 3, \cdots)$ のとき

(ⅰ) $a_1 = S_1$ (ⅱ) $n \geqq 2$ で，$a_n = S_n - S_{n-1}$

6. 一般項が求まらない場合の $\lim_{n \to \infty} a_n$ の問題 (刑事コロンボ型)

$a_{n+1} = \sqrt{a_n + 2}$ などのように，一般項 a_n が求まらない場合でも，$\lim_{n \to \infty} a_n$ の極限値 α を推定して，次の手順に従って $\lim_{n \to \infty} a_n = \alpha$ を示す。

$|a_{n+1} - \alpha| \leqq r|a_n - \alpha|$ $(0 < r < 1)$

$|a_n - \alpha| \leqq |a_1 - \alpha|r^{n-1}$

$\therefore 0 \leqq |a_n - \alpha| \leqq |a_1 - \alpha|r^{n-1}$

ここで，$n \to \infty$ の極限をとると，

$0 \leqq \lim_{n \to \infty}|a_n - \alpha| \leqq \lim_{n \to \infty}|a_1 - \alpha| \underset{}{\boxed{r^{n-1}}}^{0} = 0$

よって，はさみ打ちの原理から，

$\lim_{n \to \infty}|a_n - \alpha| = 0$ より，$\lim_{n \to \infty} a_n = \alpha$ が導ける。

> $|a_{n+1} - \alpha| \leqq r|a_n - \alpha|$ より，
> $|a_n - \alpha| \leqq r|a_{n-1} - \alpha|$
> $\qquad \leqq r^2|a_{n-2} - \alpha|$
> $\qquad \leqq r^3|a_{n-3} - \alpha|$
> $\qquad \cdots\cdots\cdots\cdots$
> $\qquad \leqq r^{n-1}|a_1 - \alpha|$
> となるからね。

等比級数

$$x^2 + x + \frac{x^2+x}{x^2+x+1} + \frac{x^2+x}{(x^2+x+1)^2} + \cdots + \frac{x^2+x}{(x^2+x+1)^{n-1}} + \cdots\cdots$$

について，次の問いに答えよ。

(1) この級数が収束するような x の範囲を求めよ。

(2) また，x がその範囲にあるとき，この等比級数の和を求めよ。

（東北学院大）

ヒント！ 初項 $a = x^2+x$，公比 $r = \dfrac{1}{x^2+x+1}$ の無限等比級数の問題だね。これが収束する条件は，$-1 < r < 1$ だけでなく，$a = 0$ もあることに気を付けよう。

(1) 与式 $= S$ とおくと，

$$S = (\overset{a}{\underbrace{(x^2+x)}}) + (\overset{a}{\underbrace{(x^2+x)}}) \cdot \overset{r}{\underbrace{\left(\frac{1}{x^2+x+1}\right)}}$$
$$+ (\overset{a}{\underbrace{(x^2+x)}}) \cdot \overset{r^2}{\underbrace{\left(\left(\frac{1}{x^2+x+1}\right)^2\right)}} + \cdots$$

S は，初項 $a = x^2+x$，公比 $r = \dfrac{1}{x^2+x+1}$ の無限等比級数の和である。

基本事項

無限等比級数

$S = a + ar + ar^2 + ar^3 + \cdots\cdots$ の収束条件は，

(i) $a = 0$ のとき，

　　$S = 0$　（収束）

(ii) $-1 < r < 1$ のとき，

　　$S = \dfrac{a}{1-r}$　（収束）

よって，S が収束するための条件は，

(i) $a = 0$ または (ii) $-1 < r < 1$ である。

(i) $a = x^2+x = 0$ のとき，

　　$x(x+1) = 0$　∴ $x = -1,\ 0$

(ii) $-1 < r < 1$ のとき，$\boxed{\dfrac{1}{x^2+x+1}}^{\ r} < 1 \cdots$①

これが⊕より，$0 < r$ を自動的にみたす！

$x^2+x+1 = \left(x+\dfrac{1}{2}\right)^2 + \dfrac{3}{4} > 0$ より，

①の両辺に x^2+x+1 をかけて，

　　$1 < x^2+x+1$　　$x(x+1) > 0$

∴ $x < -1$ または $0 < x$

以上 (i)(ii) より，S が収束するような x の値の範囲は，

$x \leq -1$ または $0 \leq x$ ……………(答)

(2) (i) $a = x^2+x = 0$，すなわち $x = -1$ または 0 のとき，この無限等比級数の和 S は，$S = 0$

(ii) $-1 < r < 1$ $(0 < r < 1)$，すなわち $x < -1$ または $0 < x$ のとき，この無限等比級数の和 S は，

$$S = \frac{x^2+x}{1 - \frac{1}{x^2+x+1}}$$

　$\boxed{-1 < r < 1 \text{ のとき} \\ S = \frac{a}{1-r} \text{ となる。}}$

$$= \frac{x^2+x}{\frac{x^2+x+1-1}{x^2+x+1}}$$

$$= \frac{(x^2+x)(x^2+x+1)}{x^2+x} = x^2+x+1$$

以上 (i)(ii) より，

(i) $x = -1$ または 0 のとき，$S = 0$

(ii) $x < -1$ または $0 < x$ のとき，$S = x^2+x+1$ ……(答)

実力アップ問題 30　　難易度 ★★　　CHECK 1　CHECK 2　CHECK 3

(1) 無限級数 $a_1 + a_2 + a_3 + \cdots + a_n + \cdots$ が収束するならば，$\displaystyle\lim_{n \to \infty} a_n = 0$ であることを証明せよ。

(2) 次の無限級数の収束・発散を調べよ。

(i) $(\sqrt{1 \cdot 2} - 1) + (\sqrt{2 \cdot 3} - 2) + (\sqrt{3 \cdot 4} - 3) + \cdots + (\sqrt{n(n+1)} - n) + \cdots$

(ii) $1 + \dfrac{1}{\sqrt{2}} + \dfrac{1}{\sqrt{3}} + \dfrac{1}{\sqrt{4}} + \cdots + \dfrac{1}{\sqrt{n}} + \cdots$　　　　（大分医大＊）

ヒント！ **(1)** 部分和 S_n, S_{n-1} を用いると，$a_n = S_n - S_{n-1}$ となる。
(2) (i) $\displaystyle\lim_{n \to \infty} a_n \neq 0$ ならば，無限級数は必ず発散する。これがポイントだ。

基本事項

無限級数の重要命題

(ア)「$\displaystyle\lim_{n \to \infty} S_n = S$ ならば，$\displaystyle\lim_{n \to \infty} a_n = 0$」

(イ)「$\displaystyle\lim_{n \to \infty} a_n \neq 0$ ならば，$\displaystyle\lim_{n \to \infty} S_n$ は発散」

(ア),(イ) は共に真である。〔(ア) の対偶〕

$\left(\begin{array}{l} \text{「}\displaystyle\lim_{n \to \infty} a_n = 0 \text{ だからといって，〔これも重要〕} \\ \displaystyle\lim_{n \to \infty} S_n \text{ が収束するとは限らない。」} \end{array} \right)$

(1) 部分和 $S_n = a_1 + a_2 + \cdots + a_n$

$(n = 1, 2, \cdots)$ とおく。

$\begin{cases} S_n = a_1 + a_2 + \cdots + a_{n-1} + a_n & \cdots ① \\ S_{n-1} = a_1 + a_2 + \cdots + a_{n-1} & \cdots\cdots ② \end{cases}$

　　　　　　　$(n = 2, 3, 4, \cdots)$

① − ② より，

　　$S_n - S_{n-1} = a_n \cdots\cdots\cdots\cdots ③$

ここで，$\displaystyle\lim_{n \to \infty} S_n = S$（収束）ならば

　　$\displaystyle\lim_{n \to \infty} S_{n-1} = S$　　となる。

以上より，③ の極限は，

　　$\displaystyle\lim_{n \to \infty} a_n = \lim_{n \to \infty} (\overset{S}{\widehat{S_n}} - \overset{S}{\widehat{S_{n-1}}}) = 0$

∴「$\displaystyle\lim_{n \to \infty} S_n = a_1 + a_2 + \cdots$ が収束する

　　ならば，$\displaystyle\lim_{n \to \infty} a_n = 0$」$\cdots$ (＊)

は成り立つ。$\cdots\cdots\cdots\cdots\cdots$ (終)

(2) (i) 一般項 $a_n = \sqrt{n(n+1)} - n$ について，

$\displaystyle\lim_{n \to \infty} a_n = \lim_{n \to \infty} \dfrac{(\sqrt{n^2 + n} - n)(\sqrt{n^2 + n} + n)}{\sqrt{n^2 + n} + n}$

$= \displaystyle\lim_{n \to \infty} \dfrac{n^2 + n - n^2}{\sqrt{n^2 + n} + n}$

$= \displaystyle\lim_{n \to \infty} \dfrac{1}{\sqrt{1 + \boxed{\dfrac{1}{n}}} + 1} = \dfrac{1}{2} \neq 0$
　　　　　　　　　　　　$\downarrow 0$

∴ $\displaystyle\lim_{n \to \infty} a_n \neq 0$ より，〔(＊) の対偶！〕

与無限級数は発散する。　　$\cdots$(答)

(ii) 一般項 $a_n = \dfrac{1}{\sqrt{n}}$ は $\displaystyle\lim_{n \to \infty} a_n = 0$ となる。

この部分和 $S_n = a_1 + a_2 + \cdots + a_n$ は，

$S_n = \dfrac{1}{\sqrt{1}} + \dfrac{1}{\sqrt{2}} + \cdots + \dfrac{1}{\sqrt{n}}$

$> \underbrace{\dfrac{1}{\sqrt{n}} + \dfrac{1}{\sqrt{n}} + \cdots + \dfrac{1}{\sqrt{n}}}_{\boxed{n \text{ 項の和}}} = \dfrac{n}{\sqrt{n}} = \sqrt{n}$

∴ $\displaystyle\lim_{n \to \infty} S_n \geqq \lim_{n \to \infty} \overset{\infty}{\boxed{\sqrt{n}}} = \infty$ より，

$\displaystyle\lim_{n \to \infty} a_n = 0$ ではあるが，この無限

級数は発散する。　$\cdots\cdots\cdots\cdots$(答)

数列 $\{a_n\}$ の初項から第 n 項までの和 S_n について，

$S_n = n^2 + 2n$ ……① $(n = 1,\ 2,\ \cdots)$ が成り立つとき，

(1) 一般項 a_n を求めよ。　　**(2)** $\displaystyle\sum_{n=1}^{\infty} e^{-a_n}$ を求めよ。

(3) $\displaystyle\sum_{n=1}^{\infty} \dfrac{1}{a_n a_{n+1}}$ を求めよ。　　　　（龍谷大）

ヒント！ (1) $a_1 = S_1$，$n \geqq 2$ のとき，$a_n = S_n - S_{n-1}$ から a_n を求めるんだね。

基本事項

・$n = 1$ のとき，$S_1 = a_1$

・$n \geqq 2$ のとき，

$\begin{cases} S_n = a_1 + a_2 + \cdots + a_{n-1} + a_n \cdots ⑦ \\ S_{n-1} = a_1 + a_2 + \cdots + a_{n-1} \cdots ④ \end{cases}$

⑦－④より，$S_n - S_{n-1} = a_n$

(1) ①より，

(i) $n = 1$ のとき，$a_1 = S_1 = 1^2 + 2\cdot 1 = 3$

(ii) $n \geqq 2$ のとき，

$\begin{aligned} a_n &= S_n - S_{n-1} \\ &= n^2 + 2n - \{(n-1)^2 + 2(n-1)\} \\ &= n^2 + 2n - (n^2 - 2n + 1) - 2n + 2 \\ &= 2n + 1 \end{aligned}$

（これは $n = 1$ のとき $a_1 = 3$ をみたす）

(i)(ii) より，一般項 a_n は，

$a_n = 2n + 1 \cdots ②(n = 1,\ 2,\ \cdots)$ …（答）

(2) ②より，

$\displaystyle\sum_{n=1}^{\infty} e^{-a_n} = \sum_{n=1}^{\infty} e^{-(2n+1)}$

これを無限等比級数 $\displaystyle\sum_{n=1}^{\infty} a \cdot r^{n-1}$ の形に変形しよう。

$= \displaystyle\sum_{n=1}^{\infty} e^{-2(n-1)-3}$

$\therefore \displaystyle\sum_{n=1}^{\infty} e^{-a_n} = \sum_{n=1}^{\infty} \underset{a}{e^{-3}}\underset{r}{(e^{-2})^{n-1}}$

よって，この無限級数は，初項 $a = e^{-3}$，公比 $r = \dfrac{e^{-2}}{\ }$ の無限等比級数で，収束条件：$-1 < r < 1$ をみたす。

$\boxed{\dfrac{1}{7}}$ ← $e^2 \fallingdotseq 7$，$e^3 \fallingdotseq 20$ は覚えよう

$\therefore \displaystyle\sum_{n=1}^{\infty} e^{-a_n} = \dfrac{a}{1-r} = \dfrac{e^{-3}}{1-e^{-2}}$ （分子・分母に e^3 をかける）

$= \dfrac{1}{e^3 - e}$ …………（答）

(3) まず，この無限級数の初項から第 m 項までの部分和 T_m を求める。

$\begin{aligned} T_m &= \sum_{n=1}^{m} \dfrac{1}{a_n \cdot a_{n+1}} \\ &= \sum_{n=1}^{m} \dfrac{1}{(2n+1)(2n+3)} \quad (②より) \\ &= \dfrac{1}{2}\sum_{n=1}^{m}\left(\underset{I_n}{\dfrac{1}{2n+1}} - \underset{I_{n+1}}{\dfrac{1}{2n+3}}\right) \\ &= \dfrac{1}{2}\left(\dfrac{1}{3} - \dfrac{1}{2m+3}\right) \end{aligned}$

$I_1 - I_{m+1}$ が残る

よって，求める無限級数の和は，

$\displaystyle\sum_{n=1}^{\infty} \dfrac{1}{a_n a_{n+1}} = \lim_{m\to\infty} T_m$

$= \displaystyle\lim_{m\to\infty} \dfrac{1}{2}\left(\dfrac{1}{3} - \overset{0}{\boxed{\dfrac{1}{2m+3}}}\right) = \dfrac{1}{6}$ …（答）

実力アップ問題 32　難易度 ★★★　CHECK 1　CHECK 2　CHECK 3

$S_n = \dfrac{1}{1\cdot2\cdot4} + \dfrac{1}{2\cdot3\cdot5} + \cdots + \dfrac{1}{n(n+1)(n+3)}$　$(n=1, 2, \cdots)$ とおく。

(1) $\dfrac{1}{n(n+1)(n+3)} = \dfrac{1}{6}\left(\dfrac{2}{n} - \dfrac{3}{n+1} + \dfrac{1}{n+3}\right) \cdots(*)$ を示せ。

(2) 無限級数 $\lim\limits_{n\to\infty}S_n$ の値を求めよ。　　　　　（大阪女子大＊）

ヒント！ (2) 2つの部分分数分解型の Σ 計算にもち込もう。

$S_n = a_1 + a_2 + \cdots + a_n$ とおくと、

$a_n = \dfrac{1}{n(n+1)(n+3)}$ $(n=1, 2, \cdots)$

(1) $(*)$ の右辺 $= \dfrac{1}{6}\left(\dfrac{2}{n} - \dfrac{3}{n+1} + \dfrac{1}{n+3}\right)$

$= \dfrac{1}{6}\cdot\dfrac{2(n+1)(n+3) - 3n(n+3) + n(n+1)}{n(n+1)(n+3)}$

$= \dfrac{2(n^2+4n+3) - 3n^2 - 9n + n^2 + n}{6n(n+1)(n+3)}$

$= \dfrac{1}{n(n+1)(n+3)} = (*)$ の左辺

$\therefore (*)$ は成り立つ。 ……………(終)

基本事項

部分分数分解型の Σ 計算の例

(ア) $\displaystyle\sum_{k=1}^{n}(I_k - I_{k+1})$
$= (I_1 - I_2) + (I_2 - I_3) + (I_3 - I_4)$
$\qquad + \cdots + (I_n - I_{n+1})$
$= I_1 - I_{n+1}$

(イ) $\displaystyle\sum_{k=1}^{n}(J_k - J_{k+2}) = \sum_{k=1}^{n}J_k - \sum_{k=1}^{n}J_{k+2}$
$= (J_1 + J_2 + J_3 + J_4 + \cdots + J_n)$
$\quad - (J_3 + J_4 + \cdots + J_n + J_{n+1} + J_{n+2})$
$= J_1 + J_2 - J_{n+1} - J_{n+2}$

(2) $(*)$ より、

$a_n = \dfrac{1}{6}\left(\dfrac{2}{n} - \dfrac{3}{n+1} + \dfrac{1}{n+3}\right)$

$= \dfrac{1}{6}\left\{2\left(\overset{I_n}{\boxed{\dfrac{1}{n}}} - \overset{I_{n+1}}{\boxed{\dfrac{1}{n+1}}}\right) - \left(\overset{J_n}{\boxed{\dfrac{1}{n+1}}} - \overset{J_{n+2}}{\boxed{\dfrac{1}{n+3}}}\right)\right\}$

ここで、$I_n = \dfrac{1}{n}$ とおくと、$I_{n+1} = \dfrac{1}{n+1}$

$J_n = \dfrac{1}{n+1}$ とおくと、$J_{n+2} = \dfrac{1}{n+2+1} = \dfrac{1}{n+3}$

$\therefore a_n = \dfrac{1}{6}\{2(I_n - I_{n+1}) - (J_n - J_{n+2})\}$

よって、部分和 S_n は、

$S_n = \displaystyle\sum_{k=1}^{n}a_k$

$= \displaystyle\sum_{k=1}^{n}\dfrac{1}{6}\{2(I_k - I_{k+1}) - (J_k - J_{k+2})\}$

$= \dfrac{1}{6}\left\{2\underset{(ア)\,\boxed{I_1 - I_{n+1}}}{\underline{\sum_{k=1}^{n}(I_k - I_{k+1})}} - \underset{(イ)\,\boxed{J_1 + J_2 - J_{n+1} - J_{n+2}}}{\underline{\sum_{k=1}^{n}(J_k - J_{k+2})}}\right\}$

$= \dfrac{1}{6}\left\{2\left(\dfrac{1}{1} - \dfrac{1}{n+1}\right) - \left(\dfrac{1}{2} + \dfrac{1}{3} - \dfrac{1}{n+2} - \dfrac{1}{n+3}\right)\right\}$

$= \dfrac{1}{6}\left(\dfrac{7}{6} - \dfrac{2}{n+1} + \dfrac{1}{n+2} + \dfrac{1}{n+3}\right)$

$\therefore \lim\limits_{n\to\infty}S_n$

$= \lim\limits_{n\to\infty}\dfrac{1}{6}\left(\dfrac{7}{6} - \overset{0}{\boxed{\dfrac{2}{n+1}}} + \overset{0}{\boxed{\dfrac{1}{n+2}}} + \overset{0}{\boxed{\dfrac{1}{n+3}}}\right)$

$= \dfrac{7}{36}$ ……………………………(答)

51

任意の実数 x に対して，x を越えない最大の整数を $[x]$ で表す。
n を自然数として，

$$\begin{cases} S(n) = \sum_{k=1}^{n^2} k = 1 + 2 + 3 + \cdots + n^2 & \cdots\cdots\cdots① \\ T(n) = \sum_{k=1}^{n^2} [\sqrt{k}]^2 = [\sqrt{1}]^2 + [\sqrt{2}]^2 + [\sqrt{3}]^2 + \cdots + [\sqrt{n^2}]^2 & \cdots② \end{cases}$$

を考える。

(1) $S(n)$ を求めよ。　　　　　　**(2)** $T(1)$，$T(2)$，$T(3)$ を求めよ。

(3) $T(n)$ を求めよ。　　　　　　**(4)** 極限 $\lim\limits_{n \to \infty} \dfrac{T(n)}{S(n)}$ を求めよ。　　　　（上智大＊）

ヒント！ **(1)** 公式 $\sum\limits_{k=1}^{n} k = \dfrac{1}{2} n(n+1)$ の n に，n^2 を代入するだけだね。**(2)** は **(3)** の導

入で，具体的に計算してみるといい。**(3)** では，$\underset{a_{n+1}}{\underline{T(n+1)}} - \underset{a_n}{\underline{T(n)}} = \underset{b_n}{\underline{(n \text{ の式})}}$ の階差数列

型の漸化式にもち込むと，$n \geqq 2$ で，$T(n) = T(1) + \sum\limits_{k=1}^{n-1} (k \text{ の式})$ から，一般項 $T(n)$ を求

めることができる。**(4)** は易しい極限の問題だ。

---

(1) ①より，

$$S(n) = \sum_{k=1}^{n^2} k = \frac{1}{2} n^2(n^2 + 1) \quad \cdots\cdots(答)$$

公式 $\sum\limits_{k=1}^{n} k = \dfrac{1}{2} n(n+1)$ の n に，n^2 を代入したものだ。

基本事項

実数 x を越えない最大の整数を $[x]$ で表すとき，この記号 $[\ ]$ を "**ガウス記号**" と呼ぶ。
具体的には，
$[2.3] = 2$，$[23.41] = 23$
$[-4.2] = -5$ などとなる。

−4.2 を越えない最大の整数は −5 だね。

x のガウス記号 $[x]$ については，次の公式が成り立つので覚えておくといい。

（Ⅰ）$n \leqq x < n+1$（n：整数）
　　のとき，
　　$[x] = n$ $\cdots\cdots\cdots$（＊1）

（Ⅱ）任意の実数 x に対して，
　　$x - 1 < [x] \leqq x$ $\cdots\cdots$（＊2）

(2) ②より，

・$T(1) = \sum\limits_{k=1}^{1} [\sqrt{k}]^2 = [\sqrt{1}]^2$

$\boxed{[1]^2 = 1^2}$

　　　$= 1^2 = 1$ $\cdots\cdots\cdots\cdots$（答）

・$T(2) = \sum\limits_{k=1}^{4} [\sqrt{k}]^2$

　　　$= [\sqrt{1}]^2 + [\sqrt{2}]^2 + [\sqrt{3}]^2 + [\sqrt{4}]^2$

　　　$\underset{T(1)}{\underline{1^2}}$ $\underset{=1^2}{\underline{[1.4\cdots]^2}}$ $\underset{=1^2}{\underline{[1.7\cdots]^2}}$ $\underline{2^2}$

　　　$= 1 + 2 \times 1^2 + 4 = 7$ $\cdots\cdots$（答）

$$\cdot T(3) = \sum_{k=1}^{9} [\sqrt{k}]^2$$

$$= \underbrace{\sum_{k=1}^{4} [\sqrt{k}]^2}_{\boxed{T(2) = 7}} + \sum_{k=5}^{9} [\sqrt{k}]^2$$

$$= \underbrace{7}_{\boxed{T(2)}} + \underbrace{[\sqrt{5}]^2}_{\substack{[2.2\cdots]^2 \\ = 2^2}} + \underbrace{[\sqrt{6}]^2}_{\substack{[2.4\cdots]^2 \\ = 2^2}} + \underbrace{[\sqrt{7}]^2}_{\substack{[2.6\cdots]^2 \\ = 2^2}}$$

$$+ \underbrace{[\sqrt{8}]^2}_{\substack{[2.8\cdots]^2 \\ = 2^2}} + \underbrace{[\sqrt{9}]^2}_{\boxed{3^2}}$$

$$= 7 + 4 \times 2^2 + 3^2 = 32 \quad \cdots\cdots(答)$$

(3) (2) より，一般に次式が成り立つ。

$$T(n+1) = \underbrace{\sum_{k=1}^{n^2} [\sqrt{k}]^2}_{\boxed{T(n) \text{ のこと}}} + \sum_{k=n^2+1}^{(n+1)^2} [\sqrt{k}]^2$$

これを変形して，

$$T(n+1) - T(n) = \sum_{k=n^2+1}^{(n+1)^2} [\sqrt{k}]^2 \text{ より,}$$

ここで $\underline{\sqrt{n^2+1}, \sqrt{n^2+2}, \cdots, \sqrt{n^2+2n}}$ は，

項数は，$\underbrace{(n^2+2n)}_{\boxed{最後の項}} - \underbrace{(n^2+1)}_{\boxed{最初の項}} + 1 = 2n$

すべて n より大，かつ $n+1$ より小の数から，
このガウス記号をとったものは n となる。
そして，最後のガウス記号の項だけは，
$[\sqrt{(n+1)^2}] = [n+1] = n+1$　となる。

$$T(n+1) - T(n)$$

$$= \underbrace{[\sqrt{n^2+1}]^2}_{\boxed{n^2}} + \underbrace{[\sqrt{n^2+2}]^2}_{\boxed{n^2}} + \cdots + \underbrace{[\sqrt{n^2+2n}]^2}_{\boxed{n^2}}$$

$$\underbrace{\phantom{[\sqrt{n^2+1}]^2 + [\sqrt{n^2+2}]^2 + \cdots + [\sqrt{n^2+2n}]^2}}_{\boxed{2n項}}$$

$$+ \underbrace{[\sqrt{(n+1)^2}]^2}_{\boxed{(n+1)^2}}$$

$$= 2n \times n^2 + (n+1)^2$$

$$\therefore \underbrace{T(n+1)}_{\boxed{a_{n+1}}} - \underbrace{T(n)}_{\boxed{a_n}} = \underbrace{2n^3 + (n+1)^2}_{\boxed{b_n}} \cdots ③$$

$a_n = T(n)$, $b_n = 2n^3 + (n+1)^2$ とおくと，
$a_{n+1} - a_n = b_n$（階差型の漸化式）より，
$n \geqq 2$ で，$a_n = a_1 + \sum_{k=1}^{n-1} b_k$ となる。

③より，$n \geqq 2$ で，

$$T(n) = \underbrace{1}_{\boxed{T(1)}} + \sum_{k=1}^{n-1} \{2k^3 + (k+1)^2\}$$

$$= 2 \sum_{k=1}^{n-1} k^3 + \underbrace{\sum_{k=1}^{n} k^2}_{\boxed{T(1)} \boxed{1} + \sum_{k=1}^{n-1}(k+1)^2 = 1^2 + 2^2 + \cdots + n^2}$$

$$= 2 \cdot \underbrace{\frac{1}{4}(n-1)^2 n^2}_{} + \frac{1}{6}n(n+1)(2n+1)$$

公式 $\sum_{k=1}^{n} k^3 = \frac{1}{4}n^2(n+1)^2$ の n に $n-1$ を代入したもの

$$= \frac{n}{6}\{3n(n-1)^2 + (n+1)(2n+1)\}$$

$$= \frac{1}{6}n(3n^3 - 4n^2 + 6n + 1)$$

これは $n = 1$ のとき $T(1) = 1$ をみたすので，

$$T(n) = \frac{1}{6}n(3n^3 - 4n^2 + 6n + 1)$$
$$\cdots\cdots\cdots\cdots(答)$$

(4) (1) と (3) の結果より，

$$\lim_{n \to \infty} \frac{T(n)}{S(n)} \quad \boxed{分子・分母を n^3 で割る。}$$

$$= \lim_{n \to \infty} \frac{\frac{1}{6}n(3n^3 - 4n^2 + 6n + 1)}{\frac{1}{2}n(n^3 + n)}$$

$$= \lim_{n \to \infty} \frac{1}{3} \cdot \frac{3 - \overset{0}{\frac{4}{n}} + \overset{0}{\frac{6}{n^2}} + \overset{0}{\frac{1}{n^3}}}{1 + \underset{0}{\frac{1}{n^2}}}$$

$$= \frac{1}{3} \times 3 = 1 \quad \cdots\cdots\cdots\cdots\cdots(答)$$

n を自然数とする。平面上の曲線 $C: y = x^2 - n$ と x 軸が囲む領域内にあり，x 座標と y 座標が共に整数であるような点の総数を a_n とおく。ただし，曲線 C 上の点および x 軸上の点も含むものとする。$\sqrt{n}$ を越えない最大の整数を m_n とおくとき，次の問いに答えよ。

(1)a_n を n と m_n で表せ。　　(2)$\displaystyle\lim_{n \to \infty} \frac{a_n}{n\sqrt{n}}$ を求めよ。　　（東北大）

ヒント！ (1)$y \leqq 0$ かつ $y \geqq x^2 - n$ で表される領域内の格子点数 a_n を求める問題だね。この領域内の格子点の内，直線 $x = k\,(k:$整数$,\ 0 \leqq k \leqq m_n)$ 上にあるものの個数を b_k とおくと，図形の対称性から $a_n = b_0 + 2\displaystyle\sum_{k=1}^{m_n} b_k$ となるのが分かるはずだ。(2) 題意より，$m_n = [\sqrt{n}]$ のことだから，$\sqrt{n} - 1 < m_n \leqq \sqrt{n}$ を利用して，極限を求めればいいんだね。

(1) $\begin{cases} y \leqq 0 \text{ かつ} \\ y \geqq x^2 - n \end{cases}$

　　（n：自然数）

で表される領域を D とおく。

また，

$\underline{m_n = [\sqrt{n}]}$

$\boxed{\sqrt{n}\text{ を越えない}\\\text{最大の整数}}$

とおくと，次式が成り立つ。

$\sqrt{n} - 1 < m_n \leqq \sqrt{n}$ ……①

$\boxed{\text{ガウス記号の公式}\\ x - 1 < [x] \leqq x \cdots (\ast)\text{(P55)} \text{を使った。}}$

この領域 D 内に存在する格子点の内，

$\boxed{x\text{ 座標，}y\text{ 座標が共に整数である点}}$

直線 $x = k\,(k:$整数$,\ 0 \leqq k \leqq m_n)$ 上にあるものの個数を b_k とおくと，右上図より，

$b_k = \underline{0} - \underline{(k^2 - n)} + 1$

$\boxed{\text{最後の数}}\ \boxed{\text{最初の数}\ominus}$

よって，

$b_k = \underline{n + 1 - k^2}$

　　　　……②

$(k = 0,\ 1,\ \cdots,\ m_n)$

となる。

また，$k = 0$ のとき，②に $k = 0$ を代入して，$b_0 = n + 1 - 0^2 = \underline{n + 1}$ …③ となる。

以上②，③より図形の対称性を考えて，この領域 D 内に存在する全格子点数 a_n は，次のように表される。

$a_n = \underline{\underline{b_0}} + 2\displaystyle\sum_{k=1}^{m_n} b_k$

$= \underline{n + 1} + 2\displaystyle\sum_{k=1}^{m_n} \underline{(n + 1 - k^2)}$

$\boxed{\text{定数扱い}}$

$= n + 1 + 2\left\{m_n(n + 1) - \displaystyle\sum_{k=1}^{m_n} k^2\right\}$

$\boxed{\dfrac{1}{6}m_n(m_n + 1)(2m_n + 1)}$

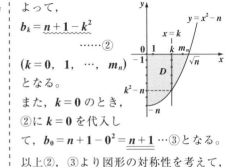

よって,
$$a_n = \boxed{n+1+2m_n(n+1)}^{\overset{\shortparallel}{(n+1)(2m_n+1)}}$$
$$-\frac{1}{3}m_n(m_n+1)(2m_n+1)$$
$$=\frac{1}{3}(2m_n+1)(3n+3-m_n{}^2-m_n)$$
$$\cdots\cdots\cdots(答)$$

(2) まず，極限 $\displaystyle\lim_{n\to\infty}\frac{m_n}{\sqrt{n}}$ を調べてみる。

$\sqrt{n}>0$ より，①の各辺を $\sqrt{n}$ で割って，

$$1-\frac{1}{\sqrt{n}}\leqq\frac{m_n}{\sqrt{n}}\leqq 1 \cdots ①' \quad となる。$$

> この後，$n\to\infty$の極限をとるため
> 等号をつけた。

ここで，①' の各辺について $n\to\infty$
の極限をとると，

$$\lim_{n\to\infty}\left(1-\frac{1}{\sqrt{n}}\right)\leqq\lim_{n\to\infty}\frac{m_n}{\sqrt{n}}\leqq 1$$

$$\underset{0}{}$$

よって，はさみ打ちの原理より，

$$\lim_{n\to\infty}\frac{m_n}{\sqrt{n}}=1 \cdots\cdots④ \quad となる。$$

以上より，求める極限は，

$$\lim_{n\to\infty}\frac{a_n}{n\sqrt{n}}$$

$$=\lim_{n\to\infty}\frac{\frac{1}{3}(2m_n+1)(3n+3-m_n{}^2-m_n)}{n\sqrt{n}}$$

$$=\lim_{n\to\infty}\frac{1}{3}\cdot\frac{2m_n+1}{\sqrt{n}}\cdot\frac{3n+3-m_n{}^2-m_n}{n}$$

$$=\lim_{n\to\infty}\frac{1}{3}\left(2\underset{1}{\frac{m_n}{\sqrt{n}}}+\underset{0}{\frac{1}{\sqrt{n}}}\right)\times$$

$$\left\{3+\underset{0}{\frac{3}{n}}-\left(\underset{1}{\frac{m_n}{\sqrt{n}}}\right)^2-\underset{0}{\frac{1}{\sqrt{n}}}\cdot\underset{1}{\frac{m_n}{\sqrt{n}}}\right\}$$

$$=\frac{1}{3}\times(2\times1+0)\cdot(3+0-1^2-0)$$

$$=\frac{4}{3} \quad (④より) \quad \cdots\cdots\cdots\cdots\cdots(答)$$

参考

今回もガウス記号が関連した問題だった。任意の実数 x に対して公式：
$x-1<[x]\leqq x$ $\cdots(*)$ が成り立つことを，具体例で示そう。
$x=15.32$ の場合を考えると，$[x]=[15.32]=15$，$x-1=14.32$ より，
$14.32<15\leqq15.32$ となって，$(*)$ が成り立つことがわかるはずだ。
$(*)$ の等号は，x が整数のとき $[x]=x$ より，成り立つんだね。
さらに整数 n に対して $n\underset{\shortparallel}{\leqq} x<n+1$ $\cdots\cdots⑦$ のとき，$[x]=n$ $\cdots\cdots①$ となる。

> x は，$n.\cdots$ ということだね。

よって，①を⑦に代入して n を消去すれば，もう1つのガウス記号に関する公式：
$[x]\leqq x<[x]+1$ $\cdots(**)$ が成り立つこともわかるはずだ。$(*)\Leftrightarrow(**)$ より，
$(*)$ と $(**)$ は，本質的に同じ公式（同値）であることもわかると思う。

$a_1 = 3$, $a_{n+1} = 3a_n - 2n + 3$ $(n = 1, 2, 3, \cdots)$ で定義される数列 $\{a_n\}$ がある。このとき,

(1) $a_{n+1} + \alpha(n+1) + \beta = 3(a_n + \alpha n + \beta)$ を満たす定数 α, β を求めよ。

(2) 一般項 a_n を求めよ。

(3) $\displaystyle\lim_{n \to \infty} \frac{a_n}{3^n}$ を求めよ。ただし, $\displaystyle\lim_{n \to \infty} \frac{n}{3^n} = 0$ は用いてもよい。（千葉大＊）

ヒント！　**(1)** の導入に従って, α, β の値を決定する。これは, $F(n+1) = r \cdot F(n)$ の等比関数列型の漸化式の問題に帰着するんだね。

$$\begin{cases} a_1 = 3 \\ a_{n+1} = \underline{3}a_n \boxed{-2n+3} \cdots\cdots① \end{cases}$$
　　　　　（n の 1 次式）
　　　　　$(n = 1, 2, \cdots)$

参考

①の右辺より, 公比 $\underline{3}$ と (n の 1 次式) を考慮に入れると,

$F(n+1) = \underline{3}F(n)$ で, （n の 1 次式）

$F(n) = a_n + \boxed{\alpha n + \beta}$ の形が見えてくる。すると, 当然 $F(n+1)$ は,

$F(n+1) = a_{n+1} + \alpha(n+1) + \beta$ となる。

(1) ①を変形して,

$a_{n+1} + \alpha(n+1) + \beta = \underline{3}\overbrace{(a_n + \alpha n + \beta)}$
　　　　　　　　　　$\cdots\cdots②$

となるものとする。②を変形して,

$a_{n+1} = 3a_n + 3\alpha n + 3\beta - \alpha(n+1) - \beta$

$a_{n+1} = 3a_n + \boxed{2\alpha} n + \boxed{2\beta - \alpha} \cdots\cdots③$
　　　　　　　-2　　　　3

①, ③は同じ式より, 各係数を比較して,

$2\alpha = -2$ 　かつ 　$2\beta - \alpha = 3$

これから, $\alpha = -1, \beta = 1$ 　……（答）

(2) **(1)** の結果より, ②は,

$a_{n+1} - (n+1) + 1 = 3(a_n - n + 1)$
$[\quad F(n+1) \quad = 3 \cdot \quad F(n) \quad]$

$a_n - n + 1 = (\boxed{a_1}^{\;3} - 1 + 1)3^{n-1}$
$[\quad F(n) \quad = \quad F(1) \quad \cdot 3^{n-1}]$

$\therefore a_n = 3^n + n - 1 \cdots\cdots④ \cdots$（答）
　　　　　$(n = 1, 2, \cdots)$

(3) ④より, 求める極限は,

$\displaystyle\lim_{n \to \infty} \frac{a_n}{3^n} = \lim_{n \to \infty} \frac{3^n + n - 1}{3^n}$

$\displaystyle = \lim_{n \to \infty}\left(1 + \boxed{\frac{n}{3^n}}^{\;0} - \boxed{\frac{1}{3^n}}^{\;0}\right)$

$= 1 \cdots\cdots\cdots\cdots\cdots\cdots$（答）

注意！

$n \to \infty$ のとき, $3^n \to \infty$ となるが, n に比べて, 3^n の方が大きくなる速さが圧倒的に大きい。

　　　　　（中位の ∞）

$\therefore \displaystyle\lim_{n \to \infty} \frac{\boxed{n}}{\boxed{3^n}} = 0$ 　となる。

　　　　　（強い ∞）

実力アップ問題 36 　　難易度 ★★ 　　CHECK 1　CHECK 2　CHECK 3

数列 $\{a_n\}$ を，$a_1 = 2$，$a_{n+1} = \dfrac{a_n^2 + 2}{2a_n + 1}$ $(n = 1, 2, 3, \cdots)$ によって定める。

(1) $b_n = \dfrac{a_n - 1}{a_n + 2}$ とおくとき，b_n を求めよ。　　(2) $\lim\limits_{n \to \infty} a_n$ を求めよ。

(愛媛大*)

ヒント！ (1) $b_{n+1} = b_n^2$ が導けるので，$b_n > 0$ を確認して，両辺の自然対数をとれば，等比数列型の漸化式が導ける。(2) $\lim\limits_{n \to \infty} b_n = 0$ を使って，$\lim\limits_{n \to \infty} a_n$ を求めよう。

$\begin{cases} a_1 = 2 \\ a_{n+1} = \dfrac{a_n^2 + 2}{2a_n + 1} \cdots① \end{cases}$ $(n = 1, 2, 3, \cdots)$

(1) $b_n = \dfrac{a_n - 1}{a_n + 2} \cdots\cdots②$ $(n = 1, 2, 3, \cdots)$

b_n と b_{n+1} の間の関係式 (漸化式) を求める。

とおくと，②より，

$b_{n+1} = \dfrac{a_{n+1} - 1}{a_{n+1} + 2} \cdots\cdots②'$

②' に①を代入して，

$b_{n+1} = \dfrac{\dfrac{a_n^2 + 2}{2a_n + 1} - 1}{\dfrac{a_n^2 + 2}{2a_n + 1} + 2} = \dfrac{a_n^2 + 2 - (2a_n + 1)}{a_n^2 + 2 + 2(2a_n + 1)}$

$= \dfrac{a_n^2 - 2a_n + 1}{a_n^2 + 4a_n + 4} = \left(\dfrac{a_n - 1}{a_n + 2}\right)^2$

$\therefore b_{n+1} = b_n^2$ $(n = 1, 2, 3, \cdots)$

また②より，$b_1 = \dfrac{a_1 - 1}{a_1 + 2} = \dfrac{1}{4}$

以上より，

$\begin{cases} b_1 = \dfrac{1}{4} \\ b_{n+1} = b_n^2 \cdots③ \end{cases}$ $(n = 1, 2, 3, \cdots)$

$b_1 > 0$ 　ここで，

$b_k > 0$ $(k = 1, 2, \cdots)$

と仮定すると，③より，

$b_{k+1} = b_k^2 > 0$

$\therefore b_n > 0$ $(n = 1, 2, \cdots)$

数学的帰納法により，$b_n > 0$ を示した。

③の両辺は正より，③の両辺の自然対数をとって，真数条件　底 e の対数

$\log b_{n+1} = \log b_n^2 = 2\log b_n$

ここで，$c_n = \log b_n$ とおくと，

$c_{n+1} = 2 \cdot c_n$ ← $\{c_n\}$ は公比 2 の等比数列

$\therefore c_n = c_1 \cdot 2^{n-1} = 2^{n-1} \cdot \log b_1^{\frac{1}{4}}$

$\log b_n$　　$\log b_1$

よって，$\log b_n = \log\left(\dfrac{1}{4}\right)^{2^{n-1}}$ より，

$b_n = \left(\dfrac{1}{4}\right)^{2^{n-1}}$ $(n = 1, 2, \cdots)$ …(答)

(2) (1) の結果より，

$\lim\limits_{n \to \infty} b_n = \lim\limits_{n \to \infty} \left(\dfrac{1}{4}\right)^{2^{n-1} \to \infty} = 0$ ……④

$-1 < r < 1$ のとき，$\lim\limits_{n \to \infty} r^n = 0$ だね。

ここで②より，$b_n(a_n + 2) = a_n - 1$

$(1 - b_n)a_n = 1 + 2b_n$

$a_n = \dfrac{1 + 2b_n}{1 - b_n}$ $(n = 1, 2, 3, \cdots)$

以上より，求める極限は，

$\lim\limits_{n \to \infty} a_n = \lim\limits_{n \to \infty} \dfrac{1 + 2b_n^{\,0}}{1 - b_n^{\,0}}$

$= \dfrac{1 + 2 \times 0}{1 - 0}$ （④より）

$= 1$ ……………………(答)

$a_1 = 1$, $a_2 = 2$, $a_{n+2} = \sqrt{a_{n+1} \cdot a_n}$ ……① ($n = 1, 2, 3, \cdots$) で定義される数列 $\{a_n\}$ について，次の問いに答えよ。

(1) a_n を n の式で表せ。　　(2) $\lim\limits_{n \to \infty} a_n$ を求めよ。

ヒント！ ①の形から，両辺は正より，両辺の底 2 の対数をとり，新たに数列 b_n を $b_n = \log_2 a_n$ とおくと，一般項 b_n は 3 項間の漸化式を解いて求められるね。

(1) $\begin{cases} a_1 = 1, \ a_2 = 2 \\ a_{n+2} = \sqrt{a_{n+1} \cdot a_n} \cdots① \ (n = 1, 2, \cdots) \end{cases}$

$a_1 > 0$, $a_2 > 0$ ここで， 数学的帰納法

$a_k > 0$, $a_{k+1} > 0$ $(k = 1, 2, \cdots)$ と仮定

すると，①より，$a_{k+2} = \sqrt{a_{k+1} \cdot a_k} > 0$

∴ $n = 1, 2, \cdots$ について，$a_n > 0$

よって，①の両辺は正より，①の両辺の底 2 の対数をとって，

$\boxed{\log_2 a_{n+2}} = \log_2 (a_{n+1} \cdot a_n)^{\frac{1}{2}}$

$\boxed{b_{n+2}}$ $= \dfrac{1}{2} (\boxed{\log_2 a_{n+1}} + \boxed{\log_2 a_n})$

$\underset{b_{n+1}}{} \quad \underset{b_n}{}$

ここで，$b_n = \log_2 a_n$ $(n = 1, 2, \cdots)$ とおくと，

$b_1 = \log_2 \overset{1}{a_1} = 0$, $b_2 = \log_2 \overset{2}{a_2} = 1$

底 2 の対数をとったので，$b_2 = 1$ とキレイな値になった！

以上より，

$\begin{cases} b_1 = 0, \ b_2 = 1 \\ b_{n+2} - \dfrac{1}{2} b_{n+1} - \dfrac{1}{2} b_n = 0 \ \cdots② \\ \quad (n = 1, 2, 3, \cdots) \end{cases}$

基本事項

3 項間の漸化式

$a_{n+2} + p a_{n+1} + q a_n = 0$ の場合，特性方程式 $x^2 + px + q = 0$ の解 $\underset{\sim}{\alpha}, \underset{\sim}{\beta}$ を用いて，次の 2 式を作って解く。

$\begin{cases} a_{n+2} - \underline{\alpha} a_{n+1} = \underline{\beta}(a_{n+1} - \underline{\alpha} a_n) \\ a_{n+2} - \underline{\beta} a_{n+1} = \underline{\alpha}(a_{n+1} - \underline{\beta} a_n) \end{cases}$

②の特性方程式：$x^2 - \dfrac{1}{2} x - \dfrac{1}{2} = 0$

$2x^2 - x - 1 = 0 \qquad (2x+1)(x-1) = 0$

∴ $x = \underline{1}, \ -\dfrac{1}{2} \ \left(\alpha = \underline{1}, \ \beta = -\dfrac{1}{2} \right)$

②を変形して， $\boxed{F(n+1) = \beta \cdot F(n)}$

$\begin{cases} b_{n+2} - \underset{\sim}{1} \cdot b_{n+1} = -\dfrac{1}{2} \cdot (b_{n+1} - \underset{\sim}{1} \cdot b_n) \\ \qquad\qquad \boxed{G(n+1) = \alpha \cdot G(n)} \\ b_{n+2} + \dfrac{1}{2} \cdot b_{n+1} = \underset{\sim}{1} \cdot \left(b_{n+1} + \dfrac{1}{2} b_n \right) \end{cases}$

$\boxed{F(n) = F(1) \cdot \beta^{n-1}}$

$\begin{cases} b_{n+1} - b_n = (\overset{1}{b_2} - \overset{0}{b_1}) \cdot \left(-\dfrac{1}{2} \right)^{n-1} \\ \qquad\qquad \boxed{G(n) = G(1) \cdot \alpha^{n-1}} \\ b_{n+1} + \dfrac{1}{2} b_n = \left(\overset{1}{b_2} + \dfrac{1}{2} \overset{0}{b_1} \right) \cdot 1^{n-1} \end{cases}$

$\begin{cases} b_{n+1} - b_n = \left(-\dfrac{1}{2} \right)^{n-1} \ \cdots③ \\ b_{n+1} + \dfrac{1}{2} b_n = 1 \ \cdots④ \end{cases}$

$(④ - ③) \times \dfrac{2}{3}$ より $\boxed{b_n} = \dfrac{2}{3} \left\{ 1 - \left(-\dfrac{1}{2} \right)^{n-1} \right\}$

$\underset{\log_2 a_n}{}$

∴ $a_n = 2^{\frac{2}{3} \left\{ 1 - \left(-\frac{1}{2} \right)^{n-1} \right\}}$ $(n = 1, 2, \cdots)$ ……(答)

(2) 以上より，求める数列の極限は，

$\lim\limits_{n \to \infty} a_n = \lim\limits_{n \to \infty} 2^{\frac{2}{3} \left\{ 1 - \overset{0}{\left(-\frac{1}{2} \right)^{n-1}} \right\}}$

$= 2^{\frac{2}{3}} = (2^2)^{\frac{1}{3}} = \sqrt[3]{4}$ ……(答)

実力アップ問題38　　難易度 ★★　　CHECK *1*　　CHECK*2*　　CHECK*3*

$a_1 = 1$, $a_{n+2} = 3a_{n+1} - 2a_n$, $\displaystyle\lim_{n \to \infty} \frac{a_n^2}{a_{2n}} = 3$ をみたす数列 $\{a_n\}$ の第 **2** 項を

求めよ。　　　　　　　　　　　　　　　　　　　　（工学院大）

ヒント！　　a_2 は未知数のまま，一般項 a_n を求め，与えられた極限の式から逆に，a_2 の値を求める。**3** 項間の漸化式の応用問題になっている。頑張れ！

$\begin{cases} a_1 = 1 \\ a_{n+2} = 3a_{n+1} - 2a_n \cdots\cdots① \end{cases}$

$\qquad (n = 1, 2, 3, \cdots)$

特性方程式：$x^2 = 3x - 2$
$x^2 - 3x + 2 = 0$, $(x-1)(x-2) = 0$
$\therefore x = 1, 2$

①を変形して，

$\begin{cases} a_{n+2} - \underset{\sim}{\mathbf{1}}a_{n+1} = \underset{=}{\mathbf{2}}(a_{n+1} - \underset{\sim}{\mathbf{1}}a_n) \\ [\quad F(n+1) = 2 \cdot \quad F(n) \quad] \\ a_{n+2} - \underset{=}{\mathbf{2}}a_{n+1} = \mathbf{1} \cdot (a_{n+1} - \underset{=}{\mathbf{2}}a_n) \\ [\quad G(n+1) = 1 \cdot \quad G(n) \quad] \end{cases}$

よって，

$\begin{cases} a_{n+1} - a_n = (a_2 - \boxed{\overset{1}{a_1}}) \cdot 2^{n-1} \\ [\quad F(n) = \quad F(1) \quad \cdot 2^{n-1}] \\ a_{n+1} - 2a_n = (a_2 - 2 \cdot \boxed{\overset{1}{a_1}}) \cdot 1^{n-1} \\ [\quad G(n) = \quad G(1) \quad \cdot 1^{n-1}] \end{cases}$

$\begin{cases} a_{n+1} - a_n = (a_2 - 1) \cdot 2^{n-1} \quad\cdots\cdots\cdots②\\ a_{n+1} - 2a_n = a_2 - 2 \quad\cdots\cdots\cdots\cdots③ \end{cases}$

②－③より，

$a_n = (a_2 - 1)2^{n-1} - a_2 + 2$

（n に，$2n$ を代入）

$\therefore \begin{cases} a_{2n} = (a_2 - 1) \cdot 2^{2n-1} - a_2 + 2 \quad\cdots④ \\ a_n^2 = \{(a_2 - 1)2^{n-1} - a_2 + 2\}^2 \cdots⑤ \end{cases}$

ここで，

$\displaystyle\lim_{n \to \infty} \frac{a_n^2}{a_{2n}} = 3 \quad\cdots\cdots⑥$

④，⑤を⑥の左辺に代入して，

$\displaystyle\lim_{n \to \infty} \frac{\{(a_2-1)\cdot 2^{n-1} - (a_2-2)\}^2}{(a_2-1)\cdot 2^{2n-1} - (a_2-2)}$

$= \displaystyle\lim_{n \to \infty} \frac{(a_2-1)^2 \cdot 2^{2n-2} - (a_2-1)(a_2-2)\cdot 2^n + (a_2-2)^2}{(a_2-1)\cdot 2^{2n-1} - (a_2-2)}$

$= \displaystyle\lim_{n \to \infty} \frac{\dfrac{(a_2-1)^2}{2^2} - \boxed{\dfrac{(a_2-1)(a_2-2)}{2^n}}^{\,0} + \boxed{\dfrac{(a_2-2)^2}{2^{2n}}}^{\,0}}{\dfrac{a_2-1}{2} - \boxed{\dfrac{a_2-2}{2^{2n}}}}$

（分子・分母を 2^{2n} で割った！）　↑ 0

$= \dfrac{2(a_2-1)^2}{2^2(a_2-1)} = \dfrac{a_2-1}{2}$

よって，⑥より，

$\dfrac{a_2-1}{2} = 3$

これを解いて，

$a_2 - 1 = 6 \qquad \therefore a_2 = 7 \quad\cdots\cdots\cdots$（答）

各項が正である数列 $\{a_n\}$ の初項から第 n 項までの和 S_n が

$S_n = \dfrac{1}{2}\left(a_n + \dfrac{2n}{a_n}\right)$　$(n = 1,\ 2,\ 3,\ \cdots)$ を満たす。

(1) $S_1 = \sqrt{2}$，$S_n{}^2 - S_{n-1}{}^2 = 2n$　$(n = 2,\ 3,\ 4,\ \cdots)$ を示せ。

(2) $S_n = \sqrt{n(n+1)}$　$(n = 1,\ 2,\ 3,\ \cdots)$ を示せ。

(3) 一般項 a_n を求め，$\displaystyle\lim_{n\to\infty} a_n$ を求めよ。　　　（山形大＊）

ヒント！　(1) $S_n - S_{n-1} = a_n$ より，$S_n{}^2 - S_{n-1}{}^2 = (S_n - S_{n-1})(S_n + S_{n-1}) = a_n(2S_n - a_n)$ と変形すればいい。(2)(1)の結果より $S_{n+1}{}^2 - S_n{}^2 = 2(n+1)$ となるので，$b_n = S_n{}^2$ とおいて，数列 $\{b_n\}$ の階差数列型の漸化式を解けばいい。(3)は，$S_n - S_{n-1} = a_n$ から a_n を求めれば，数列の極限の基本問題に帰着する。

基本事項

$S_n = f(n)$ の形の問題では，
$\begin{cases} \cdot\ n=1 \text{ のとき，} S_1 = a_1 \\ \cdot\ n\geq 2 \text{ のとき，} S_n - S_{n-1} = a_n \end{cases}$
を用いればいいんだね。

(1) $S_n = \dfrac{1}{2}\left(a_n + \dfrac{2n}{a_n}\right)$ ……①

何か n の式，$f(n)$ と考えればいい。

$(n = 1,\ 2,\ 3,\ \cdots)$

(i) $n=1$ のとき，$S_1 = a_1$ より，①は，

$S_1 = \dfrac{1}{2}\left(a_1 + \dfrac{2\cdot 1}{a_1}\right)$

$2S_1 = S_1 + \dfrac{2}{S_1}$，　$S_1 = \dfrac{2}{S_1}$

$S_1{}^2 = 2$　ここで，$a_1 = S_1 > 0$ より，

$S_1 = \sqrt{2}$ ……(終)

(ii) $n\geq 2$ のとき，

$S_n{}^2 - S_{n-1}{}^2 = 2n$ ……(＊1)

が成り立つことを示す。

$n\geq 2$ のとき，

$S_n - S_{n-1} = a_n$ ……② より，

$S_{n-1} = S_n - a_n$ ……②′ となる。

よって，①，②，②′を用いて，（＊1）の左辺を変形すると，

（＊1）の左辺 $= S_n{}^2 - S_{n-1}{}^2$

$= (S_n - S_{n-1})(S_n + S_{n-1})$

a_n(②より)　$S_n - a_n$(②′より)

$= a_n(2S_n - a_n)$

$\dfrac{1}{2}\left(a_n + \dfrac{2n}{a_n}\right)$（①より）

$= a_n\left(a_n + \dfrac{2n}{a_n} - a_n\right)$

$= 2n = $（＊1）の右辺

$\therefore n\geq 2$ のとき，（＊1）は成り立つ。

……(終)

(2)(1) の結果より，

$$\begin{cases} S_1{}^2 = 2 \quad \leftarrow \boxed{S_1 = \sqrt{2} \text{ より}} \\ S_{n+1}{}^2 - S_n{}^2 = 2(n+1) \quad \cdots\cdots ③ \end{cases}$$

$$(n = \underline{1}, \ 2, \ \cdots)$$

> (*1) の両辺の n の代わりに $n+1$ を用いたので，n は 2 スタートではなく 1 スタートになる。

ここで，$S_n{}^2 = b_n$ とおくと，

$b_1 = S_1{}^2 = 2$，$b_{n+1} = S_{n+1}{}^2$ より，③ は，

$b_{n+1} - b_n = \underline{2(n+1)} \cdots ③'$ となる。

> $\boxed{\text{これを } c_n \text{ とおく。}}$

> 階差数列型の漸化式の解法
> $b_{n+1} - b_n = c_n$ のとき，
> $n \geqq 2$ で，
> $b_n = b_1 + \sum_{k=1}^{n-1} c_k$ となる。

③′ は階差数列型の漸化式より，

$n \geqq 2$ で，

$$b_n = \underset{\boxed{2}}{b_1} + \sum_{k=1}^{n-1} \underset{\boxed{c_k}}{2(k+1)}$$

$$= 2 + 2\sum_{k=1}^{n-1}(k+1)$$

> $\boxed{2 + 3 + \cdots + n = \sum_{k=1}^{n} k - 1}$

$$= \cancel{2} + 2\left\{\frac{1}{2}n(n+1) - \cancel{1}\right\}$$

$$= n(n+1)$$

$\therefore b_n = S_n{}^2 = n(n+1)$

ここで，$S_n = \underline{a_1} + \underline{a_2} + \cdots + \underline{a_n} > 0$ より，

> $\boxed{\text{題意より，} a_1, \ a_2, \ \cdots a_n \text{ はすべて正}}$

$S_n = \sqrt{n(n+1)} \ (n = 2, 3, \cdots)$ となる。

これは，$S_1 = \sqrt{1 \cdot (1+1)} = \sqrt{2}$ となって，$n = 1$ のときもみたす。

$\therefore S_n = \sqrt{n(n+1)} \cdots ④ \ (n = 1, 2, 3, \cdots)$ である。$\cdots\cdots\cdots\cdots\cdots\cdots\cdots$(終)

(3) ④ より，$n \geqq 2$ のとき，

$$a_n = \underset{\sim}{S_n} - \underset{\sim}{S_{n-1}}$$
$$= \sqrt{n(n+1)} - \sqrt{n(n-1)}$$
$$= \sqrt{n}(\sqrt{n+1} - \sqrt{n-1}) \text{ となる。}$$

これは，$n = 1$ のとき，

$a_1 = \sqrt{1} \cdot (\sqrt{2} - \sqrt{0}) = \sqrt{2}$ となって，

$a_1 = S_1 = \sqrt{2}$ をみたす。

よって，

$$a_n = \sqrt{n}(\sqrt{n+1} - \sqrt{n-1})$$
$$(n = \underline{1}, 2, \cdots)$$

> $\boxed{n \text{ は } 1 \text{ スタートになる。}}$

である。$\cdots\cdots\cdots\cdots\cdots\cdots\cdots$(答)

よって，$n \to \infty$ のときの a_n の極限は，

$$\lim_{n \to \infty} a_n = \lim_{n \to \infty} \sqrt{n}(\sqrt{n+1} - \sqrt{n-1}) =$$

> $\boxed{\infty \ (\infty - \infty) \text{ の不定形}}$

> $\boxed{n + 1 - (n-1) = 2}$

$$\lim_{n \to \infty} \sqrt{n} \cdot \frac{(\sqrt{n+1} - \sqrt{n-1})(\sqrt{n+1} + \sqrt{n-1})}{\sqrt{n+1} + \sqrt{n-1}}$$

> $\boxed{\text{分子・分母に } \sqrt{\ } + \sqrt{\ } \text{ をかけた。}}$

$$= \lim_{n \to \infty} \frac{2\sqrt{n}}{\sqrt{n+1} + \sqrt{n-1}} \left[= \frac{\infty}{\infty} \text{ の不定形}\right]$$

$$= \lim_{n \to \infty} \frac{2}{\sqrt{1 + \frac{1}{n}} + \sqrt{1 - \frac{1}{n}}}$$

> $\boxed{\text{分子・分母を } \sqrt{n} \text{ で割った。}}$

$$= \frac{2}{\sqrt{1} + \sqrt{1}} = 1 \quad \cdots\cdots\cdots\cdots\cdots\text{(答)}$$

$a_1 = a_2 = 0$ である数列 $\{a_n\}$ の初項から第 n 項までの和 S_n が,

$$S_{n+2} - 8S_{n+1} + 15S_n = n \quad \cdots\cdots ① \quad (n = 1, 2, \cdots)$$

をみたす。このとき,一般項 a_n を求め,$\displaystyle \lim_{n \to \infty} \frac{a_n}{5^n}$ を求めよ。

(東京理科大＊)

ヒント! 公式:$S_n - S_{n-1} = a_n\,(n \geqq 2)$ を使って,3項間の漸化式にもち込むが,定数項があるので,さらに工夫が必要となるんだね。

$a_1 = a_2 = 0$

$S_{n+2} - 8S_{n+1} + 15S_n = n$ $\cdots\cdots\cdots\cdots①$

$(n = 1, 2, 3, \cdots)$

　①の n に,$n-1$ を代入!

①より,

$S_{n+1} - 8S_n + 15S_{n-1} = n - 1$ $\cdots\cdots②$

$(n = 2, 3, 4, \cdots)$ ← $n = 2$ スタート

①－②より,

$(\underbrace{S_{n+2} - S_{n+1}}_{a_{n+2}}) - 8(\underbrace{S_{n+1} - S_n}_{a_{n+1}})$

$\qquad + 15(\underbrace{S_n - S_{n-1}}_{a_n}) = 1$

$(n = 2, 3, 4, \cdots)$

$\begin{cases} S_n = a_1 + a_2 + \cdots + a_{n-1} + a_n \cdots ⑦ \\ S_{n-1} = a_1 + a_2 + \cdots + a_{n-1} \quad\cdots ④ \end{cases}$

⑦－④より,$S_n - S_{n-1} = a_n$

$a_{n+2} - 8a_{n+1} + 15a_n = 1$ $\cdots\cdots\cdots\cdots③$

(これは,$n = 1$ のときもみたす。)

$n = 1$ のとき,①は,

$S_3 - 8S_2 + 15S_1 = 1$

$\underbrace{a_1}_{0} + \underbrace{a_2}_{0} + a_3 - 8(\underbrace{a_1}_{0} + \underbrace{a_2}_{0}) + 15\underbrace{a_1}_{0} = 1$

$\therefore a_3 = 1$

$n = 1$ のとき,③は,

$a_3 - 8\underbrace{a_2}_{0} + 15\underbrace{a_1}_{0} = 1$

$\therefore a_3 = 1$ となり,①と同じ結果!

参考

③の右辺の定数項 1 を無視すると,

$a_{n+2} - 8a_{n+1} + 15a_n = 0$

となって,見慣れた3項間の漸化式になる。

特性方程式:

$x^2 - 8x + 15 = 0$

$(x - 3)(x - 5) = 0$ $\therefore x = 3, 5$

よって,

$\begin{cases} a_{n+2} - 3a_{n+1} = 5(a_{n+1} - 3a_n) \\ a_{n+2} - 5a_{n+1} = 3(a_{n+1} - 5a_n) \end{cases}$

と変形するが,③式には右辺に定数項 1 があるので,上式は,さらに定数項 α, β を用いて,

$\begin{cases} a_{n+2} - 3a_{n+1} + \alpha = 5(a_{n+1} - 3a_n + \alpha) \\ a_{n+2} - 5a_{n+1} + \beta = 3(a_{n+1} - 5a_n + \beta) \end{cases}$

とおける。

③を変形して,

$\begin{cases} a_{n+2} - 3a_{n+1} + \alpha = 5(a_{n+1} - 3a_n + \alpha) \cdots④ \\ a_{n+2} - 5a_{n+1} + \beta = 3(a_{n+1} - 5a_n + \beta) \cdots⑤ \end{cases}$

とおける。

④より,

$a_{n+2} - 8a_{n+1} + 15a_n = \boxed{4\alpha}$ $\cdots\cdots\cdots④'$

③と④′を比較して,$4\alpha = 1$

$\therefore \alpha = \dfrac{1}{4}$

⑤より，

$a_{n+2} - 8a_{n+1} + 15a_n = \boxed{2\beta}$ …………⑤′

③と⑤′を比較して，$2\beta = 1$

$\therefore \beta = \dfrac{1}{2}$

以上より，④，⑤は，

$$\begin{cases} a_{n+2} - 3a_{n+1} + \dfrac{1}{4} = 5\left(a_{n+1} - 3a_n + \dfrac{1}{4}\right) \\ [\quad F(n+1) \quad = 5\cdot \quad F(n) \quad] \\ a_{n+2} - 5a_{n+1} + \dfrac{1}{2} = 3\left(a_{n+1} - 5a_n + \dfrac{1}{2}\right) \\ [\quad G(n+1) \quad = 3\cdot \quad G(n) \quad] \end{cases}$$

よって，

$$\begin{cases} a_{n+1} - 3a_n + \dfrac{1}{4} = \left(\overset{0}{\boxed{a_2}} - 3\overset{0}{\boxed{a_1}} + \dfrac{1}{4}\right)\cdot 5^{n-1} \\ [\quad F(n) \quad = \quad F(1) \quad \cdot 5^{n-1}] \\ a_{n+1} - 5a_n + \dfrac{1}{2} = \left(\overset{0}{\boxed{a_2}} - 5\overset{0}{\boxed{a_1}} + \dfrac{1}{2}\right)\cdot 3^{n-1} \\ [\quad G(n) \quad = \quad G(1) \quad \cdot 3^{n-1}] \end{cases}$$

$$\therefore \begin{cases} a_{n+1} - 3a_n + \dfrac{1}{4} = \dfrac{1}{4}\cdot 5^{n-1} \cdots\cdots\cdots⑥ \\ a_{n+1} - 5a_n + \dfrac{1}{2} = \dfrac{1}{2}\cdot 3^{n-1} \cdots\cdots\cdots⑦ \end{cases}$$

⑥−⑦より，

$2a_n - \dfrac{1}{4} = \dfrac{1}{4}\left(5^{n-1} - 2\cdot 3^{n-1}\right)$

$2a_n = \dfrac{1}{4}(5^{n-1} - 2\cdot 3^{n-1} + 1)$

$\therefore a_n = \dfrac{1}{8}\cdot(5^{n-1} - 2\cdot 3^{n-1} + 1)$ …(答)

以上より，求める極限は，

$\displaystyle\lim_{n\to\infty}\dfrac{a_n}{5^n} = \lim_{n\to\infty}\dfrac{1}{8}\cdot\dfrac{5^{n-1} - 2\cdot 3^{n-1} + 1}{5^n}$

$= \displaystyle\lim_{n\to\infty}\dfrac{1}{8}\left\{\dfrac{1}{5} - \dfrac{2}{5}\overset{0}{\boxed{\left(\dfrac{3}{5}\right)^{n-1}}} + \overset{0}{\boxed{\left(\dfrac{1}{5}\right)^n}}\right\}$

$= \dfrac{1}{8} \times \dfrac{1}{5} = \dfrac{1}{40}$ …………………(答)

| 実力アップ問題 41 | 難易度 ★★ | | CHECK 1 | CHECK 2 | CHECK 3 |

数列 $\{a_n\}$ が，$a_1 = 1$，$\left| a_{n+1} - 2 \right| \leqq \dfrac{1}{2} \left| a_n - 2 \right|$ $(n = 1, 2, 3, \cdots)$

をみたすとき，$\displaystyle \lim_{n \to \infty} a_n = 2$ となることを示せ。

ヒント！ 「一般項 a_n が求まらない場合の $\displaystyle \lim_{n \to \infty} a_n$ を求める問題」

つまり，"刑コロ問題"の典型パターンを，ここで練習しておこう！

基本事項

刑事コロンボ型問題

「一般項 a_n が求まらない場合の

$\displaystyle \lim_{n \to \infty} a_n$ を求める問題」

$\left| a_{n+1} - \alpha \right| \leqq r \cdot \left| a_n - \alpha \right|$ $(0 < r < 1)$

$\left[F(n+1) \leqq r \cdot F(n) \right]$

$\left| a_n - \alpha \right| \leqq \left| a_1 - \alpha \right| \cdot r^{n-1}$

$\left[\ F(n) \ \leqq \ F(1) \ \cdot r^{n-1} \ \right]$

よって，

$0 \leqq \left| a_n - \alpha \right| \leqq \left| a_1 - \alpha \right| \cdot r^{n-1}$ より，

$0 \leqq \displaystyle \lim_{n \to \infty} \left| a_n - \alpha \right| \leqq \lim_{n \to \infty} \left| a_1 - \alpha \right| \cdot \boxed{r^{n-1}} = 0$

[はさみ打ち] $\quad (\because 0 < r < 1)$

$\therefore \displaystyle \lim_{n \to \infty} \left| a_n - \alpha \right| = 0$ より，

$\displaystyle \lim_{n \to \infty} a_n = \alpha$

数列 $\{a_n\}$ は次式をみたす。

$\begin{cases} a_1 = 1 \\ \left| a_{n+1} - 2 \right| \leqq \dfrac{1}{2} \left| a_n - 2 \right| \quad \cdots\cdots① \end{cases}$

$\left[F(n+1) \leqq \dfrac{1}{2} \cdot F(n) \right]$

$(n = 1, 2, 3, \cdots)$

①より，

$\left| a_n - 2 \right| \leqq \left| a_1 - 2 \right| \cdot \left(\dfrac{1}{2} \right)^{n-1} \ \cdots\cdots②$

$\left[F(n) \ \leqq \ F(1) \cdot \left(\dfrac{1}{2} \right)^{n-1} \right]$

参考

$F(n+1) \leqq r \cdot F(n)$ のとき，

$F(n) \leqq r \cdot F(n-1) \leftarrow \boxed{n \text{ に } n-1 \text{ を代入}}$

$F(n-1) \leqq r \cdot F(n-2) \leftarrow \boxed{n \text{ に } n-2 \text{ を代入}}$

$\cdots\cdots\cdots\cdots\cdots$

$F(2) \leqq r \cdot F(1) \quad \leftarrow \boxed{n \text{ に } 1 \text{ を代入}}$

よって，

$\underline{F(n) \leqq r \cdot F(n-1)} \leqq r^2 \cdot F(n-2)$

$\leqq r^3 \cdot F(n-3) \leqq \cdots \leqq \underline{r^{n-1} \cdot F(1)}$

$\therefore F(n) \leqq F(1) \cdot r^{n-1}$ となる。

②に $a_1 = 1$ を代入して，

$\left| a_n - 2 \right| \leqq \left| 1 - 2 \right| \cdot \left(\dfrac{1}{2} \right)^{n-1} = \left(\dfrac{1}{2} \right)^{n-1}$

$0 \leqq \left| a_n - 2 \right| \leqq \left(\dfrac{1}{2} \right)^{n-1}$

$\therefore 0 \leqq \displaystyle \lim_{n \to \infty} \left| a_n - 2 \right| \leqq \lim_{n \to \infty} \left(\dfrac{1}{2} \right)^{n-1} = 0$ より，

はさみ打ちの原理を用いて，

$\displaystyle \lim_{n \to \infty} \left| a_n - 2 \right| = 0 \rightarrow \boxed{\begin{array}{l} こうなるには， \\ a_n \to 2 しかない！ \end{array}}$

$\therefore \displaystyle \lim_{n \to \infty} a_n = 2 \quad \cdots\cdots\cdots\cdots\cdots(終)$

64

$a_1 = 1$, $a_{n+1} = \sqrt{a_n + 2}$ ……① $(n = 1, 2, \cdots)$ によって定められる数列 $\{a_n\}$ について，$\lim\limits_{n \to \infty} a_n$ を求めよ。

ヒント！ この漸化式を解くことは，一般には難しい。よって，まず $\lim\limits_{n \to \infty} a_n = \alpha$ と仮定して，α の値を求め，これを "刑コロ" の解法に従って，間違いなく α に収束することを示せばいいんだよ。

参考

$\lim\limits_{n \to \infty} a_n = \alpha$ と仮定すると，

$\lim\limits_{n \to \infty} a_{n+1} = \alpha$ となるので，

$n \to \infty$ のとき，①は，

$\alpha = \sqrt{\alpha + 2}$　両辺を2乗して，

$\alpha^2 = \alpha + 2$, 　$\alpha^2 - \alpha - 2 = 0$

$(\alpha - 2)(\alpha + 1) = 0$ 　$\therefore \alpha = 2$

$(\because a_n > 0$ より，$\alpha \geqq 0)$

よって $\alpha = \underline{2}$ が推定できたので，

$|a_{n+1} - \underline{2}| \leqq r \cdot |a_n - \underline{2}|$ $(0 < r < 1)$

の形にもち込めれば，$\lim\limits_{n \to \infty} a_n = 2$

が間違いなく示せる！

$\begin{cases} a_1 = 1 \\ a_{n+1} = \sqrt{a_n + 2} \cdots① \end{cases}$ $(n = 1, 2, 3, \cdots)$

①の両辺から $\underline{2}$ を引いて，

$a_{n+1} - \underline{2} = \sqrt{a_n + 2} - \underline{2}$

$= \dfrac{(\sqrt{a_n + 2} - 2)(\sqrt{a_n + 2} + 2)}{\sqrt{a_n + 2} + 2}$

（$a_n + 2 - 4 = a_n - 2$）

$\therefore a_{n+1} - 2 = \dfrac{1}{2 + \sqrt{a_n + 2}}(a_n - 2)$

この両辺の絶対値をとって，

$|a_{n+1} - 2| = \left| \dfrac{1}{2 + \sqrt{a_n + 2}}(a_n - 2) \right|$

（⊕の数）

$= \dfrac{1}{2 + \sqrt{a_n + 2}}|a_n - 2| \leqq \dfrac{1}{2}|a_n - 2|$

（0以上）

$|a_n - 2| \geqq 0$ より，これにかかる係数が $\dfrac{1}{2 + \sqrt{a_n + 2}}$ より $\dfrac{1}{2}$ となる方が，大きな数になる！

$\therefore |a_{n+1} - 2| \leqq \dfrac{1}{2}|a_n - 2|$

"刑コロ"パターンの完成！

後は，実力アップ問題41でやった通り！

$|a_n - 2| \leqq |a_1 - 2| \cdot \left(\dfrac{1}{2}\right)^{n-1}$

$0 \leqq |a_n - 2| \leqq \left(\dfrac{1}{2}\right)^{n-1}$

$\therefore 0 \leqq \lim\limits_{n \to \infty} |a_n - 2| \leqq \lim\limits_{n \to \infty} \left(\dfrac{1}{2}\right)^{n-1} = 0$

よって，はさみ打ちの原理より，

$\lim\limits_{n \to \infty} |a_n - 2| = 0$

$\therefore \lim\limits_{n \to \infty} a_n = 2$ ……………………(答)

$a_1 = 0$, $a_{n+1} = \dfrac{a_n{}^2 + 3}{4}$ …① $(n = 1, 2, 3, \cdots)$ で定義される数列 $\{a_n\}$ について,

(1) $0 \leqq a_n < 1$ …② $(n = 1, 2, 3, \cdots)$ が成り立つことを示せ。

(2) $1 - a_{n+1} < \dfrac{1}{2}(1 - a_n)$ …③ が成り立つことを示せ。

(3) $\displaystyle\lim_{n \to \infty} a_n$ を求めよ。

（岡山県立大＊）

ヒント！ 今回は導入のある "刑コロ問題" なんだね。(1) ②は数学的帰納法で簡単に示せるはずだ。(3) ③は, $1 - a_n = F(n)$ とおくと $F(n+1) < \dfrac{1}{2}F(n)$ となっていることに気付くはずだ。③は当然 $F(n+1) \leqq \dfrac{1}{2}F(n)$ としてもよいので, $F(n) \leqq F(1) \cdot \left(\dfrac{1}{2}\right)^{n-1}$ と変形できる。ここで, ②より $0 \leqq F(n) \leqq F(1)\left(\dfrac{1}{2}\right)^{n-1}$ となって, はさみ打ちが完成するんだね。頑張ろう！

参考

$\displaystyle\lim_{n \to \infty} a_n = \alpha$ と仮定すると, $\displaystyle\lim_{n \to \infty} a_{n+1} = \alpha$
よって, $n \to \infty$ のとき, ①は,
$$\alpha = \frac{\alpha^2 + 3}{4}, \qquad \alpha^2 - 4\alpha + 3 = 0$$
$$(\alpha - 1)(\alpha - 3) = 0 \quad \therefore \alpha = 1, \ 3$$
よって, $\displaystyle\lim_{n \to \infty} a_n = 3$ または $\displaystyle\lim_{n \to \infty} a_n = 1$
だね。ところが, (1) で
$0 \leqq a_n < 1$ であることを示せるので,
$\displaystyle\lim_{n \to \infty} a_n \neq 3$ だね。よって, $\displaystyle\lim_{n \to \infty} a_n = \alpha = 1$
と推定できる。$a_n < 1$ より, a_n は 1 には
なれないが, $n \to \infty$ としたとき限りなく
1 に近づくことはできるからだ。

(1) $0 \leqq a_n < 1$ …② $(n = 1, 2, \cdots)$ が成り立つことを数学的帰納法により示す。

(ⅰ) $n = 1$ のとき,
　　$a_1 = 0$ より, ②をみたす。

(ⅱ) $n = k$ のとき $(k = 1, 2, \cdots)$
　　$0 \leqq a_k < 1$ …④が成り立つと仮定すると, ④より,
$$0 \leqq a_k{}^2 < 1 \quad \text{← 各辺を 2 乗}$$
$$3 \leqq a_k{}^2 + 3 < 4 \quad \text{← 各辺に 3 をたした。}$$
$$\frac{3}{4} \leqq \underbrace{\frac{a_k{}^2 + 3}{4}}_{a_{k+1}\,(①より)} < 1 \quad \text{← 各辺を 4 で割った。}$$

よって，①より

$\dfrac{3}{4} \leqq a_{k+1} < 1$

$\therefore 0 \leqq a_{k+1} < 1$

> これは，「人間ならば動物である」が真の命題であることと同様に，範囲を広げることは許される。

よって，$n = k+1$ のときも成り立つ。

以上 (i)(ii) より，任意の自然数 n に対して，

$0 \leqq a_n < 1$ …②は成り立つ。……(終)

---

(2) の導入がなければ，$\alpha = 1$ より，①の両辺から 1 を引いて，

$a_{n+1} - 1 = \dfrac{a_n^2 + 3}{4} - 1 = \dfrac{1}{4}(a_n^2 - 1)$

$|a_{n+1} - 1| = \dfrac{1}{4}|(a_n + 1)(a_n - 1)|$

$= \dfrac{1}{4}\underbrace{|(a_n) + 1|}_{0 \sim 1} \cdot \underbrace{|a_n - 1|}_{1 \sim 2}$

$< \dfrac{1}{4} \cdot 2|a_n - 1| = \dfrac{1}{2}|a_n - 1|$

と変形する。しかし，この問題では (2) の導入に従えばいい。

---

(2)(③の右辺) − (③の左辺)

$= \dfrac{1}{2}\overbrace{(1 - a_n)} - (1 - \underbrace{a_{n+1}})$

$\qquad\qquad \boxed{\dfrac{1}{4}(a_n^2 + 3)(\text{①より})}$

$= \dfrac{1}{2} - \dfrac{1}{2}a_n - 1 + \dfrac{1}{4}(a_n^2 + 3)$

$= \dfrac{1}{4}(a_n^2 - 2a_n + 1)$

$= \dfrac{1}{4}(a_n - 1)^2 > 0$

$(\because ②より，a_n \neq 1)$

$\therefore 1 - a_{n+1} < \dfrac{1}{2}(1 - a_n)$ …③　は

成り立つ。……………………………(終)

(3) ③より，　> 等号を付けて，範囲を広げてもいい。

$1 - a_{n+1} \leqq \dfrac{1}{2} \cdot (1 - a_n)$ …③´

$\left[F(n+1) \leqq \dfrac{1}{2} \cdot F(n) \right]$

> これは不等式バージョンの等比関数列型漸化式の解法だね。

よって，

$1 - a_n \leqq (1 - \overset{0}{\boxed{a_1}}) \cdot \left(\dfrac{1}{2}\right)^{n-1}$

$\left[F(n) \leqq F(1) \cdot \left(\dfrac{1}{2}\right)^{n-1} \right]$

ここで，$a_n \leqq 1$ より，$1 - a_n \geqq 0$

> 等号を付けて範囲を広げてもいい。

$\therefore 0 \leqq 1 - a_n \leqq \left(\dfrac{1}{2}\right)^{n-1}$

よって，各辺に $n \to \infty$ の極限をとると，

$0 \leqq \displaystyle\lim_{n \to \infty}(1 - a_n) \leqq \lim_{n \to \infty}\underset{\underset{0}{\downarrow}}{\left(\dfrac{1}{2}\right)^{n-1}} = 0$

よって，はさみ打ちの原理より，

$\displaystyle\lim_{n \to \infty}(1 - a_n) = 0$

$\therefore \displaystyle\lim_{n \to \infty} a_n = 1$ である。…………(答)

67

数列 $\{a_n\}$ が, $a_1 = 2$, $a_{n+1} = \dfrac{3}{a_n} + 2$ ……① $(n = 1, 2, \cdots)$ をみたす。

(1) $a_n \geqq 2$ $(n = 1, 2, \cdots)$ を示せ。

(2) $\displaystyle\lim_{n \to \infty} a_n$ を求めよ。

（自治医大＊）

ヒント！　(2) これも，"刑コロ問題"なので，$\displaystyle\lim_{n \to \infty} a_n = \alpha$ と仮定して，α の値を推定してから，$|a_{n+1} - \alpha| \leqq r \cdot |a_n - \alpha|$ の形にもち込む。その際，(1) も利用する。

$$\begin{cases} a_1 = 2 \\ a_{n+1} = \dfrac{3}{a_n} + 2 \cdots\cdots ① \ (n = 1, 2, \cdots) \end{cases}$$

(1) $a_n \geqq 2$ ……(＊) $(n = 1, 2, \cdots)$
を数学的帰納法により示す。

（ⅰ）$n = 1$ のとき，$a_1 = 2 \geqq 2$
　　　∴ 成り立つ。

（ⅱ）$n = k$ のとき $(k = 1, 2, \cdots)$

　　　$a_k \geqq 2$ と仮定すると，①より，

$$a_{k+1} = \boxed{\dfrac{3}{a_k}}^{+} + 2 \geqq 2$$

以上（ⅰ）（ⅱ）より，すべての自然数 n に対して(＊)は成り立つ。
…………(終)

参考

$\displaystyle\lim_{n \to \infty} a_n = \alpha$ と仮定すると，$\displaystyle\lim_{n \to \infty} a_{n+1} = \alpha$
よって，$n \to \infty$ のとき①は，

$$\alpha = \dfrac{3}{\alpha} + 2, \quad \alpha^2 - 2\alpha - 3 = 0$$

$$(\alpha + 1)(\alpha - 3) = 0$$

　　∴ $\alpha = \underline{\underline{3}}$ （∵ $a_n \geqq 2$ より，$\alpha \geqq 2$）

よって，次の不等式を導けばいいね。

$$|a_{n+1} - \underline{\underline{3}}| \leqq r \cdot |a_n - \underline{\underline{3}}| \quad (0 < r < 1)$$

$$[F(n+1) \leqq r \cdot F(n)]$$

(2) ①の両辺から $\underline{\underline{3}}$ を引いて，

$$a_{n+1} - \underline{\underline{3}} = \dfrac{3}{a_n} + 2 - \underline{\underline{3}}$$

$$a_{n+1} - 3 = \dfrac{3}{a_n} - 1 = \dfrac{3 - a_n}{a_n}$$

この両辺の絶対値をとって，

$$|a_{n+1} - 3| = \left| \boxed{\dfrac{1}{a_n}}^{+} (3 - a_n) \right|$$

$$= \dfrac{1}{a_n} |a_n - 3| \leftarrow \boxed{∵ |3 - a_n| = |a_n - 3|}$$

　　　　　　$\boxed{0 \text{ 以上}}$

$a_n \geqq 2$ より，　$\dfrac{1}{a_n} \leqq \dfrac{1}{2}$

また，$|a_n - 3| \geqq 0$

∴ $|a_{n+1} - 3| \leqq \dfrac{1}{2} |a_n - 3|$ 　　"刑コロ"パターンになった！

$$[F(n+1) \leqq \dfrac{1}{2} \cdot F(n)]$$

$$|a_n - 3| \leqq \left| \boxed{a_1}^{2} - 3 \right| \cdot \left(\dfrac{1}{2}\right)^{n-1}$$

$$\left[F(n) \leqq F(1) \cdot \left(\dfrac{1}{2}\right)^{n-1} \right]$$

$$0 \leqq |a_n - 3| \leqq \left(\dfrac{1}{2}\right)^{n-1}$$

$$∴ 0 \leqq \lim_{n \to \infty} |a_n - 3| \leqq \lim_{n \to \infty} \left(\dfrac{1}{2}\right)^{n-1} = 0$$

よって，はさみ打ちの原理より，

$$\lim_{n \to \infty} |a_n - 3| = 0$$

$$∴ \lim_{n \to \infty} a_n = 3 \qquad\qquad\text{(答)}$$

演習
exercise
4 関数の極限

― テーマ ―

▶ 分数関数と無理関数

▶ 逆関数と合成関数

▶ 三角関数の極限
$$\left(\lim_{x \to 0} \frac{\sin x}{x} = 1, \ \lim_{x \to 0} \frac{1 - \cos x}{x^2} = \frac{1}{2} \ \text{など}\right)$$

▶ 指数・対数関数の極限
$$\left(\lim_{x \to 0} \frac{e^x - 1}{x} = 1, \ \lim_{x \to 0} \frac{\log(1 + x)}{x} = 1 \ \text{など}\right)$$

関数の極限 ●公式&解法パターン

1. 分数関数と無理関数

(1) 分数関数

(ⅰ) 基本形 : $y = \dfrac{k}{x}$ $\xrightarrow[\text{平行移動}]{(p, q)}$ (ⅱ) 標準形 : $y = \dfrac{k}{x-p} + q$

(2) 無理関数

(ⅰ) 基本形 : $y = \sqrt{ax}$ $\xrightarrow[\text{平行移動}]{(p, q)}$ (ⅱ) 標準形 : $y = \sqrt{a(x-p)} + q$

(3) 分数不等式の解法

(ⅰ) $\dfrac{B}{A} > 0 \Longleftrightarrow AB > 0$ (ⅱ) $\dfrac{B}{A} < 0 \Longleftrightarrow AB < 0$

(ⅲ) $\dfrac{B}{A} \geqq 0 \Longleftrightarrow AB \geqq 0$ かつ $A \neq 0$ (ⅳ) $\dfrac{B}{A} \leqq 0 \Longleftrightarrow AB \leqq 0$ かつ $A \neq 0$

2. 逆関数と合成関数

(1) 逆関数

$y = f(x)$ が **1 対 1** 対応の関数のとき,

$$y = f(x) \xleftarrow[\text{直線 } y=x \text{ に関し}]{\text{逆関数}} x = f(y) \longleftarrow \boxed{x \text{ と } y \text{ を入れ替える。}}$$

$$\text{て対称なグラフ} \quad y = \underline{f^{-1}(x)} \longleftarrow \boxed{\begin{array}{l} y = (x \text{ の式}) \text{ の形に}\\ \text{変形する。} \end{array}}$$

$$\boxed{f(x) \text{ の逆関数}}$$

(2) 合成関数

$$\begin{cases} t = f(x) & \cdots ① \\ y = g(t) & \cdots ② \end{cases}$$

①を②に代入して,

模式図

$$x \xrightarrow{\ f\ } t \xrightarrow{\ g\ } y$$

$$g \circ f$$

$$\boxed{\text{合成関数}}$$

$$y = g(f(x)) = \underset{\text{後}}{g} \circ \underset{\text{先}}{f}(x)$$

3. $\dfrac{0}{0}$ の不定形のイメージ

(1) $\dfrac{0.000000001}{0.03} \longrightarrow 0$（収束） $\left[\dfrac{\text{強い } 0}{\text{弱い } 0} \longrightarrow 0 \right]$

(2) $\dfrac{0.03}{0.000000002} \longrightarrow \infty$（発散） $\left[\dfrac{\text{弱い } 0}{\text{強い } 0} \longrightarrow \infty \right]$

(3) $\dfrac{0.00001}{0.00002} \longrightarrow \dfrac{1}{2}$（収束） $\left[\dfrac{\text{同じ強さの } 0}{\text{同じ強さの } 0} \longrightarrow \text{有限な値} \right]$

> この"強い **0**"や"弱い **0**"などの表現はあくまでもイメージをとらえる便宜上の表現で、数学的に正式なものではないので、答案には書いてはいけない。

4. 関数の極限の公式

(1) 三角関数の極限 (角度の単位はラジアン)

(i) $\lim\limits_{x \to 0} \dfrac{\sin x}{x} = 1$　　(ii) $\lim\limits_{x \to 0} \dfrac{\tan x}{x} = 1$　　(iii) $\lim\limits_{x \to 0} \dfrac{1 - \cos x}{x^2} = \dfrac{1}{2}$

(i) の証明　　　左図の面積の大小関係より,

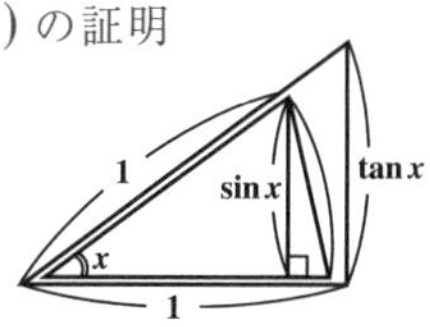

$$\frac{1}{2} \cdot 1 \cdot \sin x < \frac{1}{2} \cdot 1^2 \cdot x < \frac{1}{2} \cdot 1 \cdot \tan x$$

$$\left[\quad \triangle \quad < \quad \triangle \quad < \quad \triangle \quad \right]$$

$\therefore \underset{(ア)}{\underline{\sin x \leqq x}} \leqq \underset{(イ)}{\underline{\dfrac{\sin x}{\cos x}}}$　　ここで, $0 < x < \dfrac{\pi}{2}$ より, $\cos x > 0$

よって, (ア) から, $\dfrac{\sin x}{x} \leqq 1$　　(イ) から, $\cos x \leqq \dfrac{\sin x}{x}$

以上より, $\underset{\boxed{1}}{\underline{\cos x}} \leqq \dfrac{\sin x}{x} \leqq 1$

ここで $x \to +0$ のとき, はさみ打ちの原理より,

$\lim\limits_{x \to +0} \dfrac{\sin x}{x} = 1$ となる。(これは $x \to -0$ のときも同様)

(2) 指数関数・対数関数に関連した極限

(i) $\lim\limits_{x \to \pm\infty} \left(1 + \dfrac{1}{x} \right)^x = e$　　　　(ii) $\lim\limits_{h \to 0} (1 + h)^{\frac{1}{h}} = e$

(iii) $\lim\limits_{x \to 0} \dfrac{e^x - 1}{x} = 1$　　　　　(iv) $\lim\limits_{x \to 0} \dfrac{\log (1 + x)}{x} = 1$

5. 関数の連続性

関数 $f(x)$ が $x = a$ で連続 $\iff \lim\limits_{x \to a - 0} f(x) = \lim\limits_{x \to a + 0} f(x) = f(a)$

6. 中間値の定理

区間 $[a, b]$ で連続な関数 $f(x)$ について, $f(a) \neq f(b)$ ならば, $f(a)$ と $f(b)$ の間の実数 k に対して, $f(c) = k$ をみたす c が, a と b の間に少なくとも 1 つ存在する。

71

実力アップ問題 45　難易度 ★　CHECK*1*　CHECK*2*　CHECK*3*

次の問いに答えよ。

(1) 不等式 $\sqrt{7x-3} \leqq \sqrt{-x^2+5x}$ を解け。　　（大阪薬大）

(2) $y=ax+1$ が，$y=-\sqrt{x-1}$ と異なる **2** つの交点をもつような a の値の範囲を求めよ。　　（札幌大）

ヒント！ **(1)** まず，（根号内の式）$\geqq 0$ の条件を忘れずに求める。**(2)** は，グラフを利用すると，a のとり得る値の範囲が見えてくるはずだ。

---

(1) $\sqrt{7x-3} \leqq \sqrt{-x^2+5x}$ ………①

（ i ）$7x-3 \geqq 0$ より，$\dfrac{3}{7} \leqq x$ ←　$\sqrt{\ }$内は 0 以上

（ⅱ）$-x^2+5x \geqq 0$ より，$x^2-5x \leqq 0$

　　　$x(x-5) \leqq 0$　　∴ $0 \leqq x \leqq 5$

（ⅲ）①の両辺は 0 以上より，①の両辺を 2 乗しても，大小関係に変化はないので，

　　　$7x-3 \leqq -x^2+5x$　　$0 \leqq A \leqq B$ ならば，$A^2 \leqq B^2$

　　　$x^2+2x-3 \leqq 0$

　　　$(x+3)(x-1) \leqq 0$　　∴ $-3 \leqq x \leqq 1$

以上（ i ）（ⅱ）（ⅲ）より，求める x の範囲は，

$\dfrac{3}{7} \leqq x \leqq 1$ …（答）

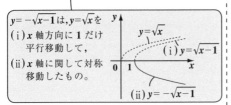

(2) $\begin{cases} y=ax+1 & \cdots\cdots② \\ y=-\sqrt{x-1} & \cdots\cdots③ \end{cases}$

$y=-\sqrt{x-1}$ は，$y=\sqrt{x}$ を
(i) x 軸方向に 1 だけ平行移動して，
(ⅱ) x 軸に関して対称移動したもの。

点 $(0, 1)$ を通る傾き a の直線②と，③の曲線が 2 点で交わる様子を右図に示す。

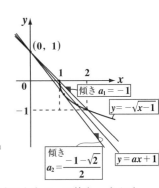

（ i ）図より明らかに，$a \leqq \boxed{-1}$

（ⅱ）②，③が接するときの a の値を a_2 とおく。②，③より y を消去して，

$ax+1 = -\sqrt{x-1}$

両辺を 2 乗して，

$a^2x^2+2ax+1 = x-1$

$a^2x^2+(2a-1)x+2 = 0$

この判別式を D とおくと，

$D = \boxed{(2a-1)^2-8a^2 = 0}$

$-4a^2-4a+1 = 0,\ 4a^2+4a-1 = 0$

$a = \dfrac{-2\pm\sqrt{8}}{4} = \dfrac{-1\pm\sqrt{2}}{2}$

∴ $a_2 = \dfrac{-1-\sqrt{2}}{2}$　（∵ $a_2 < 0$）

以上（ i ）（ⅱ）より，求める a の値の範囲は，

$\dfrac{-1-\sqrt{2}}{2} < a \leqq -1$　………（答）

実力アップ問題46　難易度 ★★　CHECK 1　CHECK 2　CHECK 3

次の不等式を解け。

(1) $x \leqq \dfrac{x+6}{x}$ 　　　　　　　　　　　　(大阪女子大)

(2) $x > \dfrac{1}{x-2a}$ 　　(a：実数) 　　　　　(実践女子大)

ヒント！　**(1)(2)** 共に分数不等式の問題なので，分数不等式の解法のパターンに従って変形すると，**3** 次不等式が導けるよ。

基本事項

分数不等式

(i) $\dfrac{B}{A} > 0 \Longleftrightarrow AB > 0$ 　　両辺に $A^2(>0)$ をかける

(ii) $\dfrac{B}{A} < 0 \Longleftrightarrow AB < 0$

(iii) $\dfrac{B}{A} \geqq 0 \Longleftrightarrow AB \geqq 0$ かつ $A \neq 0$

(iv) $\dfrac{B}{A} \leqq 0 \Longleftrightarrow AB \leqq 0$ かつ $A \neq 0$

(1) $x \leqq \dfrac{x+6}{x}$ 　これを変形して，

$x - \dfrac{x+6}{x} \leqq 0$ 　　$\dfrac{B}{A} \leqq 0$ より，$AB \leqq 0$ かつ $A \neq 0$

$\dfrac{x^2 - x - 6}{x} \leqq 0$

(i) $x(x^2 - x - 6) \leqq 0$ かつ (ii) $x \neq 0$

(i) より，$x(x-3)(x+2) \leqq 0$

$y = x(x-3)(x+2)$ と考えて，$y \leqq 0$ となる x の範囲が (i) の解。

$\therefore x \leqq -2,\ 0 \leqq x \leqq 3$

これと (ii) より，求める解は，

$x \leqq -2,\ 0 < x \leqq 3$ ……………(答)

(2) $x > \dfrac{1}{x - 2a}$ 　これを変形して，

$x - \dfrac{1}{x - 2a} > 0$

$\dfrac{x^2 - 2ax - 1}{x - 2a} > 0$

$(x - 2a)(x^2 - 2ax - 1) > 0$ ……①

ここで，

$(x - 2a)(x^2 - 2ax - 1) = 0$ の解は，

$x = 2a,\ a \pm \sqrt{a^2 + 1}$

a の正，負，0 に関わらず，

$\boxed{-\sqrt{a^2+1} < -\sqrt{a^2}}$ 　　$\boxed{\sqrt{a^2} < \sqrt{a^2+1}}$

$\boxed{-|a|} \leqq a \leqq \boxed{|a|}$ となる。

$\therefore -\sqrt{a^2+1} < a < \sqrt{a^2+1}$

各辺に a をたして，

$a - \sqrt{a^2+1} < 2a < a + \sqrt{a^2+1}$

ゆえに，①の左辺を $f(x)$ とおくと，$y = f(x)$ のグラフは，右図のようになる。

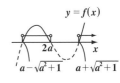

これより，求める分数不等式，すなわち①の解は，

$a - \sqrt{a^2+1} < x < 2a,\ a + \sqrt{a^2+1} < x$

…………(答)

不等式 $\sqrt{a^2 - x^2} > ax - a$ …① を解け。ただし，a は定数で，$a \neq 0$ とする。

(旭川医大)

ヒント！①を分解して，2 つの関数 $y = \sqrt{a^2 - x^2}$，$y = ax - a$ とし，グラフを利用して解けばいい。(ここで，円 : $x^2 + y^2 = a^2$ を変形して，$y^2 = a^2 - x^2$，$y = \pm\sqrt{a^2 - x^2}$ となるので，$y = \sqrt{a^2 - x^2}$ は上半円 ($y = -\sqrt{a^2 - x^2}$ は下半円) を表すんだね。)

①を分解した次の 2 つの関数

$$\begin{cases} y = f(x) = \sqrt{a^2 - x^2} \quad (y \geqq 0, \ a \neq 0) \\ \qquad \boxed{\text{半径}|a|\text{の上半円}} \\ y = g(x) = ax - a \quad (a \neq 0) \end{cases}$$

$\boxed{\text{傾き } a, y \text{切片} -a \text{の直線}}$

のグラフを利用して，①の不等式を解く。

a は 0 ではないが，正・負の値を取り得ることに注意すると，図 (i)〜 (iv) の 4 つに場合分けする必要があることが分かるはずだ。

(i) $a < -1$ のとき，

図 (i) より，$f(x) > g(x)$ ……①

をみたす x の範囲は，

$0 < x \leqq -a$ …………………(答)

(ii) $-1 \leqq a < 0$ のとき，

まず，$f(x) = g(x)$，すなわち

$\sqrt{a^2 - x^2} = ax - a$ ……②を解く。

②の両辺を 2 乗して，

$a^2 - x^2 = (ax - a)^2$

$a^2 - x^2 = a^2 x^2 - 2a^2 x + a^2$

$x\{(a^2 + 1)x - 2a^2\} = 0$

$\therefore x = 0$，または $\dfrac{2a^2}{a^2 + 1}$

$\boxed{y = f(x) \text{ と } y = g(x) \text{ の共有点の} \\ x \text{ 座標}}$

よって，図 (ii) より，$f(x) > g(x)$ …①

をみたす x の範囲は，

$0 < x < \dfrac{2a^2}{a^2 + 1}$ …………………(答)

(iii) $0 < a < 1$ のとき，

図 (iii) より，$f(x) > g(x)$ ……①

をみたす x の範囲は，

$-a \leqq x \leqq a$ …………………(答)

(iv) $1 \leqq a$ のとき，

図 (iv) より，$f(x) > g(x)$ ……①

をみたす x の範囲は，

$-a \leqq x < \dfrac{2a^2}{a^2 + 1}$ …………………(答)

図 (i) $a < -1$

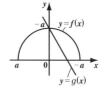

図 (ii) $-1 \leqq a < 0$

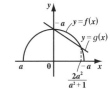

図 (iii) $0 < a < 1$

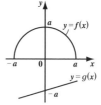

図 (iv) $1 \leqq a$

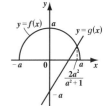

実力アップ問題48　難易度 ★★　CHECK *1*　CHECK *2*　CHECK *3*

関数 $f(x) = \dfrac{2x+a}{x+1}$, $g(x) = \dfrac{3x+b}{x+c}$ を考える。ただし, a, b, c は定数とする。

関数 $y = f \circ g(x)$ の表す曲線を C とする。曲線 C は, 双曲線 $y = \dfrac{9}{x}$ を平行移動したものであり, 2 直線 $x = -2$, $y = 3$ を漸近線にもつものとする。

(1) a, b, c の値を求めよ。

(2) 不等式 $g(x) + x + 8 \leq 0$ を解け。　　　　　（近畿大＊）

ヒント! (1) 合成関数 $f \circ g(x)$ は, $f(g(x))$ のことだね。

(2) 分数不等式の解法パターンに従って, 3 次不等式を導こう。

(1) $f(x) = \dfrac{2x+a}{x+1}$, $\quad g(x) = \dfrac{3x+b}{x+c}$

（ⅰ）合成関数で表される曲線 C は,

$$y = f \circ g(x) = f(g(x))$$

$$= \frac{2g(x)+a}{g(x)+1} = \frac{\dfrac{2(3x+b)}{x+c}+a}{\dfrac{3x+b}{x+c}+1}$$

$$= \frac{6x+2b+a(x+c)}{3x+b+x+c}$$

$$\therefore y = \frac{(a+6)x+2b+ac}{4x+b+c} \quad \cdots\cdots ①$$

（ⅱ）曲線 C は, $y = \dfrac{9}{x}$ をベクトル $(-2, 3)$ だけ平行移動したものより,

$$y - 3 = \frac{9}{x+2}$$

$$y = \frac{9}{x+2} + 3 = \frac{9+3(x+2)}{x+2}$$

$$\therefore y = \frac{12x+60}{4x+8} \quad \cdots\cdots ②$$

①の分母の x の係数 4 に合わせるために, ②の分子・分母に 4 をかけた。

①, ②の各係数を比較して,

$$\begin{cases} a+6 = 12 \\ 2b+ac = 60 \\ b+c = 8 \end{cases}$$

$$\begin{cases} a = 6 \\ b+3c = 30 \\ b+c = 8 \end{cases} \therefore c = 11, \ b = -3$$

これを解いて,

$a = 6, \ b = -3, \ c = 11$ ……………（答）

(2) このとき,

$$g(x) + x + 8 \leq 0, \quad \frac{3x-3}{x+11} + x + 8 \leq 0$$

$$\frac{3x-3+(x+11)(x+8)}{x+11} \leq 0$$

$$\frac{\boxed{x^2+22x+85}}{x+11} \leq 0 \overset{(x+5)(x+17)}{} \quad \left[\frac{B}{A} \leq 0\right]$$

$$\begin{cases} (x+11)(x+5)(x+17) \leq 0 \\ \text{かつ } x+11 \neq 0 \end{cases} \begin{bmatrix} AB \leq 0 \\ \text{かつ } A \neq 0 \end{bmatrix}$$

以上より,

$x \leq -17$,

$-11 < x \leq -5$

…………（答）

$y = (x+17)(x+11)(x+5)$

$0 \leqq x \leqq 1$ で定義された関数 $f(x) = |2x - 1|$ について，次の問いに答えよ。

(1) $y = f(f(x))$ のグラフをかけ。

(2) $f(f(f(x))) = x$ となる x の個数を求めよ。　　（北海道大）

ヒント！ (1) $y = g(x) = f(f(x))$ とおいて，場合分けにより，グラフを求める。
(2) $f(g(x)) = x$ と考えるといい。

(1) $f(x) = |2x - 1|$ $(0 \leqq x \leqq 1)$

　$y = g(x) = f(f(x))$ $(0 \leqq x \leqq 1)$ とおく。

　$g(x) = |2\underset{\sim}{f(x)} - 1|$

　　　　　　　　　　　（i）0以下 （ii）0以上

　$= \left| 2\boxed{|2x - 1|} - 1 \right|$

　$= \begin{cases} |2(2x - 1) - 1| & (2x - 1 \geqq 0) \\ |-2(2x - 1) - 1| & (2x - 1 \leqq 0) \end{cases}$

　$= \begin{cases} |4x - 3| & \left((\text{ii}) \dfrac{1}{2} \leqq x \right) \\ |4x - 1| & \left((\text{i}) x \leqq \dfrac{1}{2} \right) \end{cases}$

　$\boxed{|-4x + 1| \text{ のこと}}$

　$\boxed{|-3| = |3| \text{ のように，絶対値内} \\ \text{の符号は変えてもかまわない。}}$

（i）$0 \leqq x \leqq \dfrac{1}{2}$ のとき，

　　　　　　　　　　0以下か，0以上

　$g(x) = \left| \boxed{4x - 1} \right|$

　$= \begin{cases} -4x + 1 & \left(0 \leqq x \leqq \dfrac{1}{4} \right) \\ 4x - 1 & \left(\dfrac{1}{4} \leqq x \leqq \dfrac{1}{2} \right) \end{cases}$

（ii）$\dfrac{1}{2} \leqq x \leqq 1$ のとき，

　　　　　　　　　　0以下か，0以上

　$g(x) = \left| \boxed{4x - 3} \right|$

$= \begin{cases} -4x + 3 & \left(\dfrac{1}{2} \leqq x \leqq \dfrac{3}{4} \right) \\ 4x - 3 & \left(\dfrac{3}{4} \leqq x \leqq 1 \right) \end{cases}$

以上 (i)(ii) より，
$y = g(x)$ のグラフ
は，右図のように
なる。
………(答)

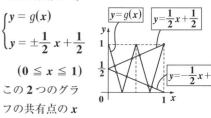
$y = 4x - 1$
$y = -4x + 3$
$y = 4x - 3$
$y = -4x + 1$

(2) 方程式 $f(\boxed{f(f(x))}) = x \cdots$ ①
　　　　　　　　　　　　$g(x)$

①を変形して，

　$f(g(x)) = x$，　$|2g(x) - 1| = x$

　$2g(x) - 1 = \pm x$，　$g(x) = \pm \dfrac{1}{2}x + \dfrac{1}{2}$

これを分解して，

$\begin{cases} y = g(x) \\ y = \pm \dfrac{1}{2}x + \dfrac{1}{2} \end{cases}$

$(0 \leqq x \leqq 1)$

$y = g(x)$　$y = \dfrac{1}{2}x + \dfrac{1}{2}$

$y = -\dfrac{1}{2}x + \dfrac{1}{2}$

この 2 つのグラ
フの共有点の x
座標が，①をみたす実数解 x より，
グラフから，求める実数解の個数は，
8 個である。 ………………(答)

実力アップ問題50　難易度 ★★　CHECK *1*　CHECK *2*　CHECK *3*

次の各極限の式をみたすような a, b の値を求めよ。

(1) $\lim\limits_{x \to 1} \dfrac{a\sqrt{x} - b}{x - 1} = 2$ ………………①　　　　　（摂南大）

(2) $\lim\limits_{x \to 8} \dfrac{a x^2 + bx + 8}{\sqrt[3]{x} - 2} = 84$ ………②　　　　　（東北学院大）

ヒント！ (1)(2) 共に，分母 $\to 0$ となるにも関わらず，右辺の極限値が存在する。よって，分子 $\to 0$ となる。

(1) $x \to 1$ のとき，①の左辺は，

$$\begin{cases} \text{分母}: x - 1 \to 1 - 1 = 0 \text{ より，} \\ \text{分子}: a\sqrt{x} - b \to a\sqrt{1} - b = 0 \end{cases}$$

分母 $\to 0$ のとき，分子が 0 以外のものに近づくと，極限は発散して，2 に収束することはない。

$\therefore b = a$ …………③

③を①の左辺に代入して，

左辺 $= \lim\limits_{x \to 1} \dfrac{a\sqrt{x} - a}{x - 1}$

$= \lim\limits_{x \to 1} \dfrac{a(\sqrt{x} - 1)}{(\sqrt{x} - 1)(\sqrt{x} + 1)}$ 　$\dfrac{0}{0}$ の要素が消えた！

$= \lim\limits_{x \to 1} \dfrac{a}{\sqrt{x} + 1}$

$= \boxed{\dfrac{a}{2} = 2} =$ 右辺

$\therefore a = 4$ 　　③より，$b = 4$

以上より，$a = 4, b = 4$ …………（答）

(2) $x \to 8$ のとき，②の左辺は，

$$\begin{cases} \text{分母}: \sqrt[3]{x} - 2 \to \sqrt[3]{8} - 2 = 0 \text{ より，} \\ \text{分子}: ax^2 + bx + 8 \to 64a + 8b + 8 = 0 \end{cases}$$

$\therefore 8(8a + b + 1) = 0$ より，

$b = -8a - 1$ …………④

④を②の左辺に代入して，

左辺 $= \lim\limits_{x \to 8} \dfrac{ax^2 - (8a+1)x + 8}{\sqrt[3]{x} - 2}$

注意！

分子 $= ax^2 - (8a+1)x + 8$

a ＼ -1
1 ＼ -8

$= (ax - 1)(x - 8)$

$= (ax - 1)\{(x^{\frac{1}{3}})^3 - 2^3\}$

$= (ax - 1)(x^{\frac{1}{3}} - 2)$
　　　　$\times (x^{\frac{2}{3}} + 2x^{\frac{1}{3}} + 4)$

$= \lim\limits_{x \to 8} \dfrac{(ax-1)(\sqrt[3]{x} - 2)(x^{\frac{2}{3}} + 2x^{\frac{1}{3}} + 4)}{\sqrt[3]{x} - 2}$

$= \lim\limits_{x \to 8} (ax - 1)(x^{\frac{2}{3}} + 2x^{\frac{1}{3}} + 4)$

$= (8a - 1)(8^{\frac{2}{3}} + 2 \cdot 8^{\frac{1}{3}} + 4)$ 　$(2^3)^{\frac{2}{3}} = 2^2 = 4$ 　$(2^3)^{\frac{1}{3}} = 2$

$= \boxed{12(8a - 1) = 84} =$ 右辺

$\therefore 8a - 1 = 7$ より，$a = 1$

これを④に代入して，

$b = -8 - 1 = -9$

以上より，$a = 1$，$b = -9$ ………（答）

次の極限を求めよ。

(1) $\displaystyle\lim_{x \to 0} \frac{\sin(2\sin x)}{3x \cdot (1 + 2x)}$ （九州歯大）　(2) $\displaystyle\lim_{x \to \pi} \frac{x - \pi}{\tan x}$

(3) $\displaystyle\lim_{x \to 0} \frac{\tan x}{2x + x^3}$　(4) $\displaystyle\lim_{x \to 0} \frac{1 - \cos 4x}{x^2}$ （防衛大）

(5) $\displaystyle\lim_{x \to \infty} \left(1 + \frac{4}{x}\right)^{\frac{x}{2}}$　(6) $\displaystyle\lim_{x \to 0} \frac{\log(1 + 2x)}{x}$

ヒント！ 関数の極限の基本問題。公式を利用して解く。

基本事項

関数の極限の基本公式

(i) $\displaystyle\lim_{x \to 0} \frac{\sin x}{x} = 1$　(ii) $\displaystyle\lim_{x \to 0} \frac{\tan x}{x} = 1$

(iii) $\displaystyle\lim_{x \to 0} \frac{1 - \cos x}{x^2} = \frac{1}{2}$　(iv) $\displaystyle\lim_{x \to \pm\infty} \left(1 + \frac{1}{x}\right)^x = e$

(v) $\displaystyle\lim_{x \to 0} \frac{\log(1 + x)}{x} = 1$

(1) $\displaystyle\lim_{x \to 0} \frac{\sin(2\sin x)}{3x \cdot (1 + 2x)}$

$= \displaystyle\lim_{x \to 0} \frac{\sin(\boxed{2\sin x})^t}{\boxed{2\sin x}_t} \cdot \frac{\sin x}{x} \cdot \frac{2}{3(1 + 2\boxed{x})}$

$\underset{1}{}\quad\underset{1}{}\quad\underset{0}{}$

$\boxed{2\sin x = t \text{ とおくと, } x \to 0 \text{ のとき } t \to 0}$

$= 1 \times 1 \times \dfrac{2}{3 \cdot (1 + 0)} = \dfrac{2}{3}$ ……(答)

(2) $x - \pi = t$ とおくと, $[x = \pi + t]$

　$x \to \pi$ のとき $t \to 0$ より,

$\displaystyle\lim_{x \to \pi} \frac{x - \pi}{\tan x} = \lim_{t \to 0} \frac{t}{\underset{\tan t}{\tan(\pi + t)}}$

$= \displaystyle\lim_{t \to 0} \frac{t}{\boxed{\tan t}}^{1} = 1$ ………(答)

(3) $\displaystyle\lim_{x \to 0} \frac{\tan x}{x(2 + x^2)} = \lim_{x \to 0} \boxed{\frac{\tan x}{x}} \cdot \frac{1}{2 + \boxed{x^2}}$

$\underset{1}{}\qquad\qquad\underset{0}{}$

$= 1 \times \dfrac{1}{2 + 0} = \dfrac{1}{2}$ ……………(答)

(4) $\displaystyle\lim_{x \to 0} \frac{1 - \cos 4x}{x^2} = \lim_{x \to 0} \boxed{\frac{1 - \cos \boxed{4x}^t}{(\boxed{4x})^2}} \times 16$

$\underset{\frac{1}{2}}{}$

$\boxed{4x = t \text{ とおくと, } x \to 0 \text{ のとき } t \to 0}$

$= \dfrac{1}{2} \times 16 = 8$ ………………(答)

(5) $\displaystyle\lim_{x \to \infty} \left(1 + \frac{4}{x}\right)^{\frac{x}{2}} = \lim_{x \to \infty} \left\{\left(1 + \frac{1}{\boxed{\frac{x}{4}}}\right)^{\boxed{\frac{x}{4}}^t}\right\}^2$

$\boxed{\dfrac{x}{4} = t \text{ とおくと, } x \to \infty \text{ のとき } t \to \infty}$

$= e^2$ …………………(答)

(6) $\displaystyle\lim_{x \to 0} \frac{\log(1 + 2x)}{x}$　$\boxed{\begin{array}{l}2x = t \text{ とおくと,}\\ x \to 0 \text{ のとき } t \to 0\end{array}}$

$= \displaystyle\lim_{x \to 0} \frac{\log(1 + \boxed{2x}^t)}{\boxed{2x}_t} \cdot 2$

$= 1 \times 2 = 2$ ………………(答)

| 実力アップ問題52 | 難易度 ★★ | CHECK *1* | CHECK*2* | CHECK*3* |

$$\lim_{x \to 0} \frac{a\cos^2 x + (3b+2)\sin x - 2a + b + 1}{\sin^3 x + a\cos^2 x - a} = c \quad となるように実数の定数$$

a, b, c の値を定めよ。

(東京理科大)

ヒント! $x \to 0$ のとき，分母 $\to 0$ となるにも関わらず，この極限が c に収束するので，当然，分子 $\to 0$ とならなければならない。

$x \to 0$ のとき，与式の左辺は，

分母：$\sin^3 x + a\cos^2 x - a \to 0^3 + a \cdot 1^2 - a$
$= a - a = 0$

よって，

分子：$a\cos^2 x + (3b+2)\sin x - 2a + b + 1$
$\to a \cdot 1^2 + (3b+2)\cdot 0 - 2a + b + 1$
$= \boxed{-a + b + 1 = 0}$

$\therefore b = a - 1 \cdots\cdots$①

①を与式の左辺に代入して，

$$\lim_{x \to 0} \frac{a\cos^2 x + (\overset{\boxed{3b+2}}{\boxed{3a-1}})\sin x \overset{\boxed{-2a+b+1}}{\boxed{-a}}}{\sin^3 x + a\cos^2 x - a}$$

$$= \lim_{x \to 0} \frac{-a(\overset{\boxed{\sin^2 x}}{\boxed{1-\cos^2 x}}) + (3a-1)\sin x}{\sin^3 x - a(\underset{\boxed{\sin^2 x}}{\boxed{1-\cos^2 x}})}$$

$$= \lim_{x \to 0} \frac{-a\sin^2 x + (3a-1)\sin x}{\sin^3 x - a\sin^2 x}$$

$$= \lim_{x \to 0} \frac{\sin x(3a - 1 - a\sin x)}{\sin^2 x(\sin x - a)}$$

$$= \lim_{x \to 0} \frac{3a - 1 - a\sin x}{\sin x(\sin x - a)} \cdots\cdots$$②

$x \to 0$ のとき，②は，

分母：$\sin x \cdot (\sin x - a) \to 0 \cdot (0 - a) = 0$
よって，

分子：$3a - 1 - a\sin x \to \boxed{3a - 1 - a \cdot 0 = 0}$

$3a - 1 = 0 \quad \therefore a = \frac{1}{3} \cdots\cdots$③

③を①に代入して，

$b = \frac{1}{3} - 1 = -\frac{2}{3}$

このとき，②の極限値，すなわち c の値は，

$$c = \lim_{x \to 0} \frac{\overset{0}{\overbrace{3a-1}} - a\sin x}{\sin x(\sin x - a)}$$

$$= \lim_{x \to 0} \frac{-\frac{1}{3}\sin x}{\sin x(\sin x - \frac{1}{3})}$$

$$= \lim_{x \to 0} \frac{-1}{3\boxed{\sin x} - 1}$$

分子・分母に3をかけた！

$$= \frac{-1}{3 \times 0 - 1} = \frac{-1}{-1} = 1$$

以上より，$a = \frac{1}{3}$，$b = -\frac{2}{3}$，$c = 1$

$\cdots\cdots$(答)

次の問いに答えよ。

(1) $f(x) = \displaystyle\lim_{n \to \infty} \dfrac{x^{2n} - x^{2n-1} + ax^2 + bx}{x^{2n}+1}$ を求めよ。

(2) 関数 $f(x)$ がすべての x で連続であるように a, b の値を定めよ。

ヒント！ **(1)** x の範囲を 4 通りに場合分けして，$f(x)$ を求める。
(2) $x = 1, -1$ で $f(x)$ が連続となるようにする。

基本事項

$\displaystyle\lim_{n \to \infty} r^n$ の問題の 4 つの場合分け

(i) $-1 < r < 1$ のとき，$\displaystyle\lim_{n \to \infty} r^n = 0$

(ii) $r = 1$ のとき，　$\displaystyle\lim_{n \to \infty} 1^n = 1$

(iii) $r = -1$ のとき，$\displaystyle\lim_{n \to \infty} (-1)^n$ は発散する。

(iv) $r < -1, \ 1 < r$ のとき，$\displaystyle\lim_{n \to \infty} \left(\dfrac{1}{r}\right)^n = 0$

(1) $f(x) = \displaystyle\lim_{n \to \infty} \dfrac{x^{2n} - x^{2n-1} + ax^2 + bx}{x^{2n}+1}$

について，

(i) $-1 < x < 1$ のとき，

$$f(x) = \lim_{n \to \infty} \frac{\overbrace{x^{2n}}^{0} - \overbrace{x^{2n-1}}^{0} + ax^2 + bx}{\underbrace{x^{2n}}_{0}+1}$$

$$= \frac{ax^2 + bx}{1} = ax^2 + bx$$

(ii) $x = 1$ のとき，

$$f(1) = \lim_{n \to \infty} \frac{\overbrace{1^{2n}}^{1} - \overbrace{1^{2n-1}}^{1} + a \cdot 1^2 + b \cdot 1}{\underbrace{1^{2n}}_{1}+1}$$

$$= \frac{\cancel{1} - \cancel{1} + a + b}{1 + 1} = \frac{a+b}{2}$$

(iii) $x = -1$ のとき，

$$f(-1) = \lim_{n \to \infty} \frac{\overbrace{(-1)^{2n}}^{1} - \overbrace{(-1)^{2n-1}}^{-1} + a(-1)^2 + b(-1)}{\underbrace{(-1)^{2n}}_{1}+1}$$

$$= \frac{1 + 1 + a - b}{1 + 1} = \frac{a - b + 2}{2}$$

注意！

$\displaystyle\lim_{n \to \infty} (-1)^n$ は 1 と -1 の値を交互にとって振動し続けて，発散するが，$(-1)^{2n}$ と $(-1)^{2n-1}$ はそれぞれ $(-1)^{(偶数)}$，$(-1)^{(奇数)}$ となるので，$n \to \infty$ のとき，それぞれ $1, -1$ に収束する。

(iv) $x < -1, \ 1 < x$ のとき，

$$f(x) = \lim_{n \to \infty} \frac{1 - x^{-1} + a \overbrace{\left(\dfrac{1}{x}\right)^{2n-2}}^{0} + b \overbrace{\left(\dfrac{1}{x}\right)^{2n-1}}^{0}}{1 + \underbrace{\left(\dfrac{1}{x}\right)^{2n}}_{0}}$$

分子・分母を x^{2n} で割った！

$$= \frac{1 - x^{-1}}{1} = 1 - \frac{1}{x}$$

以上 (i)〜(iv)より,

$$f(x) = \begin{cases} ax^2 + bx & (-1 < x < 1) \\ \dfrac{a+b}{2} & (x = 1) \\ \dfrac{a-b+2}{2} & (x = -1) \\ 1 - \dfrac{1}{x} & (x < -1, \ 1 < x) \end{cases}$$ ......(答)

基本事項

関数の連続性

関数 $y = f(x)$ が $x = a$ で連続となるための条件は

$$\lim_{x \to a-0} f(x) = \lim_{x \to a+0} f(x) = f(a)$$

(2)

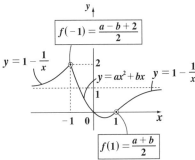

$$f(-1) = \frac{a-b+2}{2}$$

$$y = 1 - \frac{1}{x}$$

$$y = ax^2 + bx \quad y = 1 - \frac{1}{x}$$

$$f(1) = \frac{a+b}{2}$$

(1) の結果より,関数 $y = f(x)$ がすべての x で連続となるためには,上図に示すように,

$$\begin{cases} (i) \ x = -1 \text{ で連続, かつ} \\ (ii) \ x = 1 \text{ で連続, となればよい。} \end{cases}$$

(i) $x = -1$ で $y = f(x)$ が連続となるための条件は,

$$\lim_{x \to -1-0} \boxed{f(x)} = \lim_{x \to -1+0} \boxed{f(x)} = \boxed{f(-1)}$$
$$\boxed{1 - \frac{1}{x}} \qquad \boxed{ax^2 + bx} \qquad \boxed{\frac{a-b+2}{2}}$$

$$\lim_{x \to -1-0}\left(1 - \boxed{\frac{1}{x}}^{\,-1}\right) = \lim_{x \to -1+0}(a\boxed{x^2}^{\,1} + b\boxed{x}^{\,-1})$$
$$= \frac{a-b+2}{2}$$

$$2 = a - b = \frac{a-b+2}{2}$$

$$\therefore \ a - b = 2 \ \cdots\cdots\cdots ①$$

(ii) $x = 1$ で $y = f(x)$ が連続となるための条件は,

$$\lim_{x \to 1-0} \boxed{f(x)} = \lim_{x \to 1+0} \boxed{f(x)} = \boxed{f(1)}$$
$$\boxed{ax^2 + bx} \qquad \boxed{1 - \frac{1}{x}} \qquad \boxed{\frac{a+b}{2}}$$

$$\lim_{x \to 1-0}(a\boxed{x^2}^{\,1} + b\boxed{x}^{\,1}) = \lim_{x \to 1+0}\left(1 - \boxed{\frac{1}{x}}^{\,1}\right)$$
$$= \frac{a+b}{2}$$

$$a + b = 0 = \frac{a+b}{2}$$

$$\therefore \ a + b = 0 \ \cdots\cdots\cdots ②$$

①+②より, $2a = 2$ $\therefore \ a = 1$

これを②に代入して,

$$1 + b = 0 \quad \therefore \ b = -1$$

以上より, 求める a, b の値は,

$$a = 1, \ b = -1 \ \cdots\cdots\cdots\cdots\cdots (答)$$

無限級数の和として，次の関数を定義する。

$$f(x) = \cos^2 x + \frac{\cos^2 x}{1 + \cos^2 x} + \frac{\cos^2 x}{(1 + \cos^2 x)^2} + \frac{\cos^2 x}{(1 + \cos^2 x)^3} + \cdots \cdots \quad (0 \leqq x \leqq 2\pi)$$

この $f(x)$ の連続性を調べ，$y = f(x)$ のグラフの概形を描け。

> **ヒント！** $f(x)$ は初項 $a = \cos^2 x$，公比 $r = \dfrac{1}{1 + \cos^2 x}$ の無限等比級数として定義される関数なので，まず，(i) $a = 0$ と (ii) $a \neq 0$ の場合分けが必要となる。

$f(x)$ は，区間 $0 \leqq x \leqq 2\pi$ で定義される初項 $a = \cos^2 x$，公比 $r = \dfrac{1}{1 + \cos^2 x}$ の無限等比級数である。よって，

(i) $a = \cos^2 x = 0$ の場合，

$\cos x = 0 \quad (0 \leqq x \leqq 2\pi)$

よって，$x = \dfrac{\pi}{2}, \dfrac{3}{2}\pi$

このとき，$f(x) = 0$ である。

> $f(x) = 0 + \dfrac{0}{1+0} + \dfrac{0}{(1+0)^2} + \cdots\cdots$ だからね。

(ii) $a = \cos^2 x \neq 0$ の場合，

$0 \leqq x \leqq 2\pi \left(x = \dfrac{\pi}{2} \text{ と } \dfrac{3}{2}\pi \text{ を除く} \right)$

$0 < \cos^2 x \leqq 1$ より，公比 $r = \dfrac{1}{1 + \cos^2 x}$ は収束条件：$-1 < r < 1$ をみたす。よって，

$$f(x) = \frac{a}{1 - r} = \frac{\cos^2 x}{1 - \dfrac{1}{1 + \cos^2 x}} \quad \text{より}$$

> 無限等比級数 $a + ar + ar^2 + \cdots\cdots$

$$= \frac{\cos^2 x}{\dfrac{1 + \cos^2 x - 1}{1 + \cos^2 x}} = 1 + \underbrace{\cos^2 x}_{\frac{1}{2}(1 + \cos 2x)}$$

$$\therefore f(x) = \frac{1}{2}\cos 2x + \frac{3}{2}$$

$$\left(0 \leqq x \leqq 2\pi, \ x = \frac{\pi}{2} \text{ と } \frac{3}{2}\pi \text{ を除く} \right)$$

以上 (i)(ii) より，関数 $f(x)$ は

$x = \dfrac{\pi}{2}$ と $\dfrac{3}{2}\pi$ で不連続で，その他の $0 \leqq x \leqq 2\pi$ の範囲の x では連続な関数である。 ……………………………(答)

また，$y = f(x)$ のグラフの概形を下に示す。 ………(答)

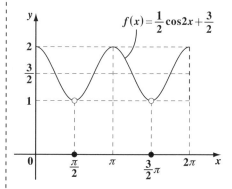

実力アップ問題55　難易度 ★★　CHECK 1　CHECK 2　CHECK 3

$f(x)$ は $0 \leqq x \leqq 2$ で定義された連続な関数で，この区間で $0 < f(x) < 4$ をみたす。このとき，方程式 $f(x) = 4 - 2x$ の解が，$0 < x < 2$ の範囲に少なくとも1つ存在することを示せ。

ヒント！　中間値の定理の問題だね。したがって，$g(x) = f(x) + 2x - 4$ とおいて，$g(0)$ と $g(2)$ の符号を調べればいいんだね。

基本事項

中間値の定理

$a \leqq x \leqq b$ で連続な関数 $f(x)$ について，$f(a) \neq f(b)$ ならば，$f(a)$ と $f(b)$ の間の実数 k に対して，
$$f(c) = k$$
をみたす c が，a と b の間に少なくとも1つ存在する。

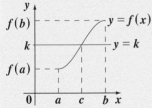

この中間値の定理を用いると，方程式 $g(x) = 0$ について，$a \leqq x \leqq b$ で $y = g(x)$ が連続で，たとえば，$g(a) < 0 < g(b)$ ならば，$g(x) = 0$ をみたす解 $x = c$ が，$a < x < b$ の間に少なくとも1つ存在することが示せる。

$f(x)$ は，閉区間 $[0, 2]$ で連続で，この区間内で $0 < f(x) < 4$ をみたす。ここで，方程式 $f(x) = 4 - 2x$ …① が $0 < x < 2$ の範囲に少なくとも1つの実数解をもつことを示す。

①より，新たな関数 $g(x)$ を次のように定義する。
$$g(x) = f(x) + 2x - 4$$
$f(x)$ と $2x - 4$ は共に閉区間 $[0, 2]$ で連続なので，関数 $g(x)$ もこの区間で連続な関数である。
ここで，
(i) $g(0) = f(0) + 2 \times 0 - 4$
$= \underline{f(0)} - 4 < 0$

　4 より小

(ii) $g(2) = f(2) + 2 \times 2 - 4$
$= \underline{f(2)} > 0$

　0 より大

以上 (i)(ii) より，中間値の定理から開区間 $(0, 2)$ の範囲に方程式 $g(x) = 0$ をみたす解が少なくとも

　$f(x) + 2x - 4 = 0$，つまり①のこと

1つ存在する。
よって，方程式 $f(x) = 4 - 2x$ …① の解が，$0 < x < 2$ の範囲に少なくとも1つ存在する。……………………(終)

すべての自然数 n について $0 < a_n < 1$ となる数列 $\{a_n\}$ が，

$a_1 = \dfrac{3}{4}$，$a_{n+1} = \dfrac{1 - \sqrt{1 - a_n}}{2}$ $(n = 1, 2, 3, \cdots)$ を満たしている。

(1) $a_n = \sin^2\theta_n$ $\left(0 < \theta_n < \dfrac{\pi}{2}, \ n \geqq 1\right)$ とおいて，θ_1 と数列 $\{\theta_n\}$ の漸化式

　　を求め，数列 $\{\theta_n\}$ の一般項を求めよ。

(2) $\displaystyle\lim_{n \to \infty} 2^{2^n} a_n$ を求めよ。 (関西大 *)

ヒント！ 数列の極限と関数の極限の融合問題だね。(1) は $a_n = \sin^2\theta_n$ と $a_{n+1} = \sin^2\theta_{n+1}$ を与えられた漸化式に代入して，θ_n と θ_{n+1} の関係式を導けばいい。
(2) の極限では，公式 $\displaystyle\lim_{x \to 0} \dfrac{\sin x}{x} = 1$ を利用する。頑張ろう！

(1) $\begin{cases} a_1 = \dfrac{3}{4} & \cdots\cdots\cdots\cdots\text{①} \\ a_{n+1} = \dfrac{1 - \sqrt{1 - a_n}}{2} & \cdots\text{②} \ (n = 1, 2, \cdots) \end{cases}$

　　　　　$(0 < a_n < 1)$

ここで $a_n = \sin^2\theta_n$ $\cdots$③ $(n = 1, 2, \cdots)$

$\left(0 < \theta_n < \dfrac{\pi}{2}\right)$ とおくと，

①より，

$a_1 = \sin^2\theta_1 = \dfrac{3}{4}$ 　$\boxed{0 < \theta_1 < \dfrac{\pi}{2}\ \text{より}}$

$\sin\theta_1 = \dfrac{\sqrt{3}}{2}$ 　$(\because \sin\theta_1 > 0)$

$0 < \theta_1 < \dfrac{\pi}{2}$ より，$\theta_1 = \dfrac{\pi}{3}$ $\cdots\cdots$(答)

③より，$a_{n+1} = \sin^2\theta_{n+1}$ $\cdots\cdots$③′

③と③′を②に代入して変形すると，

$\sin^2\theta_{n+1} = \dfrac{1 - \sqrt{1 - \sin^2\theta_n}}{2}$

　　$\boxed{|\cos\theta_n| = \cos\theta_n \ \left(\because 0 < \theta_n < \dfrac{\pi}{2}\right)}$
　　　　　　　　　　$\|$

　$= \dfrac{1 - \sqrt{\cos^2\theta_n}}{2}$

　$= \dfrac{1 - \cos\theta_n}{2}$ $\left(\because 0 < \theta_n < \dfrac{\pi}{2}\right)$

　$= \sin^2\dfrac{\theta_n}{2}$ 　$\boxed{\begin{array}{l}\text{半角の公式：} \\ \dfrac{1 - \cos x}{2} = \sin^2\dfrac{x}{2}\end{array}}$

$\therefore \sin^2\theta_{n+1} = \sin^2\dfrac{\theta_n}{2}$

ここで，$0 < \theta_n < \dfrac{\pi}{2}$ $(n = 1, 2, \cdots)$ より

$\sin\theta_{n+1} > 0$，　$\sin\dfrac{\theta_n}{2} > 0$

よって，

$\sin\theta_{n+1} = \sin\dfrac{\theta_n}{2}$

さらに, θ_{n+1}, $\dfrac{\theta_n}{2}$ は共に第1象限の

角より, 数列 $\{\theta_n\}$ の漸化式

$\theta_{n+1} = \dfrac{1}{2}\theta_n$ …④ $(n = 1, 2, \cdots)$

が導ける。 ……………………(答)

注意!

一般は $\sin\alpha = \sin\beta$ の場合,
右図のような
場合もあり得
るので, 一般
解も考慮に入
れて,

$\beta = \alpha + 2n\pi$ または $\underline{\pi - \alpha + 2n\pi}$

$\boxed{-\alpha + (2n+1)\pi}$

となる。

今回は, θ_{n+1}, $\dfrac{\theta_n}{2}$ 共に第1象限の角で
あることがわかっていたので, ④となった
んだね。

以上より,

$\begin{cases} \theta_1 = \dfrac{\pi}{3} \\ \theta_{n+1} = \dfrac{1}{2}\theta_n \cdots④ \quad (n = 1, 2, \cdots) \end{cases}$

よって, 数列 $\{\theta_n\}$ は初項 $\theta_1 = \dfrac{\pi}{3}$,

公比 $\dfrac{1}{2}$ の等比数列より,

一般項 $\theta_n = \theta_1\left(\dfrac{1}{2}\right)^{n-1} = \dfrac{\pi}{3}\cdot\left(\dfrac{1}{2}\right)^{n-1}$

$(n = 1, 2, \cdots)$ となる。 ………(答)

(2)(1) の結果より, まず $\lim\limits_{n\to\infty}\theta_n$ を求めると,

$\lim\limits_{n\to\infty}\theta_n = \lim\limits_{n\to\infty}\dfrac{\pi}{3}\boxed{\left(\dfrac{1}{2}\right)^{n-1}}_{0} = 0$

また, $\theta_n = \dfrac{\pi}{3}\cdot\dfrac{1}{2^{n-1}} = \dfrac{2\pi}{3}\cdot\dfrac{1}{2^n}$ より,

$2^n = \dfrac{2\pi}{3\theta_n}$……⑤

以上より, 求める極限は,

$\lim\limits_{n\to\infty}2^{2n}a_n = \lim\limits_{n\to\infty}2^{2n}\sin^2\theta_n$

$\boxed{\left(\dfrac{2\pi}{3\theta_n}\right)^2 (⑤より)}$

$= \lim\limits_{n\to\infty}\dfrac{4\pi^2}{9}\cdot\dfrac{\sin^2\theta_n}{\theta_n^2}$ （⑤より）

$= \lim\limits_{\substack{n\to\infty \\ (\theta_n\to 0)}}\dfrac{4\pi^2}{9}\boxed{\left(\dfrac{\sin\theta_n}{\theta_n}\right)^2}_{1}$

$= \dfrac{4\pi^2}{9}$ ………………………(答)

$\boxed{公式:\lim\limits_{x\to 0}\dfrac{\sin x}{x} = 1}$

実数全体で定義された関数 $f(x)$ は常に正の値をとり，すべての実数 x, y に対し $3f(x+y) = f(x)f(y)$ を満たすとする。また $f(1) = 6$ であるとする。

(1) $f(0)$ の値を求めよ。

(2) 自然数 n に対して $f\left(\dfrac{1}{n}\right)$ の値を n を用いて表せ。

(3) 自然数 n に対して $a_n = n\left(f\left(1 + \dfrac{1}{n}\right) - f(1)\right)$ とおく。$\displaystyle\lim_{n \to \infty} a_n$ の値を求めよ。

（東京理科大＊）

ヒント！ **(1)** $x = 0, y = 1$ を与式に代入する。**(2)** $f(nx)$ を求めて，x に $\dfrac{1}{n}$ を代入する。**(3)** 公式 $\displaystyle\lim_{x \to 0}\dfrac{e^x - 1}{x} = 1$ を利用する。かなり難しいけれど頑張ろう！

すべての実数 x, y に対して，関数 $f(x)$ は
$$3f(x+y) = f(x)f(y) \quad\cdots\cdots\cdots①$$
$f(x) > 0$ をみたし，
$f(1) = 6$ となる。

(1) ①は，すべての実数 x, y について成り立つので，$x = 0, y = 1$ を代入しても成り立つ。

よって，$3f(0 + 1) = f(0) \cdot f(1)$

$3 \boxed{f(1)} = f(0) \cdot \boxed{f(1)}$
　　⌣　　　　　　⌣
　　6　　　　　　　6

$\therefore 6 \cdot f(0) = 3 \times 6$ より，

$$f(0) = 3 \quad\cdots\cdots\cdots\cdots\cdots（答）$$

参考

①より，$f(x+y) = \dfrac{1}{3}f(x) \cdot f(y)$

y に x を代入して，

$$f(2x) = \dfrac{1}{3}f(x) \cdot f(x) = \dfrac{1}{3}\{f(x)\}^2$$

同様に，

$$f(3x) = f(x + 2x) = \dfrac{1}{3}f(x) \cdot \underset{\frac{1}{3}\{f(x)\}^2}{\boxed{f(2x)}}$$

$$= \dfrac{1}{3^2}\{f(x)\}^3$$

となる。

以下同様にすると，

$$f(nx) = \dfrac{1}{3^{n-1}}\{f(x)\}^n \quad (n = 1, 2, \cdots)$$

が成り立つと推定できる。

これを数学的帰納法で示した後，x に $\dfrac{1}{n}$ を代入すれば，$f\left(\dfrac{1}{n}\right)$ が求まる。

(2) $f(nx) = \dfrac{1}{3^{n-1}}\{f(x)\}^n \quad\cdots\cdots\cdots(*)$

$(n = 1, 2, \cdots)$

$(*)$ が成り立つことを数学的帰納法により示す。

（ⅰ）$n = 1$ のとき, $f(x) = f(x)$ となって, 明らかに成り立つ。

（ⅱ）$n = k$ のとき（＊）, すなわち

$$f(kx) = \frac{1}{3^{k-1}} \{f(x)\}^k \quad \cdots\cdots ②$$

が成り立つと仮定して, $n = k+1$ のときについて調べる。

①より,

$$f(x+y) = \frac{1}{3} f(x) \cdot f(y) \quad \cdots\cdots ①'$$

①'の両辺の y に kx を代入して,

$$f(x+kx) = \frac{1}{3} f(x) \cdot \boxed{f(kx)}$$

$$\boxed{\frac{1}{3^{k-1}}\{f(x)\}^k}$$

$$\therefore f((k+1)x) = \frac{1}{3^k} \{f(x)\}^{k+1} \quad (\because ②)$$

となり, $n = k+1$ のときも成り立つ。

（ⅰ）（ⅱ）より, 任意の自然数 n に対して,

$f(nx) = \dfrac{1}{3^{n-1}} \{f(x)\}^n \cdots$（＊）は成り立つ。

（＊）より,

$$\{f(x)\}^n = 3^{n-1} f(nx)$$

この x に $\dfrac{1}{n}$ を代入して,

$$\left\{f\left(\frac{1}{n}\right)\right\}^n = 3^{n-1} \cdot \underset{6}{\boxed{f(1)}}$$

$$\left\{f\left(\frac{1}{n}\right)\right\}^n = 2 \cdot 3^n$$

∴この両辺の n 乗根をとって,

$$f\left(\frac{1}{n}\right) = (2 \cdot 3^n)^{\frac{1}{n}} = 3 \cdot 2^{\frac{1}{n}} \quad \cdots\cdots\text{（答）}$$

(3) $a_n = n\left\{\boxed{f\left(1+\frac{1}{n}\right)} - \overset{6}{\boxed{f(1)}}\right\}$

$$\boxed{\frac{1}{3}f(1) \cdot f\left(\frac{1}{n}\right) = \frac{1}{3} \cdot 6 \cdot 3 \cdot 2^{\frac{1}{n}}}$$

$$= n(6 \cdot 2^{\frac{1}{n}} - 6)$$

$$= 6n(2^{\frac{1}{n}} - 1)$$

$\lim_{n\to\infty} a_n = \lim_{n\to\infty} 6n(2^{\frac{1}{n}} - 1)$ について,

$\dfrac{1}{n} = t$ とおくと, $n = \dfrac{1}{t}$

$n \to \infty$ のとき, $t \to 0$ より,

$$\lim_{n\to\infty} a_n = \lim_{t\to 0} 6 \cdot \frac{1}{t} \cdot (2^t - 1)$$

$$= \lim_{t\to 0} 6 \cdot \frac{2^t - 1}{t} \quad \leftarrow \boxed{\frac{0}{0} \text{ の不定形}}$$

参考

ここで, 公式 $\lim_{x\to 0} \dfrac{e^x - 1}{x} = 1$ を使うことを考える。

$2^t = e^x$ とおくと, $x = \log 2^t = t \cdot \underset{0.7}{\boxed{\log 2}}$

$\therefore t = \dfrac{x}{\log 2}$ となる。

ここで, $2^t = e^x$ とおくと,

$$x = \log 2^t = t \cdot \log 2$$

$$\therefore t = \frac{x}{\log 2}$$

$t \to 0$ のとき, $x \to 0$

$$\therefore \lim_{n\to\infty} a_n = \lim_{t\to 0} 6 \cdot \frac{\overset{e^x}{\boxed{(2^t)}} - 1}{\underset{\frac{x}{\log 2}}{\boxed{t}}}$$

$$= \lim_{x\to 0} 6 \cdot \log 2 \cdot \underset{1}{\boxed{\frac{e^x - 1}{x}}}$$

$$= 6 \cdot \log 2 \quad \cdots\cdots\text{（答）}$$

実数 x に対し，$n \leqq x$ をみたす最大の整数 n を $[x]$ で表す。このとき，

(1) $\displaystyle \lim_{n \to \infty} \frac{[e^n]}{e^n}$ を求めよ。(e：自然対数の底)

(2) 自然数 n に対して，等式 $[\log k] = n$ が成立するような整数 k の個数

を $f(n)$ とする。このとき，$\displaystyle \lim_{n \to \infty} \frac{f(n)}{e^n}$ を求めよ。 　　　(東京都市大 *)

ヒント！ 実力アップ問題 **33, 34(P52 ～ P55)** と同様に，ガウス記号と関連した極限の問題だ。**(1)** 一般に $x-1 < [x] \leqq x$ が成り立つので，$e^n - 1 < [e^n] \leqq e^n$ が成り立つ。

---

(1) 一般に，実数 x に対して

$x - 1 < [x] \leqq x$ が成り立つので，

$x = e^n$ とおくと，

$e^n - 1 < [e^n] \leqq e^n$ ……①

(n：整数，e：自然対数の底)

$e^n (>0)$ で①の各辺を割り，$n \to \infty$

の極限をとると，

$$\frac{e^n - 1}{e^n} \leqq \frac{[e^n]}{e^n} \leqq \frac{e^n}{e^n}$$

> 等号を付けて範囲を広げることは許される。はさみ打ちで極限を調べるときは，このように等号を付けた方がいい。

$$\lim_{n \to \infty}\left(1 - \frac{1}{e^n}\right) \leqq \lim_{n \to \infty} \frac{[e^n]}{e^n} \leqq 1$$
　　　　　　　 0

ここで，$\displaystyle \lim_{n \to \infty}\left(1 - \frac{1}{e^n}\right) = 1$ より，

はさみ打ちの原理を用いて，

$\displaystyle \lim_{n \to \infty} \frac{[e^n]}{e^n} = 1$ である。……② ……(答)

$$\left[\begin{array}{l} \text{一般に} \displaystyle\lim_{n \to \infty} a_n = \alpha \text{ のとき } \lim_{n \to \infty} a_{n+1} = \alpha \\ \text{となるので，②より，} \\ \displaystyle\lim_{n \to \infty} \frac{[e^{n+1}]}{e^{n+1}} = 1 \text{ …②}' \text{ も成り立つ。} \end{array}\right]$$

(2) 一般に実数 x に対して $[x] = n$ のとき

$n \leqq x < n + 1$ が成り立つので，

$x = \log k$ とおくと，

$n \leqq \log k < n + 1$ となる。よって，

　$\boxed{\log e^n}$ 　 $\boxed{\log e^{n+1}}$

$e^n \leqq k < e^{n+1}$ ……③

　$\boxed{自然数}$

$\therefore k = [e^n] + 1, \ [e^n] + 2, \ \cdots, \ [e^{n+1}]$

　　$\boxed{最初の数}$ 　　　　　 $\boxed{最後の数}$

よって，③をみたす自然数 k の個数

$f(n)$ は，

$f(n) = [e^{n+1}] - ([e^n] + 1) + 1$

　　　　　 $\boxed{最後の数}$ 　 $\boxed{最初の数}$

$\therefore f(n) = [e^{n+1}] - [e^n]$ ……④

となる。④の両辺を e^n で割って，

$n \to \infty$ の極限をとると，

$$\lim_{n \to \infty} \frac{f(n)}{e^n} = \lim_{n \to \infty} \frac{[e^{n+1}] - [e^n]}{e^n}$$

$$= \lim_{n \to \infty}\left(e \cdot \frac{[e^{n+1}]}{e^{n+1}} - \frac{[e^n]}{e^n}\right)$$
　　　　　　　 $\boxed{1(②' \text{ より})}$ 　 $\boxed{1(② \text{ より})}$

$$= e \cdot 1 - 1 = e - 1 \quad \cdots\cdots(答)$$

演習
exercise

⑤ 微分法とその応用

テーマ

▶ 導関数の定義式と計算
$$\left(f'(x) = \lim_{h \to 0} \frac{f(x+h)-f(x)}{h}\right)$$

▶ 接線・法線と関数のグラフ
（接線：$y = f'(t)(x-t) + f(t)$）

▶ 微分法の方程式・不等式への応用
（$f(x) = k$ は，$y = f(x)$ と $y = k$ に分解する）

▶ 速度・加速度，近似式

1. 微分係数の定義式

$$f'(a) = \lim_{h \to 0} \frac{f(a+h) - f(a)}{h} = \lim_{h \to 0} \frac{f(a) - f(a-h)}{h} = \lim_{b \to a} \frac{f(b) - f(a)}{b - a}$$

> 極限はすべて $\dfrac{0}{0}$ の不定形だけれど，これがある極限値に収束するとき，その値を微分係数 $f'(a)$ とおくんだね。これは曲線上の点 $(a, f(a))$ における接線の傾きのことだ。

2. 導関数の定義式

$$f'(x) = \lim_{h \to 0} \frac{f(x+h) - f(x)}{h} = \lim_{h \to 0} \frac{f(x) - f(x-h)}{h}$$

> この極限も $\dfrac{0}{0}$ の不定形だけれど，これがある関数に収束するとき，その関数を導関数 $f'(x)$ とおく。

3. 微分計算の公式 (I)

$(1)(x^{\alpha})' = \alpha x^{\alpha - 1}$ 　 $(2)(\sin x)' = \cos x$ 　 $(3)(\cos x)' = -\sin x$

$(4)(\tan x)' = \dfrac{1}{\cos^2 x}$ 　 $(5)(e^x)' = e^x$ 　 $(6)(a^x)' = a^x \log a$

$(7)(\log x)' = \dfrac{1}{x}$ 　 $(x > 0)$ 　 $(8)(\log f(x))' = \dfrac{f'(x)}{f(x)}$ 　 $(f(x) > 0)$

(対数はすべて自然対数を表す。また，$a > 0$ かつ $a \neq 1$)

4. 微分計算の公式 (II)

$(1)(f \cdot g)' = f' \cdot g + f \cdot g'$ 　 $(2)\left(\dfrac{g}{f}\right)' = \dfrac{g' \cdot f - g \cdot f'}{f^2}$

(ただし，f, g はそれぞれ $f(x)$, $g(x)$ を表す。)

$(3) \dfrac{dy}{dx} = \dfrac{dy}{dt} \cdot \dfrac{dt}{dx}$ 　 $(4) \dfrac{dy}{dx} = \dfrac{\dfrac{dy}{d\theta}}{\dfrac{dx}{d\theta}}$ ← $x = x(\theta)$, $y = y(\theta)$ と媒介変数表示された関数の微分

合成関数の微分

5. 平均値の定理

関数 $f(x)$ が微分可能のとき，

$$\frac{f(b) - f(a)}{b - a} = f'(c) \text{ をみたす } c \text{ が，} a < x < b \text{ の範囲に少なくとも 1 つ存在する。}$$

6. 接線と法線の公式

(1) 接線の方程式：$y = f'(t)(x - t) + f(t)$

(2) 法線の方程式：$y = -\dfrac{1}{f'(t)}(x - t) + f(t) \quad (f'(t) \neq 0)$

7. 2 曲線 $y = f(x)$ と $y = g(x)$ の共接条件

(i) $f(t) = g(t)$　　かつ　　(ii) $f'(t) = g'(t)$

8. 関数のグラフを描く上で役に立つ極限の知識 (α：正の定数)

(1) $\displaystyle\lim_{x \to \infty} \frac{x^\alpha}{e^x} = 0 \quad \left[\frac{(\text{中位の} \infty)}{(\text{強い} \infty)} = 0 \right]$

(2) $\displaystyle\lim_{x \to \infty} \frac{e^x}{x^\alpha} = \infty \quad \left[\frac{(\text{強い} \infty)}{(\text{中位の} \infty)} = \infty \right]$

(3) $\displaystyle\lim_{x \to \infty} \frac{\log x}{x^\alpha} = 0 \quad \left[\frac{(\text{弱い} \infty)}{(\text{中位の} \infty)} = 0 \right]$

(4) $\displaystyle\lim_{x \to \infty} \frac{x^\alpha}{\log x} = \infty \quad \left[\frac{(\text{中位の} \infty)}{(\text{弱い} \infty)} = \infty \right]$

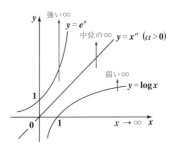

> この (強い∞), (中位の∞), (弱い∞) というのは，あくまでも便宜上の表現で，正式なものではないので，答案には書いてはいけない。

9. $f'(x)$, $f''(x)$ の符号と曲線 $y = f(x)$ の関係

(1) $\begin{cases} f'(x) > 0 \text{ のとき，増加} \\ f'(x) < 0 \text{ のとき，減少} \end{cases}$　　(2) $\begin{cases} f''(x) > 0 \text{ のとき，下に凸} \\ f''(x) < 0 \text{ のとき，上に凸} \end{cases}$

10. 方程式 $f(x) = k$ (k：定数) の実数解の個数

$y = f(x)$ と $y = k$ に分解して，曲線 $y = f(x)$ と直線 $y = k$ との共有点の個数を調べる。

11. $a \leqq x \leqq b$ における不等式 $f(x) \geqq g(x)$ の証明

差関数 $y = h(x) = f(x) - g(x)$ $(a \leqq x \leqq b)$ をとって，$a \leqq x \leqq b$ の範囲において $y = h(x) \geqq 0$ であることを示す。

12. 文字定数 k と不等式

(1) $f(x) \leqq k$ を示すには，$y = f(x)$ と $y = k$ に分解して，$f(x)$ の最大値 $M \leqq k$ を示せばいい。

(2) $f(x) \geqq k$ を示すには，$y = f(x)$ と $y = k$ に分解して，$f(x)$ の最小値 $m \geqq k$ を示せばいい。

(1) のイメージ

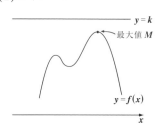

(2) のイメージ

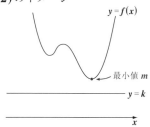

(ex) 試験でよく出題されるものとして「$x \geqq 0$ のとき $f(x) \geqq 0$」を示すパターンを 2 つ下に示しておこう。

（ⅰ）$x \geqq 0$ のとき，$f'(x) \geqq 0$ を示し，

$f(0) = 0$ を示す。

よって右図のように，$y = f(x)$ は原点から単調に増加するので，

$f(x) \geqq 0$ が示せる。

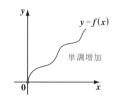

（ⅱ）$x \geqq 0$ のとき，$f'(x) \leqq 0$ を示し，

$f(0) > 0$ かつ $\displaystyle\lim_{x \to \infty} f(x) = 0$ を示す。

$y = f(x)$ は，点 $(0, \underset{\oplus}{f(0)})$ から

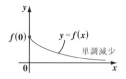

単調に減少するが，$\displaystyle\lim_{x \to \infty} f(x) = 0$

より，$x \geqq 0$ のとき $f(x) > 0$，つまり $f(x) \geqq 0$ が示せる。

13. 速度と加速度（t：時刻）

(1) x 軸上を運動する動点 $\mathrm{P}\big(x(t)\big)$ について，

> x は，時刻 t の関数という意味

（ⅰ）$\begin{cases} \text{速度 } v = \dfrac{dx}{dt} \\[2mm] \text{速さ } |v| = \left|\dfrac{dx}{dt}\right| \end{cases}$ （ⅱ）$\begin{cases} \text{加速度 } a = \dfrac{dv}{dt} = \dfrac{d^2x}{dt^2} \\[2mm] \text{加速度の大きさ } |a| = \left|\dfrac{d^2x}{dt^2}\right| \end{cases}$

(2) xy 座標平面上を運動する動点 $\mathrm{P}\big(x(t),\ y(t)\big)$ について，

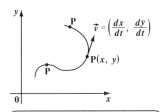

（ⅰ）$\begin{cases} \text{速度 } \vec{v} = \left(\dfrac{dx}{dt},\ \dfrac{dy}{dt}\right) \\[3mm] \text{速さ } |\vec{v}| = \sqrt{\left(\dfrac{dx}{dt}\right)^2 + \left(\dfrac{dy}{dt}\right)^2} \end{cases}$

（ⅱ）$\begin{cases} \text{加速度 } \vec{a} = \left(\dfrac{d^2x}{dt^2},\ \dfrac{d^2y}{dt^2}\right) \\[3mm] \text{加速度の大きさ } |\vec{a}| = \sqrt{\left(\dfrac{d^2x}{dt^2}\right)^2 + \left(\dfrac{d^2y}{dt^2}\right)^2} \end{cases}$

> 速度ベクトル $\vec{v}$ の向きは，動点 P の描く曲線の接線方向と一致する。

14. 第 1 次近似式

（ⅰ）$x \fallingdotseq 0$ のとき，$f(x) \fallingdotseq f'(0) \cdot x + f(0)$

（ⅱ）$h \fallingdotseq 0$ のとき，$f(a+h) \fallingdotseq f'(a) \cdot h + f(a)$

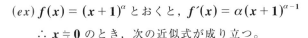

> 近似式は極限の式から導ける。たとえば，微分係数 $f'(a)$ の定義式：
> $\displaystyle \lim_{h \to 0} \dfrac{f(a+h)-f(a)}{h} = f'(a)$ より，$h \fallingdotseq 0$ のとき，$\dfrac{f(a+h)-f(a)}{h} \fallingdotseq f'(a)$
> よって（ⅱ）$h \fallingdotseq 0$ のとき，$f(a+h) \fallingdotseq f'(a) \cdot h + f(a)$ が導ける。

$(ex)\ f(x) = e^x$ とおくと，$f'(x) = e^x$

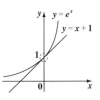

∴ $x \fallingdotseq 0$ のとき，次の近似式が成り立つ。

$e^x \fallingdotseq 1 \cdot x + 1 \qquad \Big[f(x) \fallingdotseq f'(0) \cdot x + f(0) \Big]$

$(ex)\ f(x) = (x+1)^\alpha$ とおくと，$f'(x) = \alpha(x+1)^{\alpha-1}$

∴ $x \fallingdotseq 0$ のとき，次の近似式が成り立つ。

$(x+1)^\alpha \fallingdotseq \alpha \cdot x + 1 \qquad \Big[f(x) \fallingdotseq f'(0) \cdot x + f(0) \Big]$

関数 $f(x)$ は, $x = 0$ で微分可能で $f'(0) = 1$ とする。このとき, 次の極限値を求めよ。

(1) $\displaystyle\lim_{x \to 0} \frac{f(2x) - f(-x)}{x}$　　　　　　　　　　　　　　（福岡大 ＊）

(2) $\displaystyle\lim_{x \to 0} \frac{f(\sin 8x) - f(\tan x)}{x}$　　　　　　　　　　　　　　（日本大）

ヒント！　微分係数の定義式に従って, 極限を求めればいい。

基本事項

微分係数 $f'(a)$ の定義式

$$f'(a) = \lim_{h \to 0} \frac{f(a+h) - f(a)}{h}$$
$$= \lim_{h \to 0} \frac{f(a) - f(a-h)}{h}$$
$$= \lim_{b \to a} \frac{f(b) - f(a)}{b - a}$$

(1) $\displaystyle\lim_{x \to 0} \frac{f(2x) - f(-x)}{x}$　　$\boxed{\dfrac{0}{0} \text{の不定形}}$

$\boxed{\text{同じものを引いて足す！}}$

$$= \lim_{x \to 0} \frac{\{f(0+2x) - f(0)\} + \{f(0) - f(0-x)\}}{x}$$

$$= \lim_{x \to 0} \left\{ \frac{f(0+\underset{h_1}{\boxed{2x}}) - f(0)}{\underset{h_1}{\boxed{2x}}} \times 2 \right.$$

$$\left. + \frac{f(0) - f(0 - \underset{h_2}{\boxed{x}})}{\underset{h_2}{\boxed{x}}} \right\}$$

$\boxed{\begin{array}{l} 2x = h_1, \ x = h_2 \text{とおくと,} \\ x \to 0 \text{のとき, } h_1 \to 0, \ h_2 \to 0 \text{より,} \\ \text{微分係数} f'(0) \text{の定義式が 2 つできる。} \end{array}}$

$$= 2 \cdot \underset{1}{\boxed{f'(0)}} + \underset{1}{\boxed{f'(0)}} = 3 \quad \cdots\cdots (答)$$

(2) $\displaystyle\lim_{x \to 0} \frac{f(\sin 8x) - f(\tan x)}{x}$　$\boxed{\dfrac{0}{0} \text{の不定形}}$

$\boxed{\text{同じ} f(0) \text{を引いて足す！}}$

$$= \lim_{x \to 0} \left\{ \frac{f(0 + \sin 8x) - f(0)}{x} \right.$$

$\boxed{\begin{array}{l} +f(0) \\ \text{のこと} \end{array}}$

$$\left. - \frac{f(0 + \tan x) - f(0)}{x} \right\}$$

$$= \lim_{x \to 0} \left\{ \frac{f(0 + \underset{h_1}{\boxed{\sin 8x}}) - f(0)}{\underset{h_1}{\boxed{\sin 8x}}} \cdot \frac{\sin 8x}{\boxed{8x}}^{\!\!1} \cdot 8 \right.$$

$$\left. - \frac{f(0 + \underset{h_2}{\boxed{\tan x}}) - f(0)}{\underset{h_2}{\boxed{\tan x}}} \cdot \frac{\tan x}{\boxed{x}}^{\!\!1} \right\}$$

$\boxed{\begin{array}{l} \sin 8x = h_1, \ \tan x = h_2 \text{とおくと,} \\ x \to 0 \text{のとき, } h_1 \to 0, \ h_2 \to 0 \text{より,} \\ \text{微分係数} f'(0) \text{の定義式が 2 つできる。} \end{array}}$

$$= f'(0) \times 1 \times 8 - f'(0) \times 1$$

$$= 7 \cdot \underset{1}{\boxed{f'(0)}} = 7 \quad \cdots\cdots\cdots (答)$$

実力アップ問題60　難易度 ★★　CHECK 1　CHECK 2　CHECK 3

関数 $f(x) = \dfrac{\sin x}{x}$ $(x \neq 0)$ の $x = a$ $(\neq 0)$ における微分係数 $f'(a)$ を，定義式

$$f'(a) = \lim_{h \to 0} \frac{f(a+h) - f(a)}{h}$$ を使って求めよ。

ただし，$\displaystyle \lim_{h \to 0} \frac{\sin h}{h} = 1$ は利用してもよい。 （富山大＊）

ヒント！ 分数関数の微分公式：$\left(\dfrac{g}{f}\right)' = \dfrac{g' \cdot f - g \cdot f'}{f^2}$ を用いれば，導関数 $f'(x)$ が求まり，$x = a$ のときの微分係数 $f'(a) = \dfrac{a\cos a - \sin a}{a^2}$ であることがすぐにわかると思う。今回は，これを定義式から求めないといけないんだね。

関数 $f(x) = \dfrac{\sin x}{x}$ $(x \neq 0)$ の $x = a$ $(\neq 0)$ における微分係数 $f'(a)$ は，次の定義式により求められる。

$$f'(a) = \lim_{h \to 0} \frac{f(a+h) - f(a)}{h}$$
$$= \lim_{h \to 0} \frac{\frac{\sin(a+h)}{a+h} - \frac{\sin a}{a}}{h}$$

加法定理

$$= \lim_{h \to 0} \frac{a\overbrace{(\sin(a+h)}^{\sin a \cdot \cos h + \cos a \cdot \sin h}) - (a+h)\sin a}{ha(a+h)}$$

この分子をまとめると，

分子 $= a\overbrace{(\sin a \cdot \cos h + \cos a \cdot \sin h)}$
$\qquad\qquad - a\sin a - h\sin a$
$= -a\sin a \cdot (1 - \cos h) + a\cos a \cdot \sin h$
$\qquad\qquad - h\sin a$ となる。

よって，求める微分係数 $f'(a)$ は，

$$f'(a) = \lim_{h \to 0} \left\{ -\frac{a\sin a}{a(a+h)} \cdot \frac{1 - \cos h}{h} \right.$$
$$\left. + \frac{a\cos a}{a(a+h)} \cdot \frac{\sin h}{h} - \frac{h \cdot \sin a}{ha(a+h)} \right\}$$

$1 - \cos^2 h = \sin^2 h$

$$= \lim_{h \to 0} \left\{ -\frac{\sin a}{a+h} \cdot \frac{(1-\cos h)(1+\cos h)}{h(1+\cos h)} \right.$$
$$\left. + \frac{\cos a}{a+h} \cdot \frac{\sin h}{h} - \frac{\sin a}{a(a+h)} \right\}$$

$$= \lim_{h \to 0} \left\{ -\frac{\sin a}{a+h} \cdot \frac{\sin h}{h} \cdot \frac{\sin h}{1+\cos h} \right.$$
$$\left. + \frac{\cos a}{a+h} \cdot \frac{\sin h}{h} - \frac{\sin a}{a(a+h)} \right\}$$

$$= -\frac{\sin a}{a} \cdot 1 \cdot \frac{0}{1+1} + \frac{\cos a}{a} \cdot 1 - \frac{\sin a}{a \cdot a}$$

$$= \frac{a\cos a - \sin a}{a^2} \quad \cdots\cdots（答）$$

次の関数を微分せよ。

(1) $y = \sin^2 2x$

(2) $y = e^{2x} \cdot \cos 2x$

(3) $y = \dfrac{x}{\sqrt{x^2+1}}$

(4) $y = x\sqrt{x^2+1} + \log(x + \sqrt{x^2+1})$

ヒント！ 微分計算の標準問題。3つの微分公式（積・商・合成関数）を連続的に使いこなすことによって，解くんだね。

(1) $y = \sin^2 2x$ について，$\sin 2x = t$ とおくと，

$$y' = \frac{dy}{dx} = \frac{d\overset{(t^2)}{(y)}}{dt} \cdot \frac{d\overset{(\sin 2x)}{(t)}}{dx}$$

これを u とおくと

$$= 2 \cdot \sin 2x \cdot (\sin\boxed{2x})'$$

$$\frac{d(\sin u)}{du} \cdot \frac{d(2x)}{dx}$$

$$= 2\sin 2x \cdot \cos 2x \cdot 2$$

$$= 2 \cdot 2\sin 2x \cos 2x$$

$$= 2\sin 4x \quad \cdots\cdots\cdots\cdots (答)$$

(2) $y' = (e^{2x} \cdot \cos 2x)'$ → $(f \cdot g)'$ の公式

t とおく　　　　u とおく

$$= (e^{\boxed{2x}})' \cdot \cos 2x + e^{2x} \cdot (\cos\boxed{2x})'$$

$$\frac{d(e^t)}{dt} \cdot \frac{d(2x)}{dx} \qquad \frac{d(\cos u)}{du} \cdot \frac{d(2x)}{dx}$$

$$= e^{2x} \cdot 2 \cdot \cos 2x + e^{2x} \cdot (-\sin 2x) \cdot 2$$

$$= 2e^{2x} \cdot (\cos 2x - \sin 2x) \quad \cdots\cdots (答)$$

(3) $y' = \left(\dfrac{x}{\sqrt{x^2+1}}\right)'$ → $\left(\dfrac{g}{f}\right)'$ の公式

t とおく

$$= \frac{(\overset{1}{x})' \cdot \sqrt{x^2+1} - x\left\{((\boxed{x^2+1})^{\frac{1}{2}}\right\}'}{x^2+1}$$

$$= \frac{\sqrt{x^2+1} - x \cdot \frac{1}{2}(x^2+1)^{-\frac{1}{2}} \cdot 2x}{x^2+1}$$

$$= \frac{x^2+1 - x^2}{(x^2+1)\sqrt{x^2+1}} \quad \boxed{\text{分子・分母に}\sqrt{x^2+1}\text{をかけた}}$$

$$= \frac{1}{(x^2+1)\sqrt{x^2+1}} \quad \cdots\cdots\cdots\cdots (答)$$

(4) $y' = \left\{x \cdot (x^2+1)^{\frac{1}{2}}\right\}' + \left\{\log(x + \sqrt{x^2+1})\right\}'$

t とおく

$$= 1 \cdot (x^2+1)^{\frac{1}{2}} + x \cdot \left\{((\boxed{x^2+1})^{\frac{1}{2}})\right\}'$$

t とおく

$$+ \frac{1 + \left\{((\boxed{x^2+1})^{\frac{1}{2}})\right\}'}{x + \sqrt{x^2+1}}$$

$$= \sqrt{x^2+1} + x \cdot \frac{1}{2}(x^2+1)^{-\frac{1}{2}} \cdot 2x$$

$$+ \frac{1 + \frac{1}{2}(x^2+1)^{-\frac{1}{2}} \cdot 2x}{x + \sqrt{x^2+1}}$$

$$= \sqrt{x^2+1} + \frac{x^2}{\sqrt{x^2+1}}$$

$$+ \frac{\sqrt{x^2+1} + x}{(x + \sqrt{x^2+1})\sqrt{x^2+1}} \quad \boxed{\text{分子・分母に}\sqrt{x^2+1}\text{をかけた！}}$$

$$= \sqrt{x^2+1} + \frac{x^2}{\sqrt{x^2+1}} + \frac{1}{\sqrt{x^2+1}}$$

$$= \sqrt{x^2+1} + \frac{x^2+1}{\sqrt{x^2+1}} = 2\sqrt{x^2+1}$$

$$\cdots\cdots\cdots (答)$$

実力アップ問題62　難易度 ★★　CHECK 1　CHECK 2　CHECK 3

次の問いに答えよ。

(1) $y = (x^2 + x + 1)^x$ を微分せよ。　　　　　　　　　（小樽商科大）

(2) $\tan y = x$ が与えられたとき, $y = \dfrac{\pi}{4}$ における $\dfrac{d^2y}{dx^2}$ の値を求めよ。（信州大）

ヒント！　(1) $y = (x\,\text{の式})^{(x\,\text{の式})}$ では, 両辺の自然対数をとって微分する。
(2) 逆関数の微分では, まず $\dfrac{dx}{dy}$ を求めて, 逆数をとるんだね。

---

(1) $y = (x^2 + x + 1)^x$ ……①

$x^2 + x + 1 > 0$ より, ①の両辺は正。
（真数条件）

$x^2 + x + 1 = \left(x + \dfrac{1}{2}\right)^2 + \dfrac{3}{4} > 0$

よって①の両辺の自然対数をとると,

$\log y = \log(x^2 + x + 1)^x$

$\log y = x \cdot \log(x^2 + x + 1)$

この両辺を x で微分して,

$(\log y)' = \overset{1}{x'} \cdot \log(x^2 + x + 1) + x \cdot \{\log(x^2 + x + 1)\}'$

$\dfrac{d(\log y)}{dx} = \dfrac{d(\log y)}{dy} \cdot \dfrac{dy}{dx}$ 　 $\dfrac{(x^2 + x + 1)'}{x^2 + x + 1}$

（合成関数の微分）

$\dfrac{1}{y} \cdot \dfrac{dy}{dx} = \log(x^2 + x + 1) + \dfrac{x(2x + 1)}{x^2 + x + 1}$

∴求める導関数は,

$\dfrac{dy}{dx} = y \cdot \left\{ \log(x^2 + x + 1) + \dfrac{2x^2 + x}{x^2 + x + 1} \right\}$

$= (x^2 + x + 1)^x \cdot \left\{ \log(x^2 + x + 1) + \dfrac{2x^2 + x}{x^2 + x + 1} \right\}$ ……（答）

（①より）

---

(2) $x = \tan y$ ……②　←（ x は, y の関数）

x を y で微分して,

$\dfrac{dx}{dy} = (\tan y)' = \dfrac{1}{\cos^2 y}$

公式：$1 + \tan^2\theta = \dfrac{1}{\cos^2\theta}$ を使った！

$= 1 + \tan^2 y$

$\therefore \dfrac{dx}{dy} = 1 + x^2$ 　（∵②）

この逆数をとって,

$\dfrac{dy}{dx} = \dfrac{1}{1 + x^2} = (1 + x^2)^{-1}$

この両辺をさらに x で微分して,

（ t とおく）

$\dfrac{d^2y}{dx^2} = \{((1 + x^2))^{-1}\}' = -(1 + x^2)^{-2} \cdot 2x$

（2回微分）　（合成関数の微分）

$= -\dfrac{2x}{(1 + x^2)^2}$ ……③

ここで, $y = \dfrac{\pi}{4}$ のとき, ②より,

$x = \tan\dfrac{\pi}{4} = 1$

これを③に代入して,

$\dfrac{d^2y}{dx^2} = -\dfrac{2 \cdot 1}{(1 + 1^2)^2} = -\dfrac{1}{2}$ ………（答）

(1) $f(x) = (x-1)^2 Q(x)$ ($Q(x)$ は整式) のとき, $f'(x)$ が $x-1$ で割り切れることを示せ。

(2) $g(x) = ax^{n+1} + bx^n + 1$ (n は 2 以上の自然数) が $(x-1)^2$ で割り切れるとき, a, b を n で表せ。　　　　　　　　　　　　　　（岡山理科大）

ヒント！　(1)因数定理と微分法の融合問題だ。この結果は様々な問題を解く上で役に立つので覚えておこう。(2)は (1) の結果より, $g(1) = 0$, $g'(1) = 0$ を解いて a, b を求めればいいんだね。

基本事項

(i) 因数定理

$f(x)$ が $x-a$ で割り切れる $\iff f(a) = 0$

(ii) 因数定理の応用

$f(x)$ が $(x-a)^2$ で割り切れる $\iff$ $f(a) = 0$ かつ $f'(a) = 0$

今回の問題は, この (ii) に関連した問題なんだね。

(1) $f(x) = (x-1)^2 Q(x)$ ……①
　　　　($Q(x)$：整式)

すなわち, $f(x)$ が $(x-1)^2$ で割り切れるとき, この導関数 $f'(x)$ が $x-1$ で割り切れることを示す。

①の両辺を x で微分して,

$f'(x) = \{(x-1)^2\}' Q(x) + (x-1)^2 Q'(x)$

公式：$(f \cdot g)' = f' \cdot g + f \cdot g'$

$= 2(x-1) \cdot Q(x) + (x-1)^2 \cdot Q'(x)$

$= (x-1)\{\underline{2Q(x) + (x-1)Q'(x)}\}$

これを整式 $\widetilde{Q}$ とおく。

$\therefore f'(x) = (x-1)\widetilde{Q}(x)$
(整式 $\widetilde{Q}(x) = 2Q(x) + (x-1)Q'(x)$)

となるので, $f'(x)$ は $x-1$ で割り切れる。………………………(終)

(2) (1) の結果より, 整式 $f(x)$ が $(x-1)^2$ で割り切れる, すなわち

$f(x) = (x-1)^2 Q(x)$　($Q(x)$：整式)

と表されるならば,

$f'(x) = (x-1)\widetilde{Q}(x)$　($\widetilde{Q}$：整式)

となるので, 一般に次の命題

$f(x)$ が $(x-1)^2$ で割り切れる $\iff$ $f(1) = 0$ かつ $f'(1) = 0$

が成り立つ。

よって, 整式 $g(x) = ax^{n+1} + bx^n + 1$ が $(x-1)^2$ で割り切れるとき, その導関数 $g'(x) = a(n+1)x^n + bnx^{n-1}$ も $(x-1)$ で割り切れる。よって,

$\begin{cases} g(1) = a + b + 1 = 0 & \cdots\cdots\cdots② \\ かつ \\ g'(1) = (n+1)a + bn = 0 & \cdots\cdots③ \end{cases}$

が成り立つ。

③$- n \times$②より, $a - n = 0$

$\therefore a = n$

これを②に代入して,

$b = -n - 1$

以上より,

$a = n$, $b = -n - 1$ ………………(答)

実力アップ問題64　難易度 ★★★　CHECK1　CHECK2　CHECK3

連続な関数 $f(x)$ が，任意の実数 x, y に対して，

$$f(y) - f(x) = (y-x)f(x)f(y) \quad \cdots\cdots ①　をみたす。$$

(1) $f'(x)$ を $f(x)$ を用いて表せ。

(2) 第 n 次導関数 $f^{(n)}(x)$ を $f(x)$ と n を用いて表せ。

ヒント！ (1) y に $x+h$ $(h \neq 0)$ を代入すると，導関数の定義式の形が見えてくるはずだ。(2) 数学的帰納法を利用するといい。

基本事項

導関数 $f'(x)$ の定義式

$$f'(x) = \lim_{h \to 0} \frac{f(x+h)-f(x)}{h}$$
$$= \lim_{h \to 0} \frac{f(x)-f(x-h)}{h}$$

(1) $f(y) - f(x) = (y-x)f(x)f(y)$ ……①

①の y に $x+h$ $(h \neq 0)$ を代入して，

$$f(x+h) - f(x) = hf(x)f(x+h)$$

両辺を h $(\neq 0)$ で割って，$h \to 0$ とすると，

$$\lim_{h \to 0} \frac{f(x+h)-f(x)}{h} = \lim_{h \to 0} f(x) \cdot f(x+h)$$

$f(x)$ は連続関数より，この右辺の極限が $f(x) \cdot f(x)$ に収束するので，左辺の $\frac{0}{0}$ の不定形の極限もこれに収束して，$f'(x)$ になる。

$$\therefore f'(x) = \{f(x)\}^2 \cdots\cdots ② \cdots(答)$$

参考

②を略記して，$f' = f^2$ と書く。

この両辺を x で微分して，

$$f'' = (f^2)' = 2f \cdot f' = 2f \cdot f^2 = 2! f^3$$

さらに微分して，

$$f^{(3)} = (2f^3)' = 2 \cdot 3 \cdot f^2 \cdot f' = 3 \cdot 2 \cdot f^2 \cdot f^2$$
$$= 3! f^4$$

これより，

$$f^{(n)} = n! f^{n+1} \quad と推定できる。$$

(2) ②より，

$$f'(x) = 1!\{f(x)\}^2, \quad f^{(2)}(x) = 2!\{f(x)\}^3,$$
$$f^{(3)}(x) = 3!\{f(x)\}^4, \quad \cdots\cdots$$

以上より，$n = 1, 2, \cdots$ に対して，

$$f^{(n)}(x) = n!\{f(x)\}^{n+1} \quad \cdots\cdots(*)$$

と予想される。これを数学的帰納法により証明する。

(i) $n = 1$ のとき，明らかに成り立つ。

(ii) $n = k$ のとき，

$$f^{(k)}(x) = k!\{f(x)\}^{k+1} \quad \cdots\cdots③ が$$

成り立つと仮定して，$n = k+1$ のときについて調べる。

③の両辺を x で微分して，

$$f^{(k+1)}(x) = k! \left[\{f(x)\}^{k+1}\right]'$$
$$= k! \cdot (k+1) \cdot \{f(x)\}^k \cdot f'(x)$$
$$= (k+1) \cdot k! \cdot \{f(x)\}^k \cdot \{f(x)\}^2$$
$$= (k+1)! \cdot \{f(x)\}^{k+2} \quad (\because ②)$$

$\therefore n = k+1$ のときも成り立つ。

以上(i)(ii)より，$n = 1, 2, \cdots$ のとき

$$f^{(n)}(x) = n!\{f(x)\}^{n+1} \quad \cdots\cdots(*)$$

が成り立つ。 $\cdots\cdots(答)$

関数 $f(x)$ はすべての実数 s, t に対して

　　$f(s+t) = f(s)e^t + f(t)e^s$ ……①

を満たし，さらに $x = 0$ では微分可能で $f'(0) = 1$ とする。

(1) $f(0)$ を求めよ。

(2) $\displaystyle\lim_{h \to 0} \frac{f(h)}{h}$ を求めよ。

(3) 関数 $f(x)$ はすべての x で微分可能であることを，微分の定義に従って
　　示せ。さらに $f'(x)$ を $f(x)$ を用いて表せ。　　　　　　(東京理科大＊)

ヒント！　(1) $s = t = 0$ を代入する。(2) $f(h) = f(0+h) - f(0)$ と変形する。
(3) 導関数の定義式にもち込むように変形するといいよ。

$f(s+t) = f(s)e^t + f(t)e^s$ ……①

　　(s, t：すべての実数)

$f'(0) = 1$ ………………②

(1) ①に $s = t = 0$ を代入して，

$\cancel{f(0)} = \cancel{f(0)} \cdot \overset{1}{\cancel{(e^0)}} + f(0) \cdot \overset{1}{\cancel{(e^0)}}$

∴ $f(0) = 0$ ……………③……(答)

(2) $f(h) = f(0+h) - \overset{0(③より)}{\boxed{f(0)}}$ より，

$\displaystyle\lim_{h \to 0} \frac{f(h)}{h} = \lim_{h \to 0} \frac{f(0+h) - f(0)}{h}$

これは，微分係数 $f'(0)$ の定義式で，
②より，$f'(0) = 1$ は存在する。

∴ $\displaystyle\lim_{h \to 0} \frac{f(h)}{h} = f'(0) = 1 \cdots④$……(答)

(3) ①の s に x, t に $h (h \neq 0)$ を代入し
て，①の両辺から $\underline{f(x)}$ を引くと，

$f(x+h) - \underline{f(x)}$
$\qquad = f(x)e^h + f(h)e^x - \underline{f(x)}$

$f(x+h) - f(x) = f(x)(e^h - 1) + f(h) \cdot e^x$

この両辺を $h (\neq 0)$ で割って，

$\dfrac{f(x+h) - f(x)}{h} = f(x) \cdot \dfrac{e^h - 1}{h} + \dfrac{f(h)}{h} \cdot e^x$

この両辺の $h \to 0$ の極限をとると，

$\displaystyle\lim_{h \to 0} \frac{f(x+h) - f(x)}{h}$

$\qquad = \displaystyle\lim_{h \to 0} \left\{ f(x) \cdot \boxed{\dfrac{e^h - 1}{h}}^{\boxed{1(公式)}} + \boxed{\dfrac{f(h)}{h}}^{\boxed{1(④より)}} \cdot e^x \right\}$

注意！

この左辺は，$f'(x)$ の定義式だが，$\dfrac{0}{0}$
の不定形なので，収束するかどうか
わからない。しかし，右辺は，
$f(x) \times 1 + 1 \times e^x$ に収束するので，左
辺もこれに収束して，$f'(x)$ になる。

ここで $\displaystyle\lim_{h \to 0} \frac{e^h - 1}{h} = 1$, $\displaystyle\lim_{h \to 0} \frac{f(h)}{h} = 1$ より，
この右辺は収束する。よって，左辺も収
束して，$f(x)$ は微分可能で，$f'(x)$ は，
$f'(x) = f(x) + e^x$ となる。……(終)(答)

実力アップ問題66　難易度 ★★　CHECK 1　CHECK 2　CHECK 3

$$f(x) = \begin{cases} x^2+1 & (x \leq 1 \text{ のとき}) \\ -2x^2+ax+b & (x > 1 \text{ のとき}) \end{cases}$$

で関数 $f(x)$ を定める。$f(x)$ が $x=1$ で微分可能となるような a, b の値を求めよ。　　　　　　　　　　　　　　　　　　　　　（上智大）

ヒント！ 関数 $f(x)$ の $x=1$ における連続かつ微分可能の定義式に従って，a, b の値を計算するんだよ。

基本事項

関数の微分可能性

関数 $y = f(x)$ が $x = p$ で微分可能のとき，

（なめらかにつながる！）　$y = f(x)$

(i) $f(x)$ は $x = p$ で連続，かつ

(ii) $\displaystyle\lim_{x \to p+0} \frac{f(x)-f(p)}{x-p} = \lim_{x \to p-0} \frac{f(x)-f(p)}{x-p}$

となる。

$$f(x) = \begin{cases} x^2+1 & (x \leq 1) \\ -2x^2+ax+b & (1 < x) \end{cases}$$

が，$x = 1$ で微分可能のとき，

(i) $f(x)$ が $x = 1$ で連続より，

$$\lim_{x \to 1+0} \boxed{f(x)} = \boxed{f(1)}$$
$$\underbrace{(-2x^2+ax+b)}\quad\underbrace{(1^2+1)}$$

$$\lim_{x \to 1+0} (-2x^2+ax+b) = 2$$

$-2+a+b = 2$

$b = -a+4$ ……①

よって，$1 < x$ のとき，

$$f(x) = -2x^2+ax-a+4$$

(ii) 　$\overbrace{(-2x^2+ax-a+4)}$ ②　$\overbrace{(x^2+1)}$ ②

$$\lim_{x \to 1+0} \frac{\boxed{f(x)}-\boxed{f(1)}}{x-1} = \lim_{x \to 1-0} \frac{\boxed{f(x)}-\boxed{f(1)}}{x-1}$$
（右側微分係数）　　　　　（左側微分係数）

$$\lim_{x \to 1+0} \frac{-2x^2+ax-a+2}{x-1} = \lim_{x \to 1-0} \frac{x^2-1}{x-1}$$

$$\left(\begin{array}{c} -2x^2+ax-(a-2) = (-2x+a-2)(x-1) \\ -2 \diagdown a-2 \\ 1 \diagdown -1 \end{array} \right)$$

$$\lim_{x \to 1+0} \frac{(-2x+a-2)(x-1)}{x-1} = \lim_{x \to 1-0} \frac{(x+1)(x-1)}{x-1}$$

$$\lim_{x \to 1+0} (-2\boxed{x}+a-2) = \lim_{x \to 1-0} (\boxed{x}+1)$$
　　　　　1　　　　　　　　　　　　1

$a-4 = 2$ 　$\therefore a = 6$ ……②

以上①，②より

$a = 6$, $b = -6+4 = -2$ ……（答）

参考

$x \leq 1$, $1 < x$ の定義域を設けず，

2つの曲線 $\begin{cases} y = g(x) = x^2+1 \\ y = h(x) = -2x^2+ax+b \end{cases}$

とおくと，求める a, b の条件は，この2曲線が，$x = 1$ で接する条件（共接条件）と同じである。

この2曲線の共接条件は，

$g(1) = h(1)$, $g'(1) = h'(1)$ で，同じ結果が導ける。

（実力アップ問題 **68(2)** を参照）

$0 < a < b$ のとき，次の不等式が成り立つことを示せ。

$$be^b - ae^a > (a+1)e^a(b-a) \quad \cdots\cdots(*)$$

ただし，e は自然対数の底である。　　　　　　　　　（岡山県立大）

ヒント！ $\displaystyle\lim_{b\to a}\frac{f(b)-f(a)}{b-a}$ は，微分係数 $f'(a)$ の定義式だけれど，$\displaystyle\frac{f(b)-f(a)}{b-a}$ のみで，極限がないときは，平均値の定理の問題になることも覚えておこう。

基本事項

平均値の定理

> 関数 $f(x)$ が微分可能のとき，
> $$\frac{f(b)-f(a)}{b-a} = f'(c) \quad \text{かつ } a < c < b$$
> となる c が，必ず存在する。

$0 < a < b$ のとき，

$$\boxed{be^b} - \boxed{ae^a} > (a+1)e^a(b-a) \quad \cdots\cdots(*)$$
$$\underset{f(b)}{} \ \underset{f(a)}{}$$

が成り立つことを示す。

参考

$f(x) = x \cdot e^x$ とおくと，$f'(x) = (x+1)e^x$
$(*)$ から，

$$\frac{f(b)-f(a)}{b-a} > \boxed{(a+1)e^a} \ (\because b-a>0)$$
$$\underset{f'(a)}{}$$

が導ける。

一方，平均値の定理から，

$$\frac{f(b)-f(a)}{b-a} = f'(c) \quad (a < c < b)$$

となる。よって，$f'(c) > f'(a)$ を示せばよい。

ここで，$f(x) = x \cdot e^x$ とおく。

$$f'(x) = x' \cdot e^x + x \cdot (e^x)' = e^x + x \cdot e^x$$
$$= (x+1)e^x$$

関数 $f(x)$ は微分可能なので，平均値の定理より，

$$\frac{f(b)-f(a)}{b-a} = f'(c) \quad (a < c < b)$$

をみたす c が，必ず存在する。

$$\therefore \frac{be^b - ae^a}{b-a} = f'(c) \quad \cdots\cdots①$$

ここで，$f''(x) = (x+1)' \cdot e^x + (x+1)(e^x)'$
$$= e^x + (x+1)e^x = (x+2)e^x$$

$x > 0$ のとき，$f''(x) > 0$

より，$f'(x)$ は単調に増加する。

ここで，$c > a$ より
$f'(c) > f'(a) \quad \cdots\cdots②$

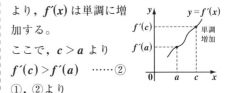

①，②より

$$\frac{be^b - ae^a}{b-a} = f'(c) > f'(a)$$

$$\frac{be^b - ae^a}{b-a} > (a+1)e^a$$

ここで，$b-a>0$ より，両辺に $b-a$ をかけて，不等式

$$be^b - ae^a > (a+1)e^a(b-a) \quad \cdots\cdots(*)$$

が成り立つ。　　　　　　　　　…………………(終)

実力アップ問題68　難易度 ★★　CHECK 1　CHECK 2　CHECK 3

次の問いに答えよ。

(1) 関数 $f(x) = e^x$ 上の点 $(3, f(3))$ における接線の方程式を利用して，$e^{\pi} > 21$ となることを示せ。ただし，$e > 2.7$，$\pi > 3.1$ とする。(東京大 *)

(2) 2曲線 $y = \dfrac{a}{x}$ と $y = \sqrt{x+1}$ が接するように，定数 a の値を定めよ。

ヒント！

(1) 接線を $y = g(x)$ とおくと，$f(\pi) > g(\pi)$ となる。

(2) 2曲線の共接条件：$f(t) = g(t)$ かつ $f'(t) = g'(t)$ を使えばいい。

基本事項

接線の方程式

点 $(t, f(t))$ における曲線 $y = f(x)$ の接線の方程式は，

$y = f'(t)(x - t) + f(t)$

基本事項

2曲線の共接条件

2曲線 $y = f(x)$ と $y = g(x)$ が $x = t$ で接するための条件は，

(i) $f(t) = g(t)$ かつ (ii) $f'(t) = g'(t)$

(1) $y = f(x) = e^x$，$f'(x) = e^x$ より，

点 $(3, f(3))$ における曲線 $y = f(x)$ の接線の方程式を $y = g(x)$ とおくと，

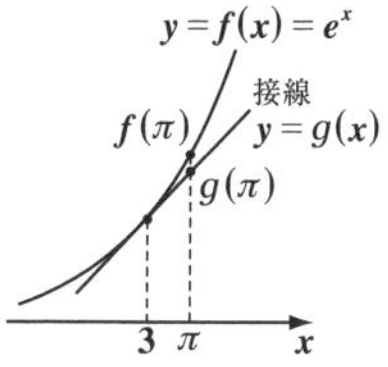

$y = g(x)$
$= e^3(x - 3) + e^3$ ← $\boxed{y = f'(3)(x-3)+f(3)}$

$\therefore y = g(x) = e^3 x - 2e^3$

$y = f(x) = e^x$ は下に凸な関数より，上図から明らかに，

$f(\pi) > g(\pi)$

$e^{\pi} > e^3 \pi - 2e^3 = (\pi - 2)e^3$
$\quad > (3.1 - 2) \cdot 2.7^3 = 21.6513 > 21$

$\therefore e^{\pi} > 21$ ……………………(終)

(2) $y = f(x) = a \cdot x^{-1}$，$y = g(x) = (x+1)^{\frac{1}{2}}$ とおくと，

$f'(x) = -a \cdot x^{-2}$，$g'(x) = \dfrac{1}{2}(x+1)^{-\frac{1}{2}}$

$y = f(x)$ と $y = g(x)$ が $x = t$ で接するとき，

$\begin{cases} \dfrac{a}{t} = \sqrt{t+1} & \cdots\cdots① \ [f(t) = g(t)] \\ -\dfrac{a}{t^2} = \dfrac{1}{2\sqrt{t+1}} & \cdots② \ [f'(t) = g'(t)] \end{cases}$

① ÷ ② より，

$-t = 2(t+1)$ ← $\boxed{\dfrac{\frac{a}{t}}{-\frac{a}{t^2}} = \dfrac{\sqrt{t+1}}{\frac{1}{2\sqrt{t+1}}}}$

$t = -\dfrac{2}{3}$

これを①に代入して，

$a = t\sqrt{t+1} = -\dfrac{2}{3}\sqrt{\dfrac{1}{3}} = -\dfrac{2\sqrt{3}}{9}$ …(答)

曲線 C $\begin{cases} x = a(\cos\theta + \theta\sin\theta) \\ y = a(\sin\theta - \theta\cos\theta) \end{cases}$ ……① $\begin{pmatrix} \theta : 媒介変数 \\ a : 正の定数 \end{pmatrix}$ がある。

(1) $\theta = \dfrac{2}{3}\pi$ のときの曲線 C 上の点を $\mathbf{P}$ とする。$\mathbf{P}$ の座標を求めよ。

(2) 曲線 C 上の点 $\mathbf{P}$ における法線 h の方程式を求めよ。

(3) 法線 h は，円 $x^2 + y^2 = a^2$ と接することを示せ。　　　　（岩手大＊）

ヒント！ 法線 h の傾きは $-\dfrac{dx}{dy}$ となることに注意しよう。

---

(1) $\theta = \dfrac{2}{3}\pi$ のとき，①より

・$x = a\left(\cos\dfrac{2}{3}\pi + \dfrac{2}{3}\pi \cdot \sin\dfrac{2}{3}\pi\right)$

$\quad = a\left(-\dfrac{1}{2} + \dfrac{2}{3}\pi \cdot \dfrac{\sqrt{3}}{2}\right)$

$\quad = \dfrac{2\sqrt{3}\pi - 3}{6}a$

・$y = a\left(\sin\dfrac{2}{3}\pi - \dfrac{2}{3}\pi \cdot \cos\dfrac{2}{3}\pi\right)$

$\quad = a\left\{\dfrac{\sqrt{3}}{2} - \dfrac{2}{3}\pi \cdot \left(-\dfrac{1}{2}\right)\right\}$

$\quad = \dfrac{2\pi + 3\sqrt{3}}{6}a$

$\therefore$ 点 $\mathbf{P}\left(\dfrac{2\sqrt{3}\pi - 3}{6}a, \dfrac{2\pi + 3\sqrt{3}}{6}a\right)$ …（答）

(2) ①の x, y を θ で微分して

・$\dfrac{dx}{d\theta} = a(-\sin\theta + 1 \cdot \sin\theta + \theta \cdot \cos\theta)$

$\quad = a\theta \cdot \cos\theta$

・$\dfrac{dy}{d\theta} = a(\cos\theta - 1 \cdot \cos\theta + \theta \cdot \sin\theta)$

$\quad = a\theta \cdot \sin\theta$

よって，$\mathbf{P}$ における接線の傾きは，

$\dfrac{dy}{dx} = \dfrac{a\theta\sin\theta}{a\theta\cos\theta} = \tan\theta = \tan\dfrac{2}{3}\pi$

$\quad = -\sqrt{3}$ より，$\mathbf{P}$ における法線 h

の傾きは，$\dfrac{1}{\sqrt{3}}$ となる。

よって，点 $\mathbf{P}$ における法線 h の方程式は

$y = \dfrac{1}{\sqrt{3}}\left(x - \dfrac{2\sqrt{3}\pi - 3}{6}a\right) + \dfrac{2\pi + 3\sqrt{3}}{6}a$

$y = \dfrac{1}{\sqrt{3}}x - \dfrac{2\pi - \sqrt{3}}{6}a + \dfrac{2\pi + 3\sqrt{3}}{6}a$

$y = \dfrac{1}{\sqrt{3}}x + \dfrac{2\sqrt{3}}{3}a$ より，h の方程式は

$x - \sqrt{3}y + 2a = 0$ ……② ………（答）

(3) 原点 $\mathbf{O}(0, 0)$ と②との間の距離を l

とおくと

$l = \dfrac{|0 - \sqrt{3} \cdot 0 + 2a|}{\sqrt{1^2 + (-\sqrt{3})^2}} = \dfrac{2a}{2} = a$ （一定）

よって，法線 h は
原点 $\mathbf{O}$ を中心と
する半径 a の円
$x^2 + y^2 = a^2$
に接する。……………………（終）

実力アップ問題 70　難易度 ★★　CHECK 1　CHECK 2　CHECK 3

関数 $f(x) = \dfrac{e^x - e^{-x}}{e^x + e^{-x}}$ について，次の問いに答えよ。

(1) $\displaystyle\lim_{x \to +\infty} f(x)$, $\displaystyle\lim_{x \to -\infty} f(x)$ を求め，$f(x)$ の増減を調べて，$y = f(x)$ のグラフの概形をかけ。(変曲点は求めなくてよい。)

(2) $f(x) = \dfrac{1}{2}$ となる x の値 α，および微分係数 $f'(\alpha)$ を求めよ。(山口大)

ヒント！　(1) 極限の値と，分数関数の微分により，$y = f(x)$ は，$-1 < y < 1$ を値域とする単調に増加する関数であることがわかる。

(1)・$\displaystyle\lim_{x \to +\infty} f(x) = \lim_{x \to +\infty} \dfrac{e^x - e^{-x}}{e^x + e^{-x}}$　← $\dfrac{\infty}{\infty}$ の不定形

$= \displaystyle\lim_{x \to +\infty} \dfrac{1 - e^{-2x}}{1 + e^{-2x}}$　← 分子・分母を e^x で割った！

$= 1$ ‥‥‥‥‥‥‥‥(答)

・$\displaystyle\lim_{x \to -\infty} f(x) = \lim_{x \to -\infty} \dfrac{e^x - e^{-x}}{e^x + e^{-x}}$　← $\dfrac{-\infty}{\infty}$ の不定形

$= \displaystyle\lim_{x \to -\infty} \dfrac{e^{2x} - 1}{e^{2x} + 1}$　← 分子・分母に e^x をかけた！

$= -1$ ‥‥‥‥‥‥‥‥(答)

・$f'(x) = \left(\dfrac{e^x - e^{-x}}{e^x + e^{-x}}\right)'$　← $\left(\dfrac{g}{f}\right)$ の公式通り

$= \dfrac{(e^x + e^{-x})^2 - (e^x - e^{-x})^2}{(e^x + e^{-x})^2}$

$= \dfrac{e^{2x} + 2 + e^{-2x} - (e^{2x} - 2 + e^{-2x})}{(e^x + e^{-x})^2}$

$= \dfrac{4}{(e^x + e^{-x})^2} > 0$

・$f(-x) = -f(x)$ より，$f(x)$ は奇関数である。

以上より，$y = f(x)$ は単調に増加し，

$\displaystyle\lim_{x \to +\infty} f(x) = 1$

$\displaystyle\lim_{x \to -\infty} f(x) = -1$

原点に関して対称より，$y = f(x)$ のグラフの概形は右図のようになる。‥‥‥‥(答)

(2) $f(x) = \boxed{\dfrac{e^x - e^{-x}}{e^x + e^{-x}} = \dfrac{1}{2}}$ のとき，　← この解が α

$\dfrac{e^{2x} - 1}{e^{2x} + 1} = \dfrac{1}{2}$　← 分子・分母に e^x をかけた！

$2e^{2x} - 2 = e^{2x} + 1$, 　$e^{2x} = 3$

$2x = \log 3$ 　∴ $\alpha = \dfrac{1}{2}\log 3$ ‥‥‥(答)

$f'(\alpha) = \dfrac{4}{(e^\alpha + e^{-\alpha})^2}$

ここで，$\begin{cases} e^\alpha = e^{\frac{1}{2}\log 3} = e^{\log\sqrt{3}} = \sqrt{3} \\ e^{-\alpha} = e^{-\frac{1}{2}\log 3} = e^{\log\frac{1}{\sqrt{3}}} = \dfrac{1}{\sqrt{3}} \end{cases}$

より，　公式：$e^{\log p} = p$ を使った！

$f'(\alpha) = \dfrac{4}{\left(\sqrt{3} + \dfrac{1}{\sqrt{3}}\right)^2} = \dfrac{4}{\dfrac{(3+1)^2}{3}}$

$= \dfrac{3}{4}$ ‥‥‥‥‥‥‥‥(答)

$f(x) = \dfrac{e^x}{e^x+1}$ とおく。ただし，e は自然対数の底とする。

(1) $y = f(x)$ の増減，凸凹，漸近線を調べ，グラフを描け。

(2) $f(x)$ の逆関数 $f^{-1}(x)$ を求めよ。

(3) $\displaystyle\lim_{n\to\infty} n\left\{ f^{-1}\left(\dfrac{1}{n+2}\right) - f^{-1}\left(\dfrac{1}{n+1}\right) \right\}$ を求めよ。 （九州大）

ヒント！ **(1)** $f'(x)$，$f''(x)$ の符号と，極限を調べて，グラフを描けばいい。
(2) $f(x)$ は 1 対 1 対応の関数なので，逆関数 $f^{-1}(x)$ を求めることができる。
(3) の問題では，公式 $\displaystyle\lim_{x\to\pm\infty}\left(1+\dfrac{1}{x}\right)^x = e$ を利用することになる。頑張ろう！

(1) $f(x) = \dfrac{e^x}{e^x+1}$ を x で微分して，

$$f'(x) = \frac{(e^x)' \cdot (e^x+1) - e^x(e^x+1)'}{(e^x+1)^2}$$

$$= \frac{e^x(e^x+1) - e^{2x}}{(e^x+1)^2}$$

$$= \frac{e^x}{(e^x+1)^2} > 0 \qquad (\because e^x > 0)$$

よって，$f(x)$ は単調に増加する。

さらに，$f''(x)$ を求めると，

$$f''(x) = \frac{(e^x)' \cdot (e^x+1)^2 - e^x\{(e^x+1)^2\}'}{(e^x+1)^4}$$

$$= \frac{e^x(e^x+1)^2 - 2e^{2x}(e^x+1)}{(e^x+1)^{4^3}}$$

$$= \frac{e^x(e^x+1) - 2e^{2x}}{(e^x+1)^3}$$

よって，

$$f''(x) = \frac{e^x(1-e^x)}{(e^x+1)^3} \qquad f''(x) = \begin{cases} \oplus \\ \textcircled{0} \\ \ominus \end{cases}$$

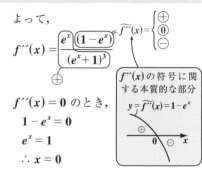

$f''(x)$ の符号に関する本質的な部分
$y = \widetilde{f''}(x) = 1 - e^x$

$f''(x) = 0$ のとき，

$1 - e^x = 0$

$e^x = 1$

$\therefore x = 0$

以上より，$y = f(x)$ の増減，凹凸表は

x	$(-\infty)$		0		(∞)
$f'(x)$		$+$	$+$	$+$	
$f''(x)$		$+$	0	$-$	
$f(x)$		↗	$\dfrac{1}{2}$	↗	

ここで，$f(0) = \dfrac{e^0}{e^0+1} = \dfrac{1}{2}$ より，

変曲点 $\left(0, \dfrac{1}{2}\right)$

また，

$$\cdot \lim_{x \to \infty} f(x) = \lim_{x \to \infty} \frac{e^x}{e^x + 1}$$

> 分子・分母を e^x で割った。

$$= \lim_{x \to \infty} \frac{1}{1 + \boxed{e^{-x}}} = 1$$

（→ 0）

$$\cdot \lim_{x \to -\infty} f(x) = \lim_{x \to -\infty} \frac{\boxed{e^x}}{\boxed{e^x} + 1} = 0$$

（→ 0, → 0）

よって，漸近線は **2** 直線 $y = 1$，
$y = 0$ となる。

以上より，求める $y = f(x)$ のグラフ
の概形は，次のようになる。……（答）

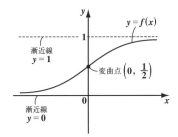

y

$y = f(x)$

漸近線
$y = 1$

変曲点 $\left(0, \dfrac{1}{2}\right)$

0

x

漸近線
$y = 0$

(2)(1)の結果より，関数 $y = f(x) = \dfrac{e^x}{e^x + 1}$ は

1 対 **1** 対応の関数より，この逆関数
$f^{-1}(x)$ が存在する。

$$x = \frac{e^y}{e^y + 1}$$

$$(0 < x < 1)$$

> $y = f(x)$ の x と y を入れ替えて，$y = f^{-1}(x)$ の形にまとめる。

$$x(e^y + 1) = e^y \qquad (1 - x)e^y = x$$

$$e^y = \frac{x}{1 - x} \qquad この両辺は正より，$$

この両辺の自然対数をとって，

$$y = f^{-1}(x) = \log \frac{x}{1 - x} \ となる。$$

$$\therefore 逆関数 f^{-1}(x) = \log \frac{x}{1 - x} \ \cdots\cdots \text{①}$$

$$(0 < x < 1) \ \cdots\cdots（答）$$

(3) $0 < \dfrac{1}{n+2} < 1$, $0 < \dfrac{1}{n+1} < 1$

（$\because n > 0$）より，①の x に $\dfrac{1}{n+2}$，

$\dfrac{1}{n+1}$ を代入して，求める極限は，

$$\lim_{n \to \infty} n \left\{ f^{-1}\left(\frac{1}{n+2}\right) - f^{-1}\left(\frac{1}{n+1}\right) \right\}$$

$$= \lim_{n \to \infty} n \left(\log \frac{\dfrac{1}{n+2}}{1 - \dfrac{1}{n+2}} - \log \frac{\dfrac{1}{n+1}}{1 - \dfrac{1}{n+1}} \right)$$

> $\boxed{\dfrac{1}{n+2-1}}$　　$\boxed{\dfrac{1}{n+1-1}}$

$$= \lim_{n \to \infty} n \left(\log \frac{1}{n+1} - \log \frac{1}{n} \right)$$

$$= \lim_{n \to \infty} n \log \frac{n}{n+1}$$

$$= \lim_{n \to \infty} \log \left(\left(\frac{n}{n+1} \right)^n \right)$$

> $\boxed{\left(\dfrac{1}{1 + \dfrac{1}{n}} \right)^n = \dfrac{1}{\left(1 + \dfrac{1}{n}\right)^n}}$

$$= \lim_{n \to \infty} \log \frac{1}{\left(\left(1 + \dfrac{1}{n}\right)^n \right)}$$

（→ e）

> 公式：$\lim\limits_{x \to \pm\infty} \left(1 + \dfrac{1}{x}\right)^x = e$ を使った！

$$= \log \frac{1}{e}$$

$$= \log e^{-1} = -1 \ \cdots\cdots\cdots\cdots\cdots\cdots（答）$$

関数 $f(x) = e^x + ae^{-x}$ $(a > 0)$ について,

(1) $f(x)$ が $0 < x < 1$ で極小値をもつような a の範囲を求めよ。

(2) (1)で求めた範囲における $f(x)$ の極小値を a の式で表せ。

(3) $0 \leqq x \leqq 1$ における $f(x)$ の最小値 m を a の式で表せ。　　(大阪電通大)

ヒント！　(3)$f(x)$ は, **U** 字形の曲線となるので, $0 \leqq x \leqq 1$ における, その最小値を求めるには, 3 通りの場合分けが必要となるんだよ。

(1) $y = f(x) = e^x + ae^{-x}$ $(a > 0)$ を x で微分して,

$y = f(x)$ のイメージ

$f'(x) = e^x - ae^{-x}$

$f'(x) = 0$ のとき,

$e^x - ae^{-x} = 0$

$e^x = ae^{-x}$

$e^{2x} = a$

$2x = \log a$

$x = \dfrac{1}{2}\log a$　この値の前後で, $f'(x)$ の符号は負から正に変化する。

よって, $y = f(x)$ は, $x = \dfrac{1}{2}\log a$ で極小となる。

$0 < \dfrac{1}{2}\log a < 1$　のとき

$\boxed{0} < \log a < \boxed{2}$

$\boxed{\log 1} \qquad \boxed{\log e^2}$

$\therefore 1 < a < e^2$ ……………………(答)

(2) 極小値は,

$f\left(\dfrac{1}{2}\log a\right) = e^{\overparen{\frac{1}{2}\log a}} + ae^{\overparen{-\frac{1}{2}\log a}}$

$= \boxed{e^{\log \sqrt{a}}} + a\boxed{e^{\log \frac{1}{\sqrt{a}}}}$

$\qquad \boxed{\sqrt{a}} \qquad\qquad \boxed{\dfrac{1}{\sqrt{a}}}$

$\boxed{\text{公式}: e^{\log p} = p \text{ を使った！}}$

$= \sqrt{a} + \sqrt{a} = 2\sqrt{a}$ ……………(答)

(3) $0 \leqq x \leqq 1$ における $f(x)$ の最小値 m は, a の値によって, 3 つに場合分けされる。

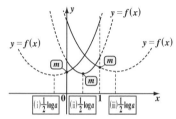

(ⅰ) $\dfrac{1}{2}\log a \leqq 0$, すなわち

$0 < a \leqq 1$ のとき,

$m = f(0) = e^0 + a \cdot e^0 = a + 1$

(ⅱ) $0 < \dfrac{1}{2}\log a < 1$, すなわち

$1 < a < e^2$ のとき,　$\boxed{\text{(2) の結果}}$

$m = f\left(\dfrac{1}{2}\log a\right) = 2\sqrt{a}$

(ⅲ) $1 \leqq \dfrac{1}{2}\log a$, すなわち

$e^2 \leqq a$ のとき,

$m = f(1) = e + a \cdot e^{-1} = e^{-1}a + e$

以上 (ⅰ)(ⅱ)(ⅲ)より, 最小値 m は,

$$m = \begin{cases} a+1 & (0 < a \leqq 1) \\ 2\sqrt{a} & (1 < a < e^2) \\ e^{-1}a + e & (e^2 \leqq a) \end{cases} \text{……(答)}$$

実力アップ問題73   難易度 ★★   CHECK 1   CHECK 2   CHECK 3

関数 $f(x) = e^{-x}\sin x$ について，次の問いに答えよ。ただし，$x \geqq 0$ とする。

(1) $f(x)$ の極大値を与える x を，小さい順に x_1, x_2, x_3, $\cdots$, x_n, $\cdots$ とする とき，x_n を求めよ。

(2) $\displaystyle\sum_{n=1}^{\infty} f(x_n)$ を求めよ。   (広島大＊)

ヒント！ $y = f(x)$ は，減衰振動する関数で，(2)の極大値の無限和は，無限等比 級数の問題に帰着する。これも頻出典型の問題だよ。

(1) $y = f(x) = e^{-x}\sin x$ $(x \geqq 0)$ を x で 微分して，

$$f'(x) = -e^{-x}\sin x + e^{-x}\cdot\cos x$$
$$= \underset{\oplus}{e^{-x}}(\cos x - \sin x)$$

$f'(x) = 0$ のとき， $\cos x - \sin x = 0$

$\sin x = \cos x$

> $\cos x \neq 0$ より，両辺を $\cos x$ で割った！

$\dfrac{\sin x}{\cos x} = 1$

$\tan x = 1$

> $\cos x = 0$ と仮定すると，$\sin x = \cos x = \pm 1 = 0$ となって矛盾。

$x \geqq 0$ より，

$$x = \frac{\pi}{4},\ \frac{5}{4}\pi,\ \frac{9}{4}\pi,\ \frac{13}{4}\pi,\ \frac{17}{4}\pi,\ \cdots\cdots$$

極大   極大   極大

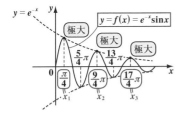

$y = f(x)$ のグラフから明らかに，極 大値を与える x 座標の数列 $\{x_n\}$ は，

$\dfrac{\pi}{4},\ \dfrac{9}{4}\pi,\ \dfrac{17}{4}\pi,\ \cdots\cdots$ となるので，

初項 $x_1 = \dfrac{\pi}{4}$，公差 2π の等差数列と なる。

よって，求める一般項 x_n は，

$$x_n = \frac{\pi}{4} + (n-1)\cdot 2\pi \quad\cdots\cdots①$$
$$= 2n\pi - \frac{7}{4}\pi \ (n = 1, 2, \cdots) \cdots(答)$$

(2) $y_n = f(x_n)$ $(n = 1, 2, \cdots)$ とおくと，

$$y_n = f\left(\frac{\pi}{4} + (n-1)2\pi\right) \quad (\because①)$$
$$= \underbrace{e^{-\left\{\frac{\pi}{4} + (n-1)2\pi\right\}}}_{e^{-\frac{\pi}{4}}(e^{-2\pi})^{n-1}} \underbrace{\sin\left(\frac{\pi}{4} + (n-1)2\pi\right)}_{\sin\frac{\pi}{4} = \frac{1}{\sqrt{2}}}$$
$$= \underbrace{\frac{e^{-\frac{\pi}{4}}}{\sqrt{2}}}_{y_1} \cdot \big(\underbrace{(e^{-2\pi})}_{r}\big)^{n-1}$$

$\therefore$ 数列 $\{y_n\}$ は，初項 $y_1 = \dfrac{e^{-\frac{\pi}{4}}}{\sqrt{2}}$，公比 $r = e^{-2\pi}$ の等比数列で，r は 収束条件：$-1 < r < 1$ をみたす。

よって，求める無限等比級数の和は，

$$\sum_{n=1}^{\infty} f(x_n) = \sum_{n=1}^{\infty} y_n = \frac{y_1}{1-r} = \frac{\dfrac{e^{-\frac{\pi}{4}}}{\sqrt{2}}}{1 - e^{-2\pi}}$$

$$= \frac{e^{\frac{7}{4}\pi}}{\sqrt{2}\,(e^{2\pi} - 1)} \quad\cdots\cdots\cdots(答)$$

右図のように，点 O から出る 2 本の半直線 l，m があり，l と m のなす角を $\theta\left(0<\theta<\dfrac{\pi}{2}\right)$ とする。l 上に $OP_1 = 1$ となるように点 P_1 を定め，P_1 から m に垂線 P_1Q_1 を下ろし，Q_1 から l に垂線 Q_1P_2 を下ろし，P_2 から m に垂線 P_2Q_2 を下ろす。以下同様に繰り返して，点 P_n，$Q_n(n = 1, 2, 3, \cdots)$ を定め，$\triangle P_nQ_nP_{n+1}$ の面積を S_n とする。

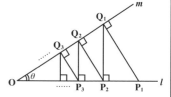

(1) $\dfrac{P_2Q_2}{P_1Q_1}$ を求めよ。　　(2) $\dfrac{S_2}{S_1}$ を求めよ。

(3) $S = \displaystyle\sum_{n=1}^{\infty} S_n$ を $\sin 2\theta$ と $\cos 2\theta$ で表せ。

(4) (3) で求めた S を θ の関数と考えて，S の最大値を求めよ。
　　ただし，その最大値を与える θ は求めなくてよい。　　　　(広島大*)

ヒント！　(1), (2)$\triangle P_1Q_1P_2$ と $\triangle P_2Q_2P_3$ とは，相似な三角形なので，その相似比と面積比を求めればいい。(3)数列$\{S_n\}$は等比数列となるので，初項S_1と公比$r(0<r<1)$を求めれば，その無限等比級数は公式 $\dfrac{S_1}{1-r}$ により簡単に求まる。(4) では，S を最大にする θ を $\theta = \alpha$ とおいて考えるといいんだね。

(1) 右図に示すように，2 組の角が等しいので，2 つの三角形 $\triangle P_1Q_1P_2$ と $\triangle P_2Q_2P_3$ は相似な三角形であり，$P_1Q_1 = \sin\theta$，$P_2Q_2 = \sin\theta\cos^2\theta$ より，その相似比 $\dfrac{P_2Q_2}{P_1Q_1}$ は，

$$\dfrac{P_2Q_2}{P_1Q_1} = \dfrac{\cancel{\sin\theta}\cdot\cos^2\theta}{\cancel{\sin\theta}}$$
$$= \cos^2\theta \text{ である。}\cdots\cdots\cdots\text{(答)}$$

(2) $\triangle P_1Q_1P_2$ と $\triangle P_2Q_2P_3$ は相似比が $1:\cos^2\theta$ の相似な三角形より，その面積比 $\dfrac{S_2}{S_1}$ は，

$$\dfrac{S_2}{S_1} = (\cos^2\theta)^2 = \cos^4\theta \text{ である。}$$
$$\cdots\cdots\text{(答)}$$

相似比 $a:b$ の相似な図形の面積比は $a^2:b^2$ だからね。

110

(3)(2)の結果：$S_2 = \underset{\boxed{公比 r}}{\cos^4\theta} \cdot S_1$ より，同

様に $S_3 = \cos^4\theta \cdot S_2$, $S_4 = \cos^4\theta \cdot S_3$, …

となるため，一般に $S_{n+1} = \cos^4\theta \cdot S_n$ が成り立つ。よって，数列 $\{S_n\}$

は公比 $r = \cos^4\theta$ $(0 < r < 1)$ の等比

数列である。

$$\because 0 < \theta < \frac{\pi}{2} \text{ より,}$$
$$0 < \cos^4\theta < 1$$

また，初項 S_1

($\triangle P_1 Q_1 P_2$ の

面積) は右図

より，

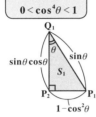

$S_1 = \dfrac{1}{2}\sin\theta\cos\theta(1-\cos^2\theta)$ となる。

以上より，求める無限等比級数 S は，

$$S = \sum_{n=1}^{\infty} S_n = \sum_{n=1}^{\infty} S_1 \cdot r^{n-1} = \frac{S_1}{1-r}$$

$$= \frac{\dfrac{1}{2}\sin\theta\cos\theta \cdot (1-\cos^2\theta)}{\boxed{1-\cos^4\theta}}$$
$$\boxed{(1+\cos^2\theta)(1-\cos^2\theta)}$$

$$= \frac{\boxed{\sin\theta \cdot \cos\theta}}{2(1+\boxed{\cos^2\theta})}$$
$$\boxed{\dfrac{1}{2}\sin 2\theta} \qquad \boxed{\dfrac{1+\cos 2\theta}{2}}$$

$$\therefore S = \frac{\sin 2\theta}{2(3+\cos 2\theta)} \quad \cdots\cdots \text{①} \quad \cdots\cdots (答)$$
$$(0 < 2\theta < \pi)$$

(4) $S = S(\theta)$ とみて，①を θ で微分すると，

$$\frac{dS}{d\theta} = \frac{1}{2} \cdot \frac{(\sin 2\theta)' \cdot (3+\cos 2\theta) - \sin 2\theta (3+\cos 2\theta)'}{(3+\cos 2\theta)^2}$$

$$= \frac{2\cos 2\theta(3+\cos 2\theta) + 2\sin^2 2\theta}{2(3+\cos 2\theta)^2}$$

$$\therefore \frac{dS}{d\theta} = \frac{\boxed{3\cos 2\theta + 1}}{\boxed{(\cos 2\theta + 3)^2}} \overbrace{}^{\frac{dS}{d\theta}} \begin{cases} \oplus \\ \textcircled{0} \\ \ominus \end{cases}$$

$\dfrac{dS}{d\theta}$ の符号に関する本質的な部分

$\dfrac{dS}{d\theta}$ $\quad \dfrac{dS}{d\theta} = 3\cos 2\theta + 1$

よって，$\dfrac{dS}{d\theta} = 0$ のとき

$$3\cos 2\theta + 1 = 0$$

$$\cos 2\theta = -\frac{1}{3} \quad \cdots \text{②}$$

ここで，$0 < \theta < \dfrac{\pi}{2}$

より，②をみたす

θ はただ 1 つ存在し，これを α とお

く，この α の前後で，$\dfrac{dS}{d\theta}$ は正か

ら負に転ずる。よって，S の増減表

は次のようになる。

S の増減表

θ	(0)		α		$\left(\dfrac{\pi}{2}\right)$
$\dfrac{dS}{d\theta}$		$+$	0	$-$	
S	(0)	↗	極大	↘	(0)

また，$\theta = \alpha$ を②に代入すると，

$$\begin{cases} \cos 2\alpha = -\dfrac{1}{3} & \cdots \text{③} \\ \sin 2\alpha = \dfrac{2\sqrt{2}}{3} & \cdots \text{④} \end{cases}$$

となる。

$\theta = \alpha$ のとき，③と④を①に代入する

と，S は最大値をとる。

$$\therefore 最大値 \ S = \frac{\sin 2\alpha}{2(3+\cos 2\alpha)}$$

$$= \frac{2\sqrt{2}}{2(9-1)} = \frac{\sqrt{2}}{8} \cdots\cdots (答)$$

半径 **1** の円に内接する△**ABC** について，**AB = AC** とする。このとき，次の問いに答えよ。

(1) ∠**A = 2θ** とおくとき，△**ABC** の周長 **L** を **θ** の関数で表せ。

(2) 周長 **L** の最大値を求めよ。

> **ヒント!**   正弦定理により，**AB = AC** を **θ** の式で表せる。

(1) 題意の△**ABC** について，

$$\begin{cases} \angle A = 2\theta \\ AB = AC = b \\ \angle B = \angle C = \alpha \end{cases}$$

とおくと，

$$\alpha = \frac{1}{2}(\pi - 2\theta) = \frac{\pi}{2} - \theta \quad \cdots\cdots ①$$

△**ABC** に正弦定理を用いて，

$$\frac{b}{\sin\alpha} = 2 \cdot 1 \quad \cdots\cdots\cdots\cdots\cdots ②$$

<u>外接円の半径</u>

よって，①，②より，

$$b = 2\sin\alpha = 2\sin\left(\frac{\pi}{2} - \theta\right) = \underline{2\cos\theta}$$

また，**A** から底辺 **BC** に下ろした垂線の足を **H** とおくと，

$$BH = b\cdot\cos\alpha = b\cdot\cos\left(\frac{\pi}{2}-\theta\right) = \underline{b\cdot\sin\theta}$$

$$\therefore BC = 2\cdot\underline{BH} = 2\cdot\underline{b\sin\theta} = 2\cdot 2\cos\theta\cdot\sin\theta$$
$$= 4\cos\theta\cdot\sin\theta$$

以上より，△**ABC** の周の長さ **L** は，

$$L = \underline{b} + \underline{b} + BC$$
$$= 2\cdot 2\cos\theta + 4\cos\theta\cdot\sin\theta$$

$$\therefore L = 4\cos\theta(\sin\theta + 1) \quad \cdots\cdots\cdots(答)$$

(2) $L = f(\theta) = 4\cos\theta\cdot(\sin\theta + 1)$

$$\left(0 < \theta < \frac{\pi}{2}\right) \quad とおく。$$

$$f'(\theta) = -4\sin\theta\cdot(\sin\theta + 1) + 4\cos\theta\cdot\cos\theta$$

> 公式：$(f\cdot g)' = f'\cdot g + f\cdot g'$ を使った!

$$= 4\underline{\cos^2\theta} - 4\sin^2\theta - 4\sin\theta$$
$$= 4\underline{(1 - \sin^2\theta)} - 4\sin^2\theta - 4\sin\theta$$
$$= -4(2\sin^2\theta + \sin\theta - 1)$$

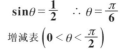

$$= -4(2\sin\theta - 1)(\sin\theta + 1)$$
$$= 4(\boxed{1 - 2\sin\theta})(\sin\theta + 1)$$

$\underbrace{}_{f'(\theta)}$ $\underbrace{}_{\oplus}$

> $f'(\theta)$ の符号を決定する本質的な部分

ここで，$\sin\theta > 0$ より，$\sin\theta + 1 > 0$

$$\therefore f'(\theta) = 0 \text{ のとき，} 1 - 2\sin\theta = 0$$

$$\sin\theta = \frac{1}{2} \quad \therefore \theta = \frac{\pi}{6}$$

増減表 $\left(0 < \theta < \frac{\pi}{2}\right)$

θ	(0)		$\frac{\pi}{6}$		$\left(\frac{\pi}{2}\right)$
$f'(\theta)$		$+$	0	$-$	
$f(\theta)$		↗	極大	↘	

> ・$0 < \theta < \frac{\pi}{6}$ のとき $\sin\theta < \frac{1}{2}$
> ・$\frac{\pi}{6} < \theta < \frac{\pi}{2}$ のとき $\sin\theta > \frac{1}{2}$

以上より，求める周長 **L** の最大値は，

$$f\left(\frac{\pi}{6}\right) = 4\cos\frac{\pi}{6}\cdot\left(\sin\frac{\pi}{6} + 1\right)$$

$$= 4\cdot\frac{\sqrt{3}}{2}\cdot\left(\frac{1}{2} + 1\right) = 3\sqrt{3} \quad \cdots\cdots(答)$$

実力アップ問題 76 　難易度 ★★★ 　CHECK 1 　CHECK 2 　CHECK 3

関数 $f(x) = (1-x)e^x$ について，次の問いに答えよ。

(1) 関数 $y = f(x)$ の増減，極値を調べ，グラフの概形をかけ。ただし，$\lim_{x \to -\infty} xe^x = 0$ は用いてよい。

(2) 実数 a に対して，点 $(a, 0)$ を通る $y = f(x)$ の接線の本数を求めよ。

(富山大*)

ヒント！ (1)関数 $y = f(x)$ のグラフの概形は，直感的に描くこともできるね。
(2)は，2次方程式の判別式の問題に帰着するんだね。

参考

$y = f(x)$ を，$y = 1-x$ と $y = e^x$ の積と考える。

(ⅰ) $f(1) = 0$

(ⅱ) $x > 1$ のとき
$f(x) < 0$
$x < 1$ のとき
$f(x) > 0$

(ⅲ) $\lim_{x \to \infty} f(x) = -\infty$

(ⅳ) $\lim_{x \to -\infty} f(x) = 0$

(1) $y = f(x) = (1-x)e^x$ の両辺を x で微分して，

$f'(x) = -1 \cdot e^x + (1-x)e^x = -x \cdot e^x$

$f'(x) = 0$ のとき，
$x = 0$

増減表

x		0	
$f'(x)$	$+$	0	$-$
$f(x)$	↗	極大	↘

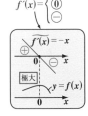

極大値 $f(0) = (1-0) \cdot e^0 = 1$

$\cdot \lim_{x \to \infty} f(x) = \lim_{x \to \infty}(\boxed{1-x}) \cdot \boxed{e^x} = -\infty$

$\cdot \lim_{x \to -\infty} f(x) = \lim_{x \to -\infty}(\boxed{1-x}) \cdot \boxed{e^x}$ ← $\infty \times 0$ の不定形

$= \lim_{x \to -\infty}(\boxed{e^x} - \boxed{x \cdot e^x}) = 0$ ← $x = -t$ とおくと，$\lim_{t \to \infty} \dfrac{-t}{e^t} = 0$

以上より，求める $y = f(x)$ のグラフの概形は右図となる。…(答)

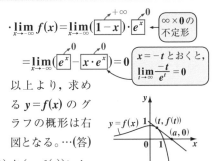

(2) 点 $(t, f(t))$ における曲線 $y = f(x)$ の接線の方程式は，

$y = -t \cdot e^t(x-t) + (1-t) \cdot e^t$ ……①

$[y = f'(t) \cdot (x-t) + f(t)]$

①が，点 $(a, 0)$ を通るとき，

$0 = -t \cdot e^t(a-t) + (1-t) \cdot e^t$

$t^2 - (a+1)t + 1 = 0$ ……② $(\because e^t > 0)$

t の2次方程式②の実数解の個数は，点 $(a, 0)$ から，$y = f(x)$ に引ける接線の本数に等しい。

②の判別式を D とおくと，

$D = (a+1)^2 - 4 = a^2 + 2a - 3$
$\quad = (a+3)(a-1)$

∴ 求める接線の本数は，

・$a < -3, 1 < a$ のとき，2本 ← $D > 0$

・$a = -3, 1$ のとき，1本 ← $D = 0$

・$-3 < a < 1$ のとき，0本 ← $D < 0$

となる。…………………………………(答)

(1) $x > 0$ で定義された関数 $f(x) = -x^2 + 6x + \dfrac{4}{x}$ の極大値と極小値を求め、$y = f(x)$ のグラフの概形を描け。ただし、$f(x) = 0$ となる x の値を求める必要はない。

(2) 3 つの相異なる正の実数 a, b, c は $a + b + c = 6$, $abc = 4$ を満たすとし、$k = bc + ca + ab$ とおく。

　(ⅰ) a, b, c を解とする 3 次方程式を求めよ。

　(ⅱ) k のとりうる値の範囲を求めよ。　　　　　　　　　　　　(明治大)

ヒント！ (2) の a, b, c を解にもつ 3 次方程式を変形すると、$f(x) = k$ となり、(1) で求めた $y = f(x)$ のグラフが利用できる。

(1) $y = f(x) = -x^2 + 6x + 4 \cdot x^{-1}$ $(x > 0)$

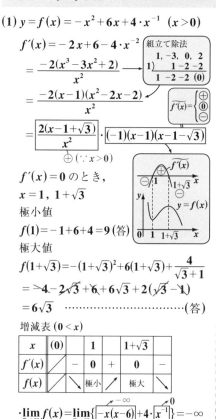

$f'(x) = -2x + 6 - 4 \cdot x^{-2}$

組立て除法
$$
\begin{array}{r|rrrr}
 & 1 & -3 & 0 & 2 \\
1) & & 1 & -2 & -2 \\
\hline
 & 1 & -2 & -2 & (0)
\end{array}
$$

$= \dfrac{-2(x^3 - 3x^2 + 2)}{x^2}$

$= \dfrac{-2(x-1)(x^2 - 2x - 2)}{x^2}$

$= \dfrac{2(x - 1 + \sqrt{3})}{x^2} \cdot (-1)(x-1)(x - 1 - \sqrt{3})$

　　　⊕ (∵ $x > 0$)

$f'(x) = 0$ のとき、
$x = 1, \ 1 + \sqrt{3}$

極小値
$f(1) = -1 + 6 + 4 = 9$ (答)

極大値
$f(1 + \sqrt{3}) = -(1 + \sqrt{3})^2 + 6(1 + \sqrt{3}) + \dfrac{4}{\sqrt{3} + 1}$

$= -4 - 2\sqrt{3} + 6 + 6\sqrt{3} + 2(\sqrt{3} - 1)$

$= 6\sqrt{3}$ ……………………(答)

増減表 $(0 < x)$

x	(0)		1		$1 + \sqrt{3}$	
$f'(x)$		$-$	0	$+$	0	$-$
$f(x)$		↘	極小	↗	極大	↘

$\cdot \lim_{x \to \infty} f(x) = \lim_{x \to \infty} \left\{ \boxed{-x(x-6)}^{-\infty} + 4 \cdot \boxed{x^{-1}}^{\,0} \right\} = -\infty$

$\cdot \lim_{x \to +0} f(x) = \lim_{x \to +0} \left\{ \boxed{-x^2 + 6x}^{\,0} + \boxed{\dfrac{4}{x}}^{+\infty} \right\} = +\infty$

以上より、$y = f(x)$ のグラフの概形を右に示す。…(答)

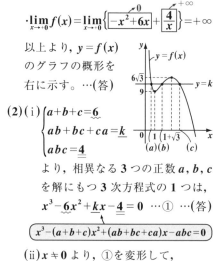

(2)(ⅰ) $\begin{cases} a + b + c = 6 \\ ab + bc + ca = k \\ abc = 4 \end{cases}$

より、相異なる 3 つの正数 a, b, c を解にもつ 3 次方程式の 1 つは、

$x^3 - 6x^2 + kx - 4 = 0$ …① …(答)

$\boxed{x^3 - (a+b+c)x^2 + (ab+bc+ca)x - abc = 0}$

(ⅱ) $x \neq 0$ より、①を変形して、

$k = \boxed{-x^2 + 6x + \dfrac{4}{x}}^{f(x)}$

よって、①の正の異なる 3 実数解 a, b, c は、曲線 $y = f(x)$ $(x > 0)$ と直線 $y = k$ の 3 交点の x 座標より、2 つのグラフが異なる 3 交点をもつような k の値の範囲を求めて、

$9 < k < 6\sqrt{3}$ …………………(答)

実力アップ問題 78　難易度 ★★★　CHECK 1　CHECK 2　CHECK 3

(1) $\lim\limits_{x \to \infty} \dfrac{x}{e^x} = 0$ が与えられているとき，$\lim\limits_{x \to \infty} \dfrac{\log x}{x}$ を求めよ。

(2) 関数 $f(x) = \dfrac{\log x}{x}$ $(x > 0)$ の極値を調べ，グラフの概形を描け。

(3) $y = f(x)$ のグラフを利用して，e^π と π^e の大小を比較せよ。

　　ただし，π は円周率，e は自然対数の底を表す。

ヒント！　(1) $e^x = t$ とおく。(2) グラフを描くのに，(1) の極限も利用する。
(3) $f(e) > f(\pi)$ から大小関係がわかるはずだ。

(1) $\lim\limits_{x \to \infty} \dfrac{x}{e^x} = 0$ ……① が与えられているとき，$e^x = t$ とおくと，$x = \log t$

また，$x \to \infty$ のとき $t \to \infty$ より，①は，

$$\lim_{x \to \infty} \dfrac{x}{e^x} = \boxed{\lim_{t \to \infty} \dfrac{\log t}{t} = 0}$$

文字は何でもかまわない。

$\therefore \lim\limits_{x \to \infty} \dfrac{\log x}{x} = 0$ ………………(答)

(2) $y = f(x) = \dfrac{\log x}{x}$ $(x > 0)$ とおく。

$$f'(x) = \dfrac{\frac{1}{x} \cdot x - \log x \cdot 1}{x^2} = \dfrac{\boxed{1 - \log x}}{\boxed{x^2} \oplus}$$

$f'(x) = \begin{cases} \oplus \\ \textcircled{0} \\ \ominus \end{cases}$

$f'(x) = 0$ のとき，

$\widetilde{f'(x)} = 1 - \log x$

$1 - \log x = 0$，$x = e$

極大値

$f(e) = \dfrac{1}{e}$ …(答)

$\cdot \lim\limits_{x \to \infty} f(x) = 0$

$(\because (1))$

$\cdot \lim\limits_{x \to +0} f(x) = \lim\limits_{x \to +0} \underbrace{\boxed{\dfrac{\log x}{x}}}_{+0}{}^{-\infty} = -\infty$

増減表 $(x > 0)$

x	(0)		e	
$f'(x)$		$+$	0	$-$
$f(x)$		↗	極大	↘

以上より，$y = f(x)$ のグラフの概形を右図に示す。…(答)

$y = f(x)$ のグラフ

参考

e^π と π^e の自然対数をとって，

$\log e^\pi$ 　　$\log \pi^e$

$\pi \cdot \log e$ 　　$e \log \pi$

それぞれを $\pi \cdot e$ で割って，

$\dfrac{\log e}{e}$ 　　$\dfrac{\log \pi}{\pi}$

(1) のグラフより，

$\therefore f(e)$ は最大値

$f(e) > f(\pi)$ の大小関係がわかる。
答案では，これを逆にたどる。

(3) $y = f(x)$ は，$x = e$ で最大となる。

　よって，$f(e) > f(\pi)$

$$\dfrac{\log e}{e} > \dfrac{\log \pi}{\pi}$$

両辺に $\pi \cdot e$ をかけて，

$\pi \cdot \log e > e \log \pi$

$\log e^\pi > \log \pi^e$

$\therefore e^\pi > \pi^e$ ……………………(答)

e は自然対数の底とする。

(1) $x > 0$ のとき，不等式 $e^x > 1 + x + \dfrac{x^2}{2}$ を示せ。

(2) (1) の結果を用いて，極限値 $\displaystyle\lim_{x \to \infty} \dfrac{x}{e^x}$ を求めよ。

(3) $S_n = \displaystyle\sum_{k=1}^{n} k e^{-k}$ とする。極限値 $\displaystyle\lim_{n \to \infty} S_n$ を求めよ。　　　（大阪医大）

ヒント！　(2) はさみ打ちの原理を用いる。(3) は，等差数列と等比数列の積の部分和を，解法パターンに従って求めればいいんだね。

基本事項

関数の極限

(1) $\displaystyle\lim_{x \to \infty} \dfrac{x^\alpha}{e^x} = 0$, $\displaystyle\lim_{x \to \infty} \dfrac{e^x}{x^\alpha} = \infty$

(2) $\displaystyle\lim_{x \to \infty} \dfrac{\log x}{x^\alpha} = 0$, $\displaystyle\lim_{x \to \infty} \dfrac{x^\alpha}{\log x} = \infty$
　　（α：正の定数）

> グラフを描く上で，この極限の知識は役に立つ。試験でもよく出題されるので，この証明法についても本問でよく練習しておくといいよ。

(1) $x > 0$ のとき

$e^x > 1 + x + \dfrac{x^2}{2}$ ……(*) を示す。

ここで，

$y = f(x) = e^x - \left(1 + x + \dfrac{x^2}{2}\right)$ $(x > 0)$

とおく。

> この (大) − (小) の差をとった差関数 $f(x)$ について，$x > 0$ のとき，$f(x) > 0$ を示せばよい。

$y = f(x) = e^x - 1 - x - \dfrac{x^2}{2}$ $(x > 0)$

を x で微分して，

$f'(x) = e^x - 1 - x$

さらに x で微分して，

$f''(x) = \underset{(大)}{e^x} - \underset{(小)}{1} > 0$

・よって，$x > 0$ のとき，$f'(x)$ は単調に増加する。

$f'(0) = e^0 - 1 = 0$

$\therefore f'(x) > 0$

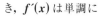

・よって，$x > 0$ のとき，$f(x)$ は単調に増加する。

$f(0) = e^0 - 1 = 0$

$\therefore f(x) > 0$

以上より，$x > 0$ のとき，

$f(x) = e^x - \left(1 + x + \dfrac{x^2}{2}\right) > 0$

$\therefore e^x > 1 + x + \dfrac{x^2}{2}$ ……(*) が成り立つ。

……(終)

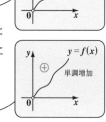

(2) $x > 0$ のとき，$(*)$ より，

$$e^x > 1 + x + \frac{x^2}{2} > \frac{x^2}{2}$$

$$x \cdot \frac{x}{2} < e^x$$

$$\frac{x}{e^x} < \frac{2}{x}$$

ここで，$x > 0$，$e^x > 0$ より，

$$0 < \frac{x}{e^x} < \frac{2}{x}$$

これで，"はさみ打ち" の準備が完了！
後は，$x \to \infty$ とすればよい。

$$0 \leqq \lim_{x \to \infty} \frac{x}{e^x} \leqq \lim_{x \to \infty} \frac{2}{x} = 0$$

注意！

不等式の極限では，一般に等号を付ける。たとえば，$x > 0$ のとき，$\frac{2}{x} > 0$ で，$x \to \infty$ のとき $\frac{2}{x}$ は $\dot{0}$ では $\dot{な}\dot{い}$ が，限りなく 0 に近づく。これを極限の式では等号を使って，$\lim_{x \to \infty} \frac{2}{x} = 0$ と書くからである。

よって，はさみ打ちの原理より，

$$\lim_{x \to \infty} \frac{x}{e^x} = 0 \quad \cdots\cdots\cdots\cdots\cdots\cdots (答)$$

$e^x = t$ とおくと，公式 $\lim_{t \to \infty} \frac{\log t}{t} = 0$ もすぐに示すことができる。

(3) $S_n = \sum_{k=1}^{n} k \cdot e^{-k}$ ◀── 部分和

等差数列　等比数列

この場合，$S_n - r \cdot S_n$ (r：公比) を求めて解くパターンを使う！

$$\begin{cases} S_n = 1 \cdot e^{-1} + 2 \cdot e^{-2} + 3 \cdot e^{-3} + \cdots + n \cdot e^{-n} \\ e^{-1} \cdot S_n = 1 \cdot e^{-2} + 2 \cdot e^{-3} + \cdots + (n-1) \cdot e^{-n} \\ \qquad\qquad\qquad\qquad\qquad\qquad\qquad + n \cdot e^{-n-1} \end{cases}$$

等比数列の公比

辺々をひいて，

$$(1 - e^{-1})S_n = e^{-1} + e^{-2} + e^{-3} + \cdots + e^{-n} - n \cdot e^{-n-1}$$

$\frac{e-1}{e}$

初項 $a = e^{-1}$，公比 $r = e^{-1}$，項数 n の等比数列の和

$$= \frac{e^{-1} \cdot \{1 - (e^{-1})^n\}}{1 - e^{-1}} - n \cdot e^{-n-1}$$

$\frac{a(1 - r^n)}{1 - r}$

よって，

$$\frac{e-1}{e} S_n = \frac{1 - e^{-n}}{e - 1} - \frac{n}{e^{n+1}}$$

$$S_n = \frac{e(1 - e^{-n})}{(e-1)^2} - \frac{1}{e-1} \cdot \frac{n}{e^n}$$

ここで，**(2)** の結果を用いて，

$$\lim_{n \to \infty} \frac{n}{e^n} = 0$$

よって，求める極限は，

$$\lim_{n \to \infty} S_n$$

$$= \lim_{n \to \infty} \left\{ \frac{e(1 - \boxed{e^{-n}}^{\,0})}{(e-1)^2} - \frac{1}{e-1} \cdot \boxed{\frac{n}{e^n}}^{\,0} \right\}$$

$$= \frac{e}{(e-1)^2} \quad \cdots\cdots\cdots\cdots\cdots\cdots (答)$$

$f(x) = \sqrt{x} - \log x \ (x > 0)$ について，

(1) $x > 0$ のとき，$f(x) > 0$ であることを示せ。

(2) (1) を利用して，$\displaystyle\lim_{x \to \infty} \frac{\log x}{x} = 0$ を示せ。 　　　　　　（大阪工大＊）

ヒント！ (1) $x > 0$ における $f(x)$ の最小値を求め，その最小値が 0 より大であることを示せばいいね。(2) では，(1) の結果を利用して，はさみ打ちにもち込めばいい。頑張ろう！

(1) $f(x) = x^{\frac{1}{2}} - \log x \ (x > 0)$

を x で微分して，

$$f'(x) = \frac{1}{2} x^{-\frac{1}{2}} - \frac{1}{x} = \frac{1}{2\sqrt{x}} - \frac{1}{x}$$

$$= \frac{\overbrace{(\sqrt{x} - 2)}}{\underbrace{(2x)}_{\oplus}} \qquad \widetilde{f'(x)} = \begin{cases} \oplus \\ \textcircled{0} \\ \ominus \end{cases}$$

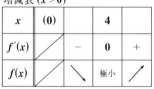

$f'(x)$ の符号に関する本質的な部分

よって $f'(x) = 0$

のとき，

$\sqrt{x} - 2 = 0$

$x = 4$

これから

$x > 0$ における，

$y = f(x)$ の増減表は，

増減表 $(x > 0)$

x	(0)		4	
$f'(x)$		$-$	0	$+$
$f(x)$		↘	極小	↗

∴ $0 < x$ において，$x = 4$ で $y = f(x)$ は

最小値 $f(4) = \sqrt{4} - \log 4$

$= \underline{2 - \log 4}$ 　をとる。

$\boxed{\log e^2 > \log 7}$

よって，最小値 $f(4) > 0$ より，

$x > 0$ において，$f(x) > 0$ である。

　　　　　　　　　　　………(終)

(2) (1) の結果より，$x > 0$ のとき，

$f(x) = \boxed{\sqrt{x} - \log x > 0}$

$\log x < \sqrt{x}$

ここで，さらに $x > 1$ とすると，

$x \to \infty$ の極限を調べたいわけだから，$x > 0$ を $x > 1$ に変えても問題ないんだね。

$0 < \log x < \sqrt{x}$

各辺を $x (> 1)$ で割って，

$0 \leqq \dfrac{\log x}{x} \leqq \dfrac{1}{\sqrt{x}}$

はさみ打ちによって，極限を求める場合は等号を付けて範囲を広げておいた方がいい。

ここで，$x \to \infty$ の極限をとると，

$0 \leqq \displaystyle\lim_{x \to \infty} \frac{\log x}{x} \leqq \lim_{x \to \infty} \frac{1}{\underbrace{\sqrt{x}}_{\infty}} = 0$

∴ はさみ打ちの原理より，

$\displaystyle\lim_{x \to \infty} \frac{\log x}{x} = 0$ となる。 　………(終)

118

実力アップ問題81　難易度 ★★　CHECK 1　CHECK 2　CHECK 3

(1) $x > 0$ のとき，不等式 $\log(1+x) > \dfrac{x}{1+x}$ ……① を証明せよ。

(2) $x > 0$ のとき，$f(x) = \dfrac{\log(1+x)}{x}$ の増減を調べよ。

(3) $0 < a < b$ のとき，$(1+a)^b$ と $(1+b)^a$ の大小を調べよ。　　（防衛大）

ヒント! (1) $g(x) = \log(1+x) - \dfrac{x}{1+x}$ $(x>0)$ とおいて，$g(x)>0$ を示せばいい。
(2)は(1)を，(3)は(2)を利用して，順に解いていけばいいよ。流れに乗ることが重要だ。

(1) $g(x) = \log(1+x) - \dfrac{x}{1+x}$ $(x>0)$

とおく。この両辺を x で微分して，

$$g'(x) = \frac{1}{1+x} - \frac{1\cdot(1+x) - x\cdot 1}{(1+x)^2}$$

$$= \frac{1+x-1}{(1+x)^2} = \frac{x}{(1+x)^2} > 0 \ (\because x>0)$$

よって，$x>0$ で $g(x)$ は単調に増加する。

$$g(0) = \log 1 - \frac{0}{1+0} = 0$$

より，$x>0$ のとき

$g(x) > 0$ ……②

よって，①の不等式
は成り立つ。……………………(終)

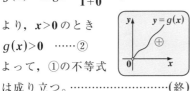

(2) $x > 0$ のとき，

$$f(x) = \frac{\log(1+x)}{x} \cdots ③ の増減を調べる。$$

③の両辺を x で微分して

$$f'(x) = \frac{\dfrac{1}{1+x}\cdot x - \log(1+x)\cdot 1}{x^2}$$

$$= -\frac{\boxed{\log(1+x) - \dfrac{x}{1+x}}}{x^2} \quad \boxed{g(x)>0}$$

$$\therefore f'(x) = -\frac{g(x)}{x^2} < 0 \ (\because x^2>0, g(x)>0)$$
$$\boxed{②より}$$

よって，$x>0$ のとき，$f(x)$ は単調に減少する。………………………(答)

(3) $x>0$ のとき，

$f(x)$ は単調に減少するので，

$0 < a < b$ のとき，

$$f(a) > f(b)$$

$$\frac{\log(1+a)}{a} > \frac{\log(1+b)}{b}$$

両辺に $ab(>0)$ をかけて

$$\boxed{b}\cdot\log(1+\boxed{a}) > \boxed{a}\cdot\log(1+\boxed{b})$$

$$\log(1+a)^b > \log(1+b)^a$$

この自然対数の底 $e\,(>1)$ より

$$(1+a)^b > (1+b)^a \cdots\cdots\cdots\cdots\cdots(答)$$

底>1 のとき，対数同士の大小関係とその真数同士の大小関係は一致する。

次の問いに答えよ。

(1) $x \geqq 1$ のとき, $x\log x \geqq (x-1)\log(x+1)$ を示せ。

(2) 自然数 n に対して, $(n!)^2 \geqq n^n$ を示せ。　(名古屋市大)

ヒント! (1) 差関数 $f(x) = (左辺)-(右辺)$ をとる。$f''(x) \leqq 0$ から, $f'(x) > 0$ を示すところに工夫が必要。(2) 数学的帰納法により示すが, (1) の結果も利用しよう。

(1) $x \geqq 1$ のとき,

$x \cdot \log x \geqq (x-1)\log(x+1)$ ……$(*)$

が成り立つことを示す。

ここで,

$y = f(x) = x \cdot \log x - (x-1)\log(x+1)$

$(x \geqq 1)$ とおく。

> 差関数 $y = f(x)$ をとって, $x \geqq 1$ のとき, $f(x) \geqq 0$ を示す!

$f(x)$ を微分して,

$f'(x) = 1 \cdot \log x + x \cdot \dfrac{1}{x}$

$\qquad - 1 \cdot \log(x+1) - (x-1) \cdot \dfrac{1}{x+1}$

$\qquad = \log x + 1 - \log(x+1) - \dfrac{x-1}{x+1}$

$\qquad\qquad\qquad\qquad\qquad ……①$

> 対数関数や分数関数が入り組んでいてよくわからないので, さらに微分して, $f''(x)$ まで掘り下げる。

さらに x で微分して,

$f''(x) = \dfrac{1}{x} - \dfrac{1}{x+1} - \dfrac{1 \cdot (x+1) - (x-1) \cdot 1}{(x+1)^2}$

$\qquad = \dfrac{1}{x} - \dfrac{1}{x+1} - \dfrac{2}{(x+1)^2}$

$\qquad = \dfrac{(x+1)^2 - x \cdot (x+1) - 2x}{x(x+1)^2}$

$\therefore f''(x) = \dfrac{\boxed{-x+1}}{\boxed{x(x+1)^2}}$ ← 0以下($\because x \geqq 1$)　⊕

ここで, $x \geqq 1$ より, $f''(x) \leqq 0$

・よって, $x \geqq 1$ のとき, $f'(x)$ は単調に減少する。さらに①より,

$f'(1) = \boxed{\log 1}^{\,0} + 1 - \log 2 - \boxed{\dfrac{1-1}{1+1}}^{\,0}$

$\qquad = 1 - \log 2 > 0$
$\qquad\qquad\Vert$
$\qquad\quad \boxed{\log e}$

$\displaystyle\lim_{x \to \infty} f'(x)$

$\quad = \displaystyle\lim_{x \to \infty}\left(\log\dfrac{x}{x+1} + 1 - \dfrac{x-1}{x+1}\right)$

$\quad = \displaystyle\lim_{x \to \infty}\left(\log\dfrac{1}{1+\boxed{\dfrac{1}{x}}} + 1 - \dfrac{1-\boxed{\dfrac{1}{x}}^{\,0}}{1+\boxed{\dfrac{1}{x}}}\right)$

$\quad = \boxed{\log 1}^{\,0} + 1 - 1$

$\quad = 0$

以上から, $x \geqq 1$ のとき, $f'(x) > 0$

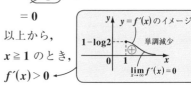

$y = f'(x)$ のイメージ　単調減少　$\displaystyle\lim_{x\to\infty} f'(x) = 0$

・よって，$x \geqq 1$ のとき，$f(x)$ は単調に増加する。さらに，

$$f(1) = 1 \cdot \boxed{\log 1}^{\,0} - (\boxed{1-1})^{\,0} \cdot \log 2$$
$$= 0$$

以上より，
$x \geqq 1$ のとき，
$f(x) \geqq 0$

$y = f(x)$ のイメージ

単調増加

∴ $x \geqq 1$ のとき，
$$x \cdot \log x \geqq (x-1) \cdot \log(x+1) \cdots (*)$$
は成り立つ。‥‥‥‥‥‥‥‥(終)

(2) $n = 1, 2, 3, \cdots$ のとき，
$$(n!)^2 \geqq n^n \quad \cdots\cdots(**)$$
が成り立つことを数学的帰納法により示す。

(ⅰ) $n = 1$ のとき
　　左辺 $= (1!)^2 = 1^2 = 1$
　　右辺 $= 1^1 = 1$　より，
　　左辺 $\geqq$ 右辺は成り立つ。

(ⅱ) $n = k$ のとき，$(k = 1, 2, \cdots)$
　　$(k!)^2 \geqq k^k \quad \cdots\cdots$②
　　が成り立つと仮定して，$n = k+1$
　　のときについて調べる。

参考

$\{(k+1)!\}^2 \geqq (k+1)^{k+1} \quad \cdots\cdots$⑦　を
示せれば証明は終わる。そのために，
②を用いると，

$$\{(k+1)!\}^2 = \{(k+1) \cdot k!\}^2$$
$$= (k+1)^2 \cdot (k!)^2$$
$$\geqq (k+1)^2 \cdot k^k$$

②の両辺に
$(k+1)^2$ をか
けたもの！

ここで，
$$(k+1)^2 \cdot k^k \geqq (k+1)^{k+1} \quad \cdots\cdots$$⑦
が示されればよい。なぜなら，
$$\{(k+1)!\}^2 \geqq (k+1)^2 \cdot k^k \geqq (k+1)^{k+1}$$
となって，⑦が示せるからだ。

⑦の両辺を $(k+1)^2 \, (>0)$ で割ると，
$$k^k \geqq (k+1)^{k-1}$$
この両辺の自然対数をとると，
$$\log k^k \geqq \log(k+1)^{k-1}$$
$$k \cdot \log k \geqq (k-1)\log(k+1) \text{ となって，}$$
(1)で示した $(*)$ と同じ式を得る！

$$\{(k+1)!\}^2 = \{(k+1) \cdot k!\}^2$$
$$= (k+1)^2 \cdot (k!)^2$$
$$\geqq (k+1)^2 \cdot k^k \quad \cdots\cdots③ \quad (\because ②)$$

ここで，$(k+1)^2 \cdot k^k \geqq (k+1)^{k+1}$
すなわち，$k^k \geqq (k+1)^{k-1} \quad \cdots\cdots$④
が成り立つことを示す。

$k \geqq 1$ より，$(*)$ の x に k を代入して，

$$\boxed{k} \cdot \log k \geqq (\boxed{k-1}) \cdot \log(k+1)$$
$$\log k^k \geqq \log(k+1)^{k-1}$$
よって，自然対数の底 $e > 1$ より
$$k^k \geqq (k+1)^{k-1} \quad \cdots\cdots④ \text{ が成り立つ。}$$
∴ $(k+1)^2 \cdot k^k \geqq (k+1)^{k+1}$

これと③より，
$$\{(k+1)!\}^2 \geqq (k+1)^{k+1}$$
となり，$n = k+1$ のときも成り立つ。

以上 (ⅰ)(ⅱ) より，任意の自然数 n に
対して，$(n!)^2 \geqq n^n \cdots\cdots(**)$ が成り立つ。
‥‥‥‥(終)

xy 平面上を動く点 P の時刻 t における座標が

$(x(t),\ y(t)) = \left(\dfrac{e^t + e^{-t}}{2},\ \dfrac{e^t - e^{-t}}{2} \right)$ で与えられるとき,

(1) 時刻 t における速度ベクトル $\vec{v}(t)$ と加速度ベクトル $\vec{a}(t)$ を求めよ。

(2) 時刻 t における速度ベクトル $\vec{v}(t)$ と加速度ベクトル $\vec{a}(t)$ のなす角を $\theta(t)$ とするとき, $\cos\theta(t)$ を求めよ。

(鳥取大)

ヒント！ 動点 P が $P(x(t),\ y(t))$ で表されるとき, 動点 P の速度ベクトル $\vec{v}(t)$ と加速度ベクトル $\vec{a}(t)$ はそれぞれ, $\vec{v}(t) = \left(\dfrac{dx}{dt},\ \dfrac{dy}{dt} \right)$, $\vec{a}(t) = \left(\dfrac{d^2x}{dt^2},\ \dfrac{d^2y}{dt^2} \right)$ で表される。また, $\vec{v}$ と $\vec{a}$ のなす角 θ の余弦 $\cos\theta$ は, 当然内積の定義式 $\vec{v}\cdot\vec{a} = |\vec{v}||\vec{a}|\cos\theta$ から求めればいい。

(1) 動点 P は,

$(x,\ y) = \left(\dfrac{e^t + e^{-t}}{2},\ \dfrac{e^t - e^{-t}}{2} \right)$ で表されるため, この P の速度ベクトル $\vec{v}(t)$ と加速度ベクトル $\vec{a}(t)$ は次のように計算できる。

・$\vec{v}(t) = \left(\dfrac{dx}{dt},\ \dfrac{dy}{dt} \right)$ 　【速度 $\vec{v}(t)$ の定義式】

$= \left(\dfrac{1}{2}\underline{(e^t + e^{-t})'},\ \dfrac{1}{2}\underline{(e^t - e^{-t})'} \right)$ 　【t での微分】

$\therefore \vec{v}(t) = \left(\dfrac{e^t - e^{-t}}{2},\ \dfrac{e^t + e^{-t}}{2} \right)$ ……①

………(答)

・$\vec{a}(t) = \left(\dfrac{d^2x}{dt^2},\ \dfrac{d^2y}{dt^2} \right)$ 　【加速度 $\vec{a}(t)$ の定義式】

【t での2回微分】

$\vec{a}(t) = \left(\dfrac{d}{dt}\left(\dfrac{dx}{dt} \right),\ \dfrac{d}{dt}\left(\dfrac{dy}{dt} \right) \right)$

$\underline{\dfrac{1}{2}(e^t - e^{-t})}$ 　$\underline{\dfrac{1}{2}(e^t + e^{-t})}$

$= \left(\dfrac{1}{2}(e^t - e^{-t})',\ \dfrac{1}{2}(e^t + e^{-t})' \right)$

$\therefore \vec{a}(t) = \left(\dfrac{e^t + e^{-t}}{2},\ \dfrac{e^t - e^{-t}}{2} \right)$ ……②

………(答)

(2) 速度 $\vec{v}(t)$ と加速度 $\vec{a}(t)$ のなす角を $\theta(t)$ とおくと, 内積の定義式より,

$\vec{v}(t)\cdot\vec{a}(t) = |\vec{v}(t)||\vec{a}(t)|\cos\theta(t)$

$\therefore \cos\theta = \dfrac{\vec{v}\cdot\vec{a}}{|\vec{v}||\vec{a}|}$ ……③

となる。

ここで，

$$\begin{cases} \vec{v} = \left(\dfrac{e^t - e^{-t}}{2},\ \dfrac{e^t + e^{-t}}{2} \right) \ \cdots\cdots ① \\ \vec{a} = \left(\dfrac{e^t + e^{-t}}{2},\ \dfrac{e^t - e^{-t}}{2} \right) \ \cdots\cdots ② \end{cases}$$

$$\cos\theta = \frac{\vec{v} \cdot \vec{a}}{|\vec{a}||\vec{v}|} \ \cdots\cdots ③ \ \text{より，}$$

$$\cdot\ \vec{v} \cdot \vec{a} = \frac{e^t - e^{-t}}{2} \cdot \frac{e^t + e^{-t}}{2}$$
$$+ \frac{e^t + e^{-t}}{2} \cdot \frac{e^t - e^{-t}}{2}$$
$$= \frac{1}{4}(e^{2t} - e^{-2t}) + \frac{1}{4}(e^{2t} - e^{-2t})$$
$$= \frac{1}{2}(e^{2t} - e^{-2t}) \ \cdots\cdots ④$$

$$\cdot\ |\vec{v}| = \sqrt{\left(\frac{e^t - e^{-t}}{2} \right)^2 + \left(\frac{e^t + e^{-t}}{2} \right)^2}$$

$$= \frac{1}{2}\sqrt{\underbrace{e^{2t} - 2 + e^{-2t}}_{-2e^t e^{-t}} + \underbrace{e^{2t} + 2 + e^{-2t}}_{+2e^t e^{-t}}}$$

$$= \frac{1}{\sqrt{2}}\sqrt{e^{2t} + e^{-2t}} \ \cdots\cdots ⑤$$

$$\cdot\ |\vec{a}| = \sqrt{\left(\frac{e^t + e^{-t}}{2} \right)^2 + \left(\frac{e^t - e^{-t}}{2} \right)^2}$$

$$= \frac{1}{\sqrt{2}}\sqrt{e^{2t} + e^{-2t}} \ \cdots\cdots ⑥$$

$\boxed{|\vec{v}|\text{と同じ結果になった！}}$

以上④，⑤，⑥を③に代入して，

$$\cos\theta = \frac{\dfrac{1}{\cancel{2}}(e^{2t} - e^{-2t})}{\dfrac{1}{\cancel{\sqrt{2}}}\sqrt{e^{2t} + e^{-2t}} \cdot \dfrac{1}{\cancel{\sqrt{2}}}\sqrt{e^{2t} + e^{-2t}}}$$

以上より，求める $\cos\theta(t)$ は，

$$\cos\theta(t) = \frac{e^{2t} - e^{-2t}}{e^{2t} + e^{-2t}} \ \cdots\cdots\cdots\cdots(\text{答})$$

放物線 $y = x^2$ 上を動く点 P があって，時刻 $t = 0$ のときの位置は原点である。
また，時刻 $t(\geqq 0)$ のとき，P の速度ベクトルの x 成分は $\sin t$ である。
速度ベクトルの y 成分が最大となるときの P の位置を求めよ。
また，そのときにおける P の速度ベクトル，および加速度ベクトルを求めよ。

(東北大)

ヒント！ 動点 $P(x, y)$ の x は，速度ベクトル $\vec{v}$ の x 成分 $\dfrac{dx}{dt} = \sin t$ より，この両辺を
t で積分して求めればいい。また，$y = x^2$ より，$\vec{v}$ の y 成分は $\dfrac{dy}{dt} = \dfrac{d(x^2)}{dt} = \dfrac{d(x^2)}{dx} \cdot \dfrac{dx}{dt}$
と，合成関数の微分を行うことにより求めればいいんだね。

$y = x^2$ 上の動点 $P(x, y)$ は，
時刻 $t = 0$ のとき原点 $(0, 0)$ にある。
また，この P の
速度ベクトル $\vec{v} = \left(\dfrac{dx}{dt}, \dfrac{dy}{dt} \right)$ の
x 成分 $\dfrac{dx}{dt} = \sin t$ ……① より，
①の両辺を t で積分して，
$x = \displaystyle\int \sin t \, dt = -\cos t + C$
ここで，$t = 0$ のとき $x = 0$ より，
$0 = \underbrace{-\cos 0}_{1} + C$ ∴ $C = 1$
これから，動点 P の x 座標は，
$x = 1 - \cos t$ ……② となる。

次に，P の速度
ベクトル $\vec{v}$ の y
成分 $\dfrac{dy}{dt}$ は，
これに $y = x^2$ を
代入すると，

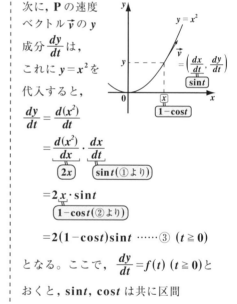

$\dfrac{dy}{dt} = \dfrac{d(x^2)}{dt}$

$= \underbrace{\dfrac{d(x^2)}{dx}}_{2x} \cdot \underbrace{\dfrac{dx}{dt}}_{\sin t (①より)}$

$= 2\underbrace{x}_{1-\cos t (②より)} \cdot \sin t$

$= 2(1 - \cos t)\sin t$ ……③ $(t \geqq 0)$

となる。ここで，$\dfrac{dy}{dt} = f(t)$ $(t \geqq 0)$ と

おくと，$\sin t, \cos t$ は共に区間

$[0, 2\pi]$ の周期関数より，③の最大値は

区間 $0 \leqq t \leqq 2\pi$ で調べれば十分である。

$f(t) = 2(1 - \cos t) \sin t \quad (0 \leqq t \leqq 2\pi)$

$f(t)$ を時刻 t で微分して，

$f'(t) = 2\{\underbrace{\sin t \cdot \sin t} + (\overbrace{1 - \cos t}) \cdot \cos t\}$

$\boxed{\sin^2 t = 1 - \cos^2 t}$

$\qquad = 2(1 - \cos^2 t + \cos t - \cos^2 t)$

$\qquad = -2(2\cos^2 t - \cos t - 1)$

$\qquad\qquad \begin{matrix} 2 & & 1 \\ 1 & & -1 \end{matrix}$

$\qquad = -2(2\cos t + 1)(\cos t - 1)$

$\qquad = \boxed{2(1 - \cos t)} \cdot \boxed{(2\cos t + 1)}$

$\boxed{\begin{array}{l}\cos t = 1 \text{ のときのみ} \\ 0 \text{ で，他の } t(\neq 0, 2\pi) \\ \text{では常に} \oplus\end{array}}$ $\boxed{\begin{array}{l}\widehat{f'(t)} = \begin{cases} \oplus \\ 0 \\ \ominus \end{cases} \\ f'(t) \text{ の符号に関す} \\ \text{る本質的な部分}\end{array}}$

$f'(t) = 0$ のとき，

$\quad \cdot \cos t = 1$ より，$t = 0, 2\pi$

$\quad \cdot \cos t = -\dfrac{1}{2}$ より，$t = \dfrac{2}{3}\pi, \quad \dfrac{4}{3}\pi$

よって，$0 \leqq t \leqq 2\pi$ における $f(t)$ の増減表は次のようになる。

t	0		$\frac{2}{3}\pi$		$\frac{4}{3}\pi$		2π
$f'(t)$	0	$+$	0	$-$	0	$+$	0
$f(t)$	0	↗	◯	↘		↗	0

$\boxed{f\left(\frac{2}{3}\pi\right) \text{が極大でかつ最大}}$

ここで，$f(0) = f(2\pi) = 0$ より，

$t = \dfrac{2}{3}\pi$ のとき，$f(t)\left(= \dfrac{dy}{dt}\right)$ は最大となる。

∴ $t = \dfrac{2}{3}\pi$ のとき②より，

$x = 1 - \cos\dfrac{2}{3}\pi = 1 - \left(-\dfrac{1}{2}\right) = \dfrac{3}{2}$

$y = x^2 = \left(\dfrac{3}{2}\right)^2 = \dfrac{9}{4}$

よって，$\dfrac{dy}{dt}$ が最大となるときの点 P の座標は，$P\left(\dfrac{3}{2}, \dfrac{9}{4}\right)$ ……………(答)

また，

$\dfrac{dx}{dt} = \sin t$，$\dfrac{dy}{dt} = 2(1 - \cos t)\sin t$ より

$\dfrac{d^2 x}{dt^2} = (\sin t)' = \cos t$

$\dfrac{d^2 y}{dt^2} = f'(t) = 2(1 - \cos t)(2\cos t + 1)$ より

$t = \dfrac{2}{3}\pi$ のときの速度ベクトル $\vec{v}$ と加速度ベクトル $\vec{a}$ は次のようになる。

$\vec{v} = \left(\sin\dfrac{2}{3}\pi, \, 2\left(1 - \cos\dfrac{2}{3}\pi\right)\sin\dfrac{2}{3}\pi\right)$

$\quad = \left(\dfrac{\sqrt{3}}{2}, \, 2 \cdot \dfrac{3}{2} \cdot \dfrac{\sqrt{3}}{2}\right)$

$\quad = \left(\dfrac{\sqrt{3}}{2}, \, \dfrac{3\sqrt{3}}{2}\right)$ ……………(答)

$\vec{a} = \left(\cos\dfrac{2}{3}\pi, \, 2\left(1 - \cos\dfrac{2}{3}\pi\right)\left(2\cos\dfrac{2}{3}\pi + 1\right)\right)$

$\quad = \left(-\dfrac{1}{2}, \, 2 \cdot \dfrac{3}{2} \cdot \underbrace{(-1 + 1)}_{0}\right)$

$\quad = \left(-\dfrac{1}{2}, \, 0\right)$ ……………(答)

$|x|$ が十分小さいとき，実数定数 a, p に対して，$(a+x)^p$ の第1次近似式を求め，これを基にして，次の近似値を求めよ。

(i) $\sqrt{1.002}$　　　　(ii) $\sqrt[3]{27.027}$　　　　(iii) 2.999^4

ヒント！　「$|x|$ が十分小さい」とは，「$x \fallingdotseq 0$」と同じだね。$f(x)=(a+x)^p$ とおくと，$x \fallingdotseq 0$ のとき $f(x) \fallingdotseq f(0)+f'(0) \cdot x$ の第1次近似式が成り立つんだね。これを使って (i), (ii), (iii) の近似値を求めればいい。

基本事項

第1次近似式

(i) $x \fallingdotseq 0$ のとき，

$$f(x) \fallingdotseq \underline{f(0)+f'(0) \cdot x}$$

> これは，曲線 $y=f(x)$ 上の点 $(0, f(0))$ における接線の方程式に他ならない。

(ii) $h \fallingdotseq 0$ のとき，

$$f(a+h) \fallingdotseq f(a)+f'(a) \cdot h$$

$|x|$ が十分小さいとき，近似式

$f(x) \fallingdotseq f(0)+f'(0) \cdot x$ ……① が

成り立つ。

$f(x)=(a+x)^p$ とおくと，$f(0)=a^p$

$f'(x)=p(a+x)^{p-1}$

$f'(0)=p \cdot a^{p-1}$ より，

$x \fallingdotseq 0$ のとき，次の第1次近似式が成り立つ。

$(a+x)^p \fallingdotseq a^p+p \cdot a^{p-1} \cdot x$ ……………(答)

$$\left[f(x) \fallingdotseq f(0)+f'(0) \cdot x \text{ ……①} \right]$$

(i) $\sqrt{1.002}=(1+0.002)^{\frac{1}{2}}$ より，

$a=1$, $p=\dfrac{1}{2}$, $x=0.002$ とおくと，

この近似値は，

$$\sqrt{1.002} \fallingdotseq 1^{\frac{1}{2}}+\frac{1}{2} \cdot 1^{-\frac{1}{2}} \cdot 0.002$$

$$= 1+\frac{1}{2} \cdot 1 \cdot 0.002$$

$$= 1+0.001$$

$$= 1.001 \text{ ……………(答)}$$

(ii) $\sqrt[3]{27.027}=(27+0.027)^{\frac{1}{3}}$ より，

$a=27$, $p=\dfrac{1}{3}$, $x=0.027$ とおくと，

この近似値は，

$$\sqrt[3]{27.027} \fallingdotseq \underset{\boxed{3}}{27^{\frac{1}{3}}}+\frac{1}{3} \cdot 27^{-\frac{2}{3}} \cdot 0.027$$

$$\boxed{\frac{1}{27^{\frac{2}{3}}}=\frac{1}{3^2}=\frac{1}{9}}$$

$$= 3+\frac{0.027}{27}=3.001 \text{ ………(答)}$$

(iii) $2.999^4=(3-0.001)^4$ より，

$a=3$, $p=4$, $x=-0.001$ とおくと，

この近似値は，

$$2.999^4 \fallingdotseq 3^4+4 \cdot 3^3 \cdot (-0.001)$$

$$= 81-0.108$$

$$= 80.892 \text{ ……………(答)}$$

演習
exercise

6 積分法とその応用

―――― テーマ ――――

▶ 積分計算

▶ 定積分で表された関数

▶ 区分求積法
$$\left(\lim_{n \to \infty} \frac{1}{n} \sum_{k=1}^{n} f\left(\frac{k}{n}\right) = \int_0^1 f(x)\,dx \right)$$

▶ 面積計算・体積計算

▶ 曲線の長さ
$$\left(l = \int_\alpha^\beta \sqrt{\left(\frac{dx}{dt}\right)^2 + \left(\frac{dy}{dt}\right)^2}\,dt \right)$$

1. 積分計算の公式 (積分定数 C は略す)

(1) $\displaystyle\int \cos x\,dx = \sin x$　　　　(2) $\displaystyle\int \sin x\,dx = -\cos x$

(3) $\displaystyle\int \frac{1}{\cos^2 x}\,dx = \tan x$　　　(4) $\displaystyle\int e^x\,dx = e^x$

(5) $\displaystyle\int \frac{1}{x}\,dx = \log|x|$　　　(6) $\displaystyle\int \frac{f'}{f}\,dx = \log|f|$

(7) $\displaystyle\int \cos mx\,dx = \frac{1}{m}\sin mx$　　(8) $\displaystyle\int \sin mx\,dx = -\frac{1}{m}\cos mx$

(9) $\displaystyle\int f^{\alpha}\cdot f'\,dx = \frac{1}{\alpha+1}f^{\alpha+1}$　　$\left(\begin{array}{l}\text{ただし，}f = f(x),\ m \neq 0, \\ \alpha \neq -1 \text{ とする。}\end{array}\right)$

2. 部分積分の公式

(1) $\displaystyle\int_a^b f\cdot g'\,dx = \bigl[f\cdot g\bigr]_a^b - \underline{\int_a^b f'\cdot g\,dx}$

$\boxed{\text{簡単化}}$

(2) $\displaystyle\int_a^b f'\cdot g\,dx = \bigl[f\cdot g\bigr]_a^b - \underline{\int_a^b f\cdot g'\,dx}$　　$\left(\begin{array}{l}\text{ただし，}f = f(x), \\ g = g(x) \text{ とする。}\end{array}\right)$

> 部分積分のコツは，左辺の積分は難しいが，変形後の右辺の積分が簡単になるようにすることだ。

3. 置換積分のパターン公式 (a：正の定数)

(1) $\displaystyle\int \sqrt{a^2 - x^2}\,dx$ などの場合，$x = a\sin\theta$ (または，$x = a\cos\theta$)
とおく。

(2) $\displaystyle\int \frac{1}{a^2 + x^2}\,dx$ の場合，$x = a\tan\theta$ とおく。

(3) $\displaystyle\int f(\sin x)\cdot \cos x\,dx$ の場合，$\sin x = t$ とおく。

(4) $\displaystyle\int f(\cos x)\cdot \sin x\,dx$ の場合，$\cos x = t$ とおく。

> その他，複雑な被積分関数が与えられた場合でも，その中の 1 部を t とおいて，うまく変数 t だけの積分にもち込めればいいんだね。

128

4. 定積分で表された関数 (a, b：定数，x：変数)

(1) $\displaystyle\int_a^b f(t)dt$ の場合，$\displaystyle\int_a^b f(t)dt = A$ (定数) とおく。

(2) $\displaystyle\int_a^x f(t)dt$ の場合，
$\begin{cases} (\text{i})\ x = a\ \text{を代入して，}\ \displaystyle\int_a^a f(t)dt = 0 \\[2mm] (\text{ii})\ x\ \text{で微分して，}\ \left\{\displaystyle\int_a^x f(t)dt\right\}' = f(x) \end{cases}$

5. 区分求積法

$$\lim_{n\to\infty} \frac{1}{n}\sum_{k=1}^{n} f\left(\frac{k}{n}\right) = \int_0^1 f(x)dx$$

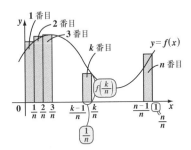

> 右図のように，区間 $[0, 1]$ で定義された関数 $y = f(x)$ について，区間 $[0, 1]$ を n 等分してできる n 個の長方形の面積の和を求め，$n\to\infty$ とすると，$\displaystyle\int_0^1 f(x)dx$ になる。

6. 面積計算

(1) 面積 $S = \displaystyle\int_a^b \{\underbrace{f(x)}_{\text{上側}} - \underbrace{g(x)}_{\text{下側}}\}dx$

(2) 媒介変数表示された曲線 $x = x(t)$，$y = y(t)$ と x 軸とで挟まれる図形の面積 S は，次のように求める。

$$S = \underbrace{\int_a^b y\,dx}_{\substack{\text{初めに } y=f(x) \text{ と表}\\ \text{されているものとし}\\ \text{て面積の式を立てる。}}} = \int_\alpha^\beta y \cdot \underbrace{\frac{dx}{dt}}_{t\text{ の関数}} dt$$

> これが，まず $y = f(x)$ と表されているものとして，面積計算の式を立てる。

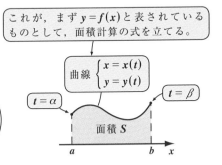

$\begin{pmatrix} \text{ただし，}\ y \geqq 0\ \text{であり，また，} \\ x : a \to b\ \text{のとき，}\ t : \alpha \to \beta\ \text{とする} \end{pmatrix}$

7. 体積計算

(1) 体積 $V = \int_a^b S(x)dx$

（ⅰ）x 軸のまわりの回転体の体積 $V_x = \pi \int_a^b y^2 dx$

（ⅱ）y 軸のまわりの回転体の体積 $V_y = \pi \int_c^d x^2 dy$

> 媒介変数表示されている曲線 $x = x(t)$, $y = y(t)$ の場合，面積計算のときと同様に，次のようにする。
> （ⅰ）x 軸のまわりの回転体の体積 $V_x = \pi \int_a^b y^2 dx = \pi \int_\alpha^\beta y^2 \dfrac{dx}{dt} dt$
> （ⅱ）y 軸のまわりの回転体の体積 $V_y = \pi \int_c^d x^2 dy = \pi \int_\gamma^\delta x^2 \dfrac{dy}{dt} dt$

(2) バウムクーヘン型積分

y 軸のまわりの回転体の体積

$$V = 2\pi \int_a^b x \cdot f(x) dx$$

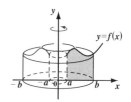

8. 曲線の長さの計算

(1) 曲線 $y = f(x)$ $(a \leqq x \leqq b)$ の長さ L

$$L = \int_a^b \sqrt{1 + \{f'(x)\}^2}\, dx$$

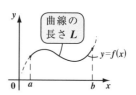

(2) 媒介変数表示された曲線

$$\begin{cases} x = x(t) \\ y = y(t) \quad (\alpha \leqq t \leqq \beta) \text{ の長さ } L \end{cases}$$

$$L = \int_\alpha^\beta \sqrt{\left(\dfrac{dx}{dt}\right)^2 + \left(\dfrac{dy}{dt}\right)^2}\, dt$$

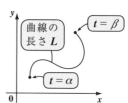

9. 微分方程式（変数分離形）

微分方程式 $\dfrac{dy}{dx} = \dfrac{g(x)}{f(y)}$ は，$\displaystyle\int f(y)dy = \int g(x)dx$ として解く。

次の不定積分と定積分を求めよ。

(1) $\displaystyle\int \frac{3x+4}{x^2+3x+2}\,dx$　（日本医大）

(2) $\displaystyle\int \frac{1}{x\cdot(\log x)^2}\,dx$　（信州大）

(3) $\displaystyle\int_0^{\frac{\pi}{4}} \cos 3x\cdot\cos x\,dx$　（宮崎大＊）

(4) $\displaystyle\int_0^1 \frac{1}{e^x+1}\,dx$　　（芝浦工大）

ヒント！ 積分計算の基本問題。それぞれの解法パターンに従って解けばいいんだね。

(1) $\dfrac{A}{x+1}+\dfrac{B}{x+2}=\dfrac{A(x+2)+B(x+1)}{(x+1)(x+2)}$

$\qquad =\dfrac{(A+B)x+2A+B}{x^2+3x+2}$

$\qquad =\dfrac{3x+4}{x^2+3x+2}$　より，

$A+B=3,\ 2A+B=4$

これを解いて，$A=1,\ B=2$

$\therefore \displaystyle\int\left(\dfrac{\overset{A}{\boxed{1}}}{x+1}+\dfrac{\overset{B}{\boxed{2}}}{x+2}\right)dx$

$\quad =\log|x+1|+2\log|x+2|+C\ \cdots$（答）

(2) $\displaystyle\int \frac{1}{(\log x)^2}\cdot\frac{1}{x}\,dx$　について，

$\log x=t$ とおくと，$\dfrac{1}{x}dx=dt$

よって，

$\displaystyle\int \frac{1}{(\log x)^2}\cdot\frac{1}{x}\,dx=\int \frac{1}{t^2}\,dt$

$\qquad =\displaystyle\int t^{-2}dt=-t^{-1}+C$

$\qquad =-\dfrac{1}{\log x}+C\cdots$（答）

(3) $\displaystyle\int_0^{\frac{\pi}{4}} \cos 3x\cdot\cos x\,dx$

$\boxed{\dfrac{1}{2}(\cos 4x+\cos 2x)}$

積→和の公式：
$\cos\alpha\cdot\cos\beta=\dfrac{1}{2}\{\cos(\alpha+\beta)+\cos(\alpha-\beta)\}$

$=\dfrac{1}{2}\displaystyle\int_0^{\frac{\pi}{4}}(\cos 4x+\cos 2x)\,dx$

$=\dfrac{1}{2}\left[\dfrac{1}{4}\sin 4x+\dfrac{1}{2}\sin 2x\right]_0^{\frac{\pi}{4}}$

$=\dfrac{1}{4}\cdot\sin\dfrac{\pi}{2}=\dfrac{1}{4}$ $\cdots\cdots$（答）

(4) $\displaystyle\int_0^1 \frac{1}{e^x+1}\,dx$

分子・分母に e^{-x} をかけた！

$=\displaystyle\int_0^1 \frac{e^{-x}}{1+e^{-x}}\,dx$

$=-\displaystyle\int_0^1 \frac{-e^{-x}}{1+e^{-x}}\,dx$

公式 $\displaystyle\int\frac{f'}{f}\,dx=\log|f|$

$=-\left[\log(1+e^{-x})\right]_0^1$

$=-\{\log(1+e^{-1})-\log 2\}$

$=\log\dfrac{2}{1+e^{-1}}=\log\dfrac{2e}{e+1}$ $\cdots\cdots$（答）

次の定積分を求めよ。

(1) $\displaystyle\int_0^1 \frac{1}{(x+1)^2(x+2)}\,dx$　　　(2) $\displaystyle\int_1^2 \frac{1}{x^3(x+1)}\,dx$

ヒント！ (1)，(2) いずれも，被積分関数を部分分数に分解して積分する問題だけれど，分母に **2** 乗や **3** 乗の項を含んでいることに注意しよう。この場合の分解の仕方については，この問題で，その手法を学べばいいんだね。

(1) この被積分関数を部分分数に分解する。

$$\frac{1}{(x+1)^2(x+2)}$$

$$=\underline{\frac{a}{x+1}+\frac{b}{(x+1)^2}}+\frac{c}{x+2}$$

> 分母が $(x+1)^2$ の場合の部分分数に分解するコツがこれなんだね。

$$=\frac{a(x+1)(x+2)+b(x+2)+c(x+1)^2}{(x+1)^2(x+2)}$$

よって，分子を比較すると，

$a(x^2+3x+2)+b(x+2)+c(x^2+2x+1)$
$=\underline{(a+c)}x^2+\underline{(3a+b+2c)}x+\underline{2a+2b+c}$
　　 ⓪　　　　 ⓪　　　　　 ①
$=1$ より，

$a+c=0,\ 3a+b+2c=0,$
$2a+2b+c=1$

これを解いて，

$a=-1,\ b=1,\ c=1$

よって，求める定積分は，

$$\int_0^1\left(-\frac{1}{x+1}+\frac{1}{(x+1)^2}+\frac{1}{x+2}\right)dx$$

$$=\left[-\log|x+1|-(x+1)^{-1}+\log|x+2|\right]_0^1$$

$$=-\log 2-\frac{1}{2}+\log 3+1-\log 2$$

$$=\log 3-2\log 2+\frac{1}{2}\ \cdots\cdots\cdots(答)$$

(2) この被積分関数を部分分数に分解する。

$$\frac{1}{x^3(x+1)}$$

$$=\underline{\frac{a}{x}+\frac{b}{x^2}+\frac{c}{x^3}}+\frac{d}{x+1}$$

> 分母が x^3 の場合の部分分数に分解するコツがこれだ。

$$=\frac{ax^2(x+1)+bx(x+1)+c(x+1)+dx^3}{x^3(x+1)}$$

よって，分子を比較すると，

$a(x^3+x^2)+b(x^2+x)+c(x+1)+dx^3$
$=\underline{(a+d)}x^3+\underline{(a+b)}x^2+\underline{(b+c)}x+\underline{c}$
　　 ⓪　　　　 ⓪　　　　 ⓪　　 ①
$=1$ より，

$a+d=0,\ a+b=0,\ b+c=0,\ c=1$

これを解いて，

$a=1,\ b=-1,\ c=1,\ d=-1$

よって，求める定積分は，

$$\int_1^2\left(\frac{1}{x}-\frac{1}{x^2}+\frac{1}{x^3}-\frac{1}{x+1}\right)dx$$

$$=\left[\log|x|+x^{-1}-\frac{1}{2}x^{-2}-\log|x+1|\right]_1^2$$

$$=\log 2+\frac{1}{2}-\frac{1}{8}-\log 3-1+\frac{1}{2}+\log 2$$

$$=2\log 2-\log 3-\frac{1}{8}\ \cdots\cdots\cdots(答)$$

実力アップ問題88　難易度 ★★　CHECK 1　CHECK2　CHECK3

次の定積分を求めよ。

(1) $I = \displaystyle\int_0^2 x^2\sqrt{4-x^2}\,dx$ （横浜市立大＊）　(2) $J = \displaystyle\int_0^1 x^4 e^x\,dx$ （弘前大＊）

ヒント！ (1) 被積分関数の中に，$\sqrt{2^2-x^2}$ があるので，$x=2\sin\theta$ と置換すればうまくいく。(2) は，部分積分の公式：$\displaystyle\int_0^1 f\cdot g'\,dx = [f\cdot g]_0^1 - \int_0^1 f'\cdot g\,dx$ を 4 回使って解けばいいんだね。頑張ろう！

(1) $I = \displaystyle\int_0^2 x^2\sqrt{4-x^2}\,dx$ について，

$x=2\sin\theta$ とおくと，$dx = 2\cos\theta\,d\theta$

また，$x:0\to 2$ のとき，$\theta:0\to\dfrac{\pi}{2}$

よって，

$I = \displaystyle\int_0^2 \underline{x^2\sqrt{4-x^2}}\,dx$

$= \displaystyle\int_0^{\frac{\pi}{2}} \underline{4\sin^2\theta}\cdot\underline{\sqrt{4-4\sin^2\theta}}\cdot\underline{2\cos\theta\,d\theta}$

$$\boxed{\begin{array}{l}\sqrt{4(1-\sin^2\theta)} = \sqrt{4\cos^2\theta}\\ = 2|\cos\theta| = 2\cos\theta\\ \oplus\left(\because 0<\theta<\dfrac{\pi}{2}\right)\end{array}}$$

$= 16\displaystyle\int_0^{\frac{\pi}{2}}\sin^2\theta\cdot\cos^2\theta\,d\theta$

$$\boxed{\begin{array}{l}(\sin\theta\cdot\cos\theta)^2 = \left(\dfrac{1}{2}\sin2\theta\right)^2 = \dfrac{1}{4}\sin^2 2\theta\\ = \dfrac{1}{4}\cdot\dfrac{1-\cos4\theta}{2} = \dfrac{1}{8}(1-\cos4\theta)\end{array}}$$

$= 2\displaystyle\int_0^{\frac{\pi}{2}}(1-\cos4\theta)\,d\theta$

$= 2\left[\theta - \dfrac{1}{4}\sin4\theta\right]_0^{\frac{\pi}{2}}$

$= \pi$ ……………………(答)

(2) 部分積分法を用いて解くと，

$J = \displaystyle\int_0^1 x^4 (e^x)'\,dx$

$= [x^4 e^x]_0^1 - \displaystyle\int_0^1 4x^3 e^x\,dx$

$= e - 4\displaystyle\int_0^1 x^3 (e^x)'\,dx$

$= e - 4\left\{[x^3 e^x]_0^1 - \displaystyle\int_0^1 3x^2 e^x\,dx\right\}$

$= e - 4\left(e - 3\displaystyle\int_0^1 x^2 e^x\,dx\right)$

$= -3e + 12\displaystyle\int_0^1 x^2 (e^x)'\,dx$

$$\boxed{\begin{array}{l}[x^2 e^x]_0^1 - \displaystyle\int_0^1 2xe^x\,dx\\ = e - 2\displaystyle\int_0^1 x(e^x)'\,dx\\ = e - 2\left\{[xe^x]_0^1 - \displaystyle\int_0^1 1\cdot e^x\,dx\right\}\\ = e - 2(e - [e^x]_0^1)\\ = e - 2(e - e + 1)\\ = e - 2\end{array}}$$

$= -3e + 12(e-2)$

$= 9e - 24$ ………………(答)

次の定積分を求めよ。ただし，a は正の定数とする。

(1) $\displaystyle\int_0^a \sqrt{2ax-x^2}\,dx$　　（和歌山県立医大）

(2) $\displaystyle\int_0^{\frac{\pi}{6}} \dfrac{1}{\cos x}\,dx$　　（香川医大）　　(3) $\displaystyle\int_0^a \dfrac{1}{a^2+x^2}\,dx$

ヒント！ (1) 4分円の面積として求める。(2) $\sin x = t$ とおく。
(3) $x = a\tan\theta$ と置換すれば，うまく積分できる。頑張ろう！

基本事項

置換積分

(1) $\displaystyle\int \sqrt{a^2-x^2}\,dx$ などの場合，
$x = a\sin\theta$ とおく。

(2) $\displaystyle\int f(\sin x)\cdot\cos x\,dx$ の場合，
$\sin x = t$ とおく。

(3) $\displaystyle\int \dfrac{1}{a^2+x^2}\,dx$ の場合，
$x = a\tan\theta$ とおく。

(1) $\displaystyle\int_0^a \sqrt{2ax-x^2}\,dx$

$= \displaystyle\int_0^a \sqrt{\underline{\underline{a^2}}-(x^2-2ax+\underline{\underline{a^2}})}\,dx$

$= \displaystyle\int_0^a \sqrt{a^2-(x-a)^2}\,dx$

$= \dfrac{1}{4}\cdot\pi a^2$ ← 4分円 の面積

$= \dfrac{\pi a^2}{4}$ ……（答）

上半円
$y = \sqrt{a^2-(x-a)^2}$

$x-a = a\sin\theta$ と置換するより，図形的に早く解く。

上半円 $y=\sqrt{a^2-x^2}$ を x 軸方向に a だけ平行移動したもの。

この問題は，$x-a = a\sin\theta$ と置換して解いてもいい。自分で計算して，同じ結果を導いてみてごらん。

(2) $\displaystyle\int_0^{\frac{\pi}{6}} \dfrac{1}{\cos^2 x}\cdot\cos x\,dx = \int_0^{\frac{\pi}{6}} \underbrace{\boxed{\dfrac{1}{1-\sin^2 x}}}_{f(\sin x)}\cos x\,dx$

$\sin x = t$ とおくと，

$x : 0 \to \dfrac{\pi}{6}$ のとき，$t : 0 \to \dfrac{1}{2}$

$\cos x\,dx = dt$

以上より，$\boxed{\dfrac{1}{(1+t)(1-t)} = \dfrac{1}{2}\left(\dfrac{1}{1+t} - \dfrac{-1}{1-t}\right)}$

与式 $= \displaystyle\int_0^{\frac{1}{2}} \boxed{\dfrac{1}{1-t^2}}\,dt$

$= \dfrac{1}{2}\displaystyle\int_0^{\frac{1}{2}}\left(\dfrac{1}{1+t} - \dfrac{-1}{1-t}\right)dt$

$= \dfrac{1}{2}\Big[\log|1+t| - \log|1-t|\Big]_0^{\frac{1}{2}}$

$= \dfrac{1}{2}\left(\log\dfrac{3}{2} - \log\dfrac{1}{2}\right) = \dfrac{1}{2}\log 3$
　　　　　　……………（答）

(3) $x = a\tan\theta$ とおくと，

$x : 0 \to a$ のとき，$\theta : 0 \to \dfrac{\pi}{4}$

$dx = a\cdot\dfrac{1}{\cos^2\theta}\,d\theta$　　よって，

与式 $= \displaystyle\int_0^{\frac{\pi}{4}} \boxed{\dfrac{1}{a^2+a^2\tan^2\theta}}\cdot\dfrac{a}{\cos^2\theta}\,d\theta$

$\boxed{a^2\cdot(1+\tan^2\theta) = a^2\cdot\dfrac{1}{\cos^2\theta}}$

$= \dfrac{1}{a}\displaystyle\int_0^{\frac{\pi}{4}} 1\,d\theta = \dfrac{1}{a}\Big[\theta\Big]_0^{\frac{\pi}{4}} = \dfrac{\pi}{4a}$
　　　　　　……………（答）

実力アップ問題90 難易度 ★★ CHECK *1* CHECK*2* CHECK*3*

次の定積分を求めよ。ただし，n は自然数とする。

(1) $\displaystyle\int_{\frac{1}{e}}^{e} |\log x|\, dx$ (2) $\displaystyle\int_{0}^{n\pi} |\sin x - \cos x|\, dx$ (芝浦工大)

ヒント！ (1) $\log x$ の符号により，積分区間を **2** つに分ける。(2) 三角関数の合成をした後，グラフ的に考えて積分計算を単純化するといい。

(1)
$$|\log x| = \begin{cases} -\log x & \left(\dfrac{1}{e} \le x \le 1\right) \\ \log x & (1 \le x \le e) \end{cases}$$

よって，求める
定積分は，

$$\int_{\frac{1}{e}}^{e} |\log x|\, dx$$

$$= -\int_{\frac{1}{e}}^{1} \log x\, dx + \int_{1}^{e} \log x\, dx$$

$$\left[\quad \diagdown \quad + \quad \diagup \quad\right]$$

$$= -\big[x\log x - x\big]_{\frac{1}{e}}^{1} + \big[x\log x - x\big]_{1}^{e}$$

公式：$\int \log x\, dx = x\log x - x + C$

$$= -(\underset{\boxed{0}}{1\cdot\log 1} - 1) + \frac{1}{e}\underset{\boxed{-1}}{\log\frac{1}{e}} - \frac{1}{e}$$
$$+ \underset{\boxed{1}}{e\log e} - e - (\underset{\boxed{0}}{1\cdot\log 1} - 1)$$

$$= 2 - \frac{2}{e} \quad \cdots\cdots\cdots\cdots\text{(答)}$$

(2) $1\cdot\sin x - 1\cdot\cos x$ （三角関数の合成）

$$= \sqrt{2}\left(\underset{\boxed{\cos\frac{\pi}{4}}}{\frac{1}{\sqrt{2}}}\sin x - \underset{\boxed{\sin\frac{\pi}{4}}}{\frac{1}{\sqrt{2}}}\cos x\right)$$

$$= \sqrt{2}\sin\left(x - \frac{\pi}{4}\right) \quad \text{より，}$$

与式 $= \displaystyle\int_{0}^{n\pi}\left|\sqrt{2}\sin\left(x - \frac{\pi}{4}\right)\right| dx$

$$= \sqrt{2}\int_{0}^{n\pi}\left|\sin\left(x - \frac{\pi}{4}\right)\right| dx$$

参考

$y = \left|\sin\left(x - \dfrac{\pi}{4}\right)\right|$ は，$y = \sin x$ を x 軸方向に $\dfrac{\pi}{4}$ だけ移動して，負側の曲線を x 軸に関して折り返した形になるので，$0 \le x \le n\pi$ におけるこの積分は，次の網目部の面積に等しい。

これを移動する

$y = \left|\sin\left(x - \dfrac{\pi}{4}\right)\right|$

図から，左端の半ぱな部分を右端に移動させると，これは，n 個の山の面積に等しい。

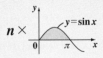

$n \times$ $y = \sin x$

与式 $= \sqrt{2} \times n\displaystyle\int_{0}^{\pi}\sin x\, dx$ $\left[n \times \diagup\!\!\diagdown\right]$

$$= \sqrt{2}n\big[-\cos x\big]_{0}^{\pi}$$

$$= \sqrt{2}n\big(-\underset{\boxed{(-1)}}{\cos\pi} + \underset{\boxed{1}}{\cos 0}\big)$$

$$= 2\sqrt{2}n \quad \cdots\cdots\cdots\cdots\cdots\text{(答)}$$

(1) 連続関数 $f(x)$ および定数 a について，

$$\int_0^a f(x)\,dx = \int_0^{\frac{a}{2}} \{f(x)+f(a-x)\}\,dx$$ が成り立つことを証明せよ。

(2) $\displaystyle\int_0^{\frac{\pi}{2}} \frac{\cos x}{\sin x + \cos x}\,dx$ を求めよ。 （高知大）

ヒント！　**(1)** $\displaystyle\int_{\frac{a}{2}}^a f(x)\,dx = \int_0^{\frac{a}{2}} f(a-x)\,dx$ を示せばいい。**(2)(1)** の結果を利用すると，単純な積分計算になるんだよ。

(1) $\displaystyle\int_0^a f(x)\,dx = \int_0^{\frac{a}{2}}\{f(x)+f(a-x)\}\,dx$ ……(*)

が成り立つことを示す。

$(*)$ の左辺 $=\displaystyle\int_0^{\frac{a}{2}} f(x)\,dx + \int_{\frac{a}{2}}^a f(x)\,dx$

$(*)$ の右辺 $=\displaystyle\int_0^{\frac{a}{2}} f(x)\,dx + \int_0^{\frac{a}{2}} f(a-x)\,dx$

$\therefore \displaystyle\int_{\frac{a}{2}}^a f(x)\,dx = \int_0^{\frac{a}{2}} f(a-x)\,dx$ …(*1)

が成り立つことを示せばよい。

$\displaystyle\int_{\frac{a}{2}}^a f(x)\,dx$ について，

$x=a-t$ とおくと，$[t=a-x]$

$x:\frac{a}{2}\to a$ のとき，$t:\frac{a}{2}\to 0$

$dx=(-1)\,dt$ より，

$\displaystyle\int_{\frac{a}{2}}^a f(x)\,dx = \int_{\frac{a}{2}}^0 f(a-t)(-1)\,dt$

$=\displaystyle\int_0^{\frac{a}{2}} f(a-t)\,dt$

$=\displaystyle\int_0^{\frac{a}{2}} f(a-x)\,dx$

積分変数は，t でも x でも何でもかまわない！

以上より，$(*1)$ が成り立つので，$(*)$ は成り立つ。 ……………(終)

(2) $\displaystyle\int_0^{\frac{\pi}{2}} \overbrace{\frac{\cos x}{\sin x + \cos x}}^{f(x)}\,dx$ について，

$f(x) = \dfrac{\cos x}{\sin x + \cos x}$ とおくと，

$f\left(\frac{\pi}{2}-x\right) = \dfrac{\cos\left(\frac{\pi}{2}-x\right)}{\sin\left(\frac{\pi}{2}-x\right)+\cos\left(\frac{\pi}{2}-x\right)}$

$=\dfrac{\sin x}{\cos x + \sin x}$

以上より，$(*)$ を用いると，

$\displaystyle\int_0^{\frac{\pi}{2}} f(x)\,dx = \int_0^{\frac{\pi}{4}}\left\{f(x)+f\left(\frac{\pi}{2}-x\right)\right\}dx$

$=\displaystyle\int_0^{\frac{\pi}{4}}\left(\frac{\cos x}{\sin x+\cos x}+\frac{\sin x}{\sin x+\cos x}\right)dx$

$=\displaystyle\int_0^{\frac{\pi}{4}}\frac{\sin x+\cos x}{\sin x+\cos x}\,dx$

$=\displaystyle\int_0^{\frac{\pi}{4}} 1\,dx = \left[x\right]_0^{\frac{\pi}{4}} = \frac{\pi}{4}$ ……(答)

定積分 $\displaystyle\int_0^{\frac{\pi}{2}}(\sin x - kx)^2\,dx$ の値を最小にする実数 k の値と，そのときの定積分の値を求めよ。

（関西学院大）

ヒント！　x での積分なので，まず，x が変数，k は定数扱いにする。
積分後は，k の 2 次関数になるので，平方完成してその最小値を求めよう。

$f(k) = \displaystyle\int_0^{\frac{\pi}{2}}(\sin x - kx)^2\,dx$ とおく。

［まず，変数］［まず定数扱い］［x で積分］
↓
［積分後，変数］

$f(k) = \displaystyle\int_0^{\frac{\pi}{2}}(\sin^2 x - 2kx\sin x + k^2 x^2)\,dx$

$= k^2 \underbrace{\int_0^{\frac{\pi}{2}} x^2\,dx}_{\textcircled{ア}} - 2k \underbrace{\int_0^{\frac{\pi}{2}} x\sin x\,dx}_{\textcircled{イ}}$

$\qquad + \underbrace{\int_0^{\frac{\pi}{2}}\sin^2 x\,dx}_{\textcircled{ウ}}$ ……①

ここで，

$\textcircled{ア}$ $\displaystyle\int_0^{\frac{\pi}{2}} x^2\,dx = \left[\frac{1}{3}x^3\right]_0^{\frac{\pi}{2}} = \frac{1}{3}\cdot\left(\frac{\pi}{2}\right)^3$

$\qquad = \dfrac{\pi^3}{24}$

$\textcircled{イ}$ $\displaystyle\int_0^{\frac{\pi}{2}} x\cdot\sin x\,dx = \int_0^{\frac{\pi}{2}} x\cdot(-\cos x)'\,dx$

$\qquad = \left[-x\cos x\right]_0^{\frac{\pi}{2}} - \int_0^{\frac{\pi}{2}} 1\cdot(-\cos x)\,dx$

$\qquad = \left[\sin x\right]_0^{\frac{\pi}{2}} = 1$

$\textcircled{ウ}$ $\displaystyle\int_0^{\frac{\pi}{2}}\sin^2 x\,dx = \frac{1}{2}\int_0^{\frac{\pi}{2}}(1-\cos 2x)\,dx$

$\qquad = \frac{1}{2}\left[x - \frac{1}{2}\sin 2x\right]_0^{\frac{\pi}{2}}$

$\qquad = \frac{1}{2}\cdot\frac{\pi}{2} = \frac{\pi}{4}$

以上 $\textcircled{ア}$，$\textcircled{イ}$，$\textcircled{ウ}$ を①に代入して，

$f(k) = k^2\cdot\dfrac{\pi^3}{24} - 2k\cdot 1 + \dfrac{\pi}{4}$

$\qquad = \dfrac{\pi^3}{24}k^2 - 2k + \dfrac{\pi}{4}$

k の 2 次関数。k^2 の係数 $\dfrac{\pi^3}{24}>0$ より，下に凸の放物線。

$\qquad = \dfrac{\pi^3}{24}\left(k^2 - \dfrac{48}{\pi^3}k\right) + \dfrac{\pi}{4}$

$\qquad = \dfrac{\pi^3}{24}\left\{k^2 - \dfrac{48}{\pi^3}k + \left(\dfrac{24}{\pi^3}\right)^2\right\}$

$\qquad\qquad + \dfrac{\pi}{4} - \dfrac{\pi^3}{24}\left(\dfrac{24}{\pi^3}\right)^2$

$\qquad = \dfrac{\pi^3}{24}\left(k - \dfrac{24}{\pi^3}\right)^2 + \dfrac{\pi}{4} - \dfrac{24}{\pi^3}$

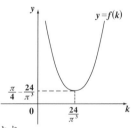

以上より，

$k = \dfrac{24}{\pi^3}$ のとき，$f(k)$ は最小となる。

最小値 $f\left(\dfrac{24}{\pi^3}\right) = \dfrac{\pi}{4} - \dfrac{24}{\pi^3}$ …………(答)

(1) m を自然数とする。定積分 $\displaystyle\int_{-\pi}^{\pi} x\sin mx\,dx$ の値を求めよ。

(2) m, n を自然数とする。定積分 $\displaystyle\int_{-\pi}^{\pi}\sin mx\sin nx\,dx$ の値を求めよ。

(3) a, b を実数とする。定積分 $I = \displaystyle\int_{-\pi}^{\pi}(x - a\sin x - b\sin 2x)^2\,dx$ を計算せよ。

(4) (3) において a, b を変化させたときの I の最小値, およびそのときの a, b の値を求めよ。　(お茶の水女子大)

ヒント! (2) の定積分は, (ⅰ) $m \ne n$ のときと, (ⅱ) $m = n$ のときに場合分けして求める。これも頻出テーマの 1 つなんだよ。

(1) $\displaystyle\int_{-\pi}^{\pi} x\cdot\sin mx\,dx$ (m: 自然数)

$= \displaystyle\int_{-\pi}^{\pi} x\cdot\left(-\frac{1}{m}\cos mx\right)'dx$

$= -\dfrac{1}{m}\big[x\cdot\cos mx\big]_{-\pi}^{\pi}$
$\qquad + \dfrac{1}{m}\displaystyle\int_{-\pi}^{\pi} 1\cdot\cos mx\,dx$

$= -\dfrac{1}{m}(\pi\cdot\cos m\pi + \pi\cdot\underbrace{\cos m\pi}_{\cos(-m\pi)})$
$\qquad + \dfrac{1}{m}\Big[\dfrac{1}{m}\sin mx\Big]_{-\pi}^{\pi}$

$= -\dfrac{2\pi}{m}\underbrace{\cos m\pi}_{\substack{m=1,\,2,\,3,\,4,\,\cdots\text{ のとき,}\\ -1,\,1,\,-1,\,1,\,\cdots\,=(-1)^{m}}}$

$= -\dfrac{2\pi}{m}(-1)^{m} = \dfrac{2\pi}{m}(-1)^{m+1}$
　　　　　……(答)

(2) 与積分は次のように場合分けされる。

(ⅰ) $m \ne n$ のとき, (m, n: 自然数)

$\displaystyle\int_{-\pi}^{\pi}\underbrace{\sin mx\cdot\sin nx}_{-\frac{1}{2}\{\cos(mx+nx)-\cos(mx-nx)\}}\,dx$

　　　　$\boxed{\text{積→差の公式}}$

$= -\dfrac{1}{2}\displaystyle\int_{-\pi}^{\pi}\{\cos(m+n)x - \cos(m-n)x\}\,dx$

$= -\dfrac{1}{2}\Big\{\dfrac{1}{m+n}\big[\sin(m+n)x\big]_{-\pi}^{\pi}$
$\qquad\qquad - \dfrac{1}{m-n}\big[\sin(m-n)x\big]_{-\pi}^{\pi}\Big\}$

$\boxed{\text{この積分があるので, } m\ne n \text{ の条件が必要!}}$

$= 0$

(ⅱ) $m = n$ のとき, (m, n: 自然数)

$\displaystyle\int_{-\pi}^{\pi}\underbrace{\sin^2 mx}_{\frac{1}{2}(1-\cos 2mx)}\,dx = \dfrac{1}{2}\displaystyle\int_{-\pi}^{\pi}(1 - \cos 2mx)\,dx$

$$= \frac{1}{2}\left[x - \frac{1}{2m}\sin 2mx \right]_{-\pi}^{\pi}$$

$$= \frac{1}{2}\{\pi - (-\pi)\} = \pi$$

以上より，

$$\int_{-\pi}^{\pi} \sin mx \sin nx\, dx = \begin{cases} 0 & (m \neq n) \\ \pi & (m = n) \end{cases}$$

$$\cdots\cdots\cdots\cdots(答)$$

参考

（ i ）$m \neq n$ のときは **0**，（ ii ）$m = n$ のときは，m, n の値に関わらず，定数 π となる。この美しい積分結果は，実は大学で学習する"フーリエ級数解析"と密接に関係している。受験数学でも，このような形で出題されることが多いので，よく練習しておこう！

(3) $I = \int_{-\pi}^{\pi}(x - a\sin x - b\sin 2x)^2\, dx$

x で積分後，x に π と $-\pi$ の定数が代入されるので，これは最終的に，a と b の関数になる！

$$= \int_{-\pi}^{\pi}(\underbrace{x^2}_{\left[\frac{1}{3}x^3\right]_{-\pi}^{\pi}} + \underbrace{a^2\sin^2 x}_{\pi} + \underbrace{b^2\sin^2 2x}_{\pi}$$

$$\underbrace{- 2ax\sin x}_{\frac{2\pi}{1}(-1)^2} + \underbrace{2ab\sin x\sin 2x}_{\boxed{0}}$$

$$\underbrace{- 2bx\sin 2x}_{\frac{2\pi}{2}(-1)^3})\, dx$$

$$= \frac{1}{3}(\pi^3 + \pi^3) + \pi a^2 + \pi b^2 - 4\pi a + 2\pi b$$

（(1)，(2) の積分結果を用いた。）

以上より，

$$I = \pi a^2 + \pi b^2 - 4\pi a + 2\pi b + \frac{2}{3}\pi^3$$

$$\underbrace{}_{\boxed{a \text{ と } b \text{ の 2 変数関数}}} \cdots\cdots\cdots(答)$$

(4) $I = \pi\underbrace{(a^2 - 4a + 4)}_{\boxed{2 \text{で割って2乗}}} + \pi\underbrace{(b^2 + 2b + 1)}_{\boxed{2 \text{で割って2乗}}}$

$$+ \frac{2}{3}\pi^3 \underbrace{- 4\pi}_{} \underbrace{- \pi}_{}$$

$$\boxed{最小値}$$

$$= \pi\underbrace{(a - 2)^2}_{\boxed{0 \text{以上}}} + \pi\underbrace{(b + 1)^2}_{\boxed{0 \text{以上}}} + \boxed{\frac{2}{3}\pi^3 - 5\pi}$$

$$\boxed{最小値}$$

$$\underbrace{A^2}_{\boxed{0 \text{以上}}} + \underbrace{B^2}_{\boxed{0 \text{以上}}} + \boxed{m} \geq m \text{ の形にもち込んだ。}$$

$\therefore$ $a = 2$, $b = -1$ のとき，I は最小になる。

最小値 $I = \frac{2}{3}\pi^3 - 5\pi$ $\cdots\cdots\cdots\cdots(答)$

定積分 $\int_a^b \{tf(x) + g(x)\}^2 dx$ ……① (a, b: 定数, $a < b$, x, t: 変数) を利用して, 不等式 $\int_a^b \{f(x)\}^2 dx \cdot \int_a^b \{g(x)\}^2 dx \geq \left\{ \int_a^b f(x)g(x)\,dx \right\}^2$ ……(*) が成り立つことを示せ。

ヒント! (*) は "シュワルツの不等式" と呼ばれる公式なんだね。この証明には, ①の定積分を t の 2 次とみたとき, これが 0 以上であることを利用する。

被積分関数 $\{tf(x) + g(x)\}^2 \geq 0$ より ①の定積分も 0 以上となる。よって,

$$\int_a^b \{tf(x) + g(x)\}^2 dx \geq 0 \quad \text{……②}$$

②の左辺を変形すると, ②は,

$$\int_a^b [t^2\{f(x)\}^2 + 2tf(x)g(x) + \{g(x)\}^2] dx \geq 0$$

> この左辺は, x での積分なので, t^2 や $2t$ はまず定数扱いにしていいんだね。

$$t^2 \underbrace{\int_a^b \{f(x)\}^2 dx}_{A} + 2t \underbrace{\int_a^b f(x)g(x)\,dx}_{B}$$

$$+ \underbrace{\int_a^b \{g(x)\}^2 dx}_{C} \geq 0 \quad \text{…②´}$$

> すると, 上の 3 つの定積分は, x で積分した結果, ある値になるので, これらを順に A, B, C とおける。すると, ②は, 変数 t の不等式になることに気付くはずだ。

ここで, $\int_a^b \{f(x)\}^2 dx = A$ (≥ 0)

$\int_a^b f(x)g(x)\,dx = B$, $\int_a^b \{g(x)\}^2 dx = C$

とおくと, ②´ は,

$$At^2 + 2Bt + C \geq 0 \quad \text{……③}$$

> **0 以上** → (ⅰ)$A > 0$ と (ⅱ)$A = 0$ に場合分け

(ⅰ) まず, $A > 0$ のとき

③ は, t の 2 次不等式であり, ③の左辺 $= h(t)$ とおくと, 右図のようになる。

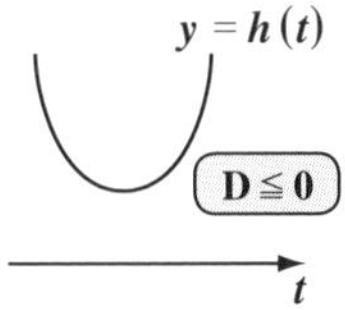

$y = h(t)$

$D \leq 0$

よって, このようになるための条件は 2 次方程式 $h(t) = 0$ の判別式を D とおくと $\dfrac{D}{4} \leq 0$ となることである。

よって,

$\dfrac{D}{4} = B^2 - AC \leq 0$ より,

$AC \geq B^2$ ……(*)

∴(*)のシュワルツの不等式が成り立つ。

(ⅱ)$A = 0$ のとき, $f(x) = 0$ より $B = 0$

よって, やはり (*) は成り立つ。

> $0 \cdot C \geq 0^2$ となって, $0 \geq 0$ となる。

以上より, シュワルツの不等式

$$\int_a^b \{f(x)\}^2 dx \cdot \int_a^b \{g(x)\}^2 dx$$

$$\geq \left\{ \int_a^b f(x)g(x)\,dx \right\}^2 \quad \text{…(*)}$$

は成り立つ。 ……………………(終)

実力アップ問題95　難易度 ★★★　CHECK 1　CHECK 2　CHECK 3

関数 $g(x) = \int_1^e |\log t - x|\, dt$ の $0 \le x \le 1$ における最小値とそのときの x の値を求めよ。ただし，e は自然対数の底とする。　　(琉球大)

ヒント！　絶対値の付いた 2 変数関数の定積分の問題。t での積分なので，まず t が変数，x は定数として扱うのがコツだ。

$g(x) = \int_1^e |\log t - x|\, dt \quad (0 \le x \le 1)$

まず, 変数　まず定数扱い　t で積分

積分後, 変数

$\begin{cases} y = \log t \\ y = x \end{cases}$

$(0 \le x \le 1)$

定数扱い

交点の t 座標

とおく。
y を消去して，

$\log t = x$ より，$t = e^x$

$0 \le x \le 1$ より，$\boxed{1} \le e^x \le \boxed{e}$
　　　　　　　　　e^0　　　e^1

よって，

(i) $1 \le t \le e^x$ のとき，

$\left|\underset{小}{\log t} - \underset{大}{x}\right| = -(\log t - x)$

(ii) $e^x \le t \le e$ のとき，

$\left|\underset{大}{\log t} - \underset{小}{x}\right| = \log t - x$

以上より，

$g(x) = -\int_1^{e^x} (\log t - \boxed{x})\, dt$　定数扱い

$\qquad + \int_{e^x}^e (\log t - \boxed{x})\, dt$　定数扱い

$= -\big[\, t\log t - t - xt \,\big]_1^{e^x}$

$\qquad + \big[\, t\log t - t - xt \,\big]_{e^x}^e$

$= -2(e^x \underset{x}{\boxed{\log e^x}} - e^x - xe^x)$

$\qquad + (1 \cdot \underset{0}{\boxed{\log 1}} - 1 - x)$

$\qquad + (e\underset{1}{\boxed{\log e}} - e - x \cdot e)$

$= -2(xe^x - e^x - xe^x)$

$\qquad - 1 - x + \cancel{e} - \cancel{e} - ex$

$\therefore g(x) = 2e^x - (e+1)x - 1$

$\qquad\qquad (0 \le x \le 1)$

積分後, t は消えて, x の関数になった。

$g'(x) = 2e^x - e - 1$

$g'(x) = 0$ のとき，

$2e^x - e - 1 = 0$

$e^x = \dfrac{e+1}{2}$

0以上, 1以下の数

$x = \boxed{\log \dfrac{e+1}{2}}$

$e \fallingdotseq 2.7$ より，$e^x = \dfrac{e+1}{2} \fallingdotseq 1.85$ は，$1 \le e^x \le e$ をみたすので，$0 \le x \le 1$ となる。

増減表 $(0 \le x \le 1)$

x	0		$\log \dfrac{e+1}{2}$		1
$g'(x)$		$-$	0	$+$	
$g(x)$		↘	極小	↗	

以上より，$x = \log \dfrac{e+1}{2}$ のとき，

最小値 $g\left(\log \dfrac{e+1}{2}\right)$

$= 2 \cdot \underset{\frac{e+1}{2}}{\boxed{e^{\log\frac{e+1}{2}}}} - (e+1)\log \dfrac{e+1}{2} - 1$

$= e - (e+1)\log \dfrac{e+1}{2}$　……(答)

次の極限値を求めよ。

$$\lim_{x \to 0} \frac{1}{x} \int_0^x \frac{\cos t}{1 + \sin t} dt$$

（工学院大）

ヒント！　定積分 $\displaystyle\int_0^x \frac{\cos t}{1 + \sin t} dt$ を直接求めることは，得策ではないんだね。
このような問題では，この被積分関数を $f(t) = \dfrac{\cos t}{1 + \sin t}$ とおき，この原始関数を
$F(t)$ とおくと，話が見えてくるはずだ。頑張ろう！

$$\lim_{x \to 0} \frac{1}{x} \int_0^x \underbrace{\frac{\cos t}{1 + \sin t}}_{\boxed{f(t)}} dt \quad \cdots\cdots ①$$

とおく。

ここで，①の定積分の被積分関数
を $f(t)$ とおくと，

$f(t) = \dfrac{\cos t}{1 + \sin t} \quad \cdots\cdots ②$ となる。

さらに，$f(t)$ の原始関数の1つを
$F(t)$ とおくと

$$F(t) + C = \int f(t)\, dt$$
$$\qquad\qquad = \int \frac{\cos t}{1 + \sin t} dt \quad (C:定数)$$

となる。そして，

$F'(t) = f(t) \quad \cdots\cdots ③$ も成り立つ。

以上より，①の極限を求めると，

$$\lim_{x \to 0} \frac{1}{x} \int_0^x f(t)\, dt$$

$$\underbrace{\qquad\qquad}_{\boxed{[F(t)]_0^x = F(x) - F(0)}}$$

$$= \lim_{x \to 0} \frac{1}{x} \{ F(x) - F(0) \}$$

$$= \lim_{x \to 0} \frac{F(x) - F(0)}{x - 0}$$

$$\boxed{\text{これは，微分係数 } F'(0) \text{ の定義}\\ \text{式になっている！}}$$

$$= F'(0) = f(0) \qquad （③より）$$

$$= \frac{\overbrace{\cos 0}^{1}}{1 + \underset{}{\sin 0}} \qquad （②より）$$

$$= 1 \qquad\cdots\cdots\cdots\cdots\cdots\cdots(答)$$

142

実力アップ問題97　難易度 ★★　　CHECK *1*　CHECK*2*　CHECK*3*

等式 $e^x(x^2 + ax) = \displaystyle\int_0^x tf(t)\,dt + \int_x^1 xf(t)\,dt$ が，任意の実数 x に対して成り

立つような連続関数 $f(x)$ と定数 a を求めよ。　　　　　　（早稲田大）

ヒント！ 定積分で表された関数の問題。積分区間に変数 x が入っているので，微分して $f(x)$ を求めるパターンだね。

基本事項

定積分で表された関数（Ⅰ）

$\displaystyle\int_a^x f(t)\,dt$ （ a: 定数, x: 変数 ）

の場合，

(ⅰ) x に a を代入して，

$\displaystyle\int_a^a f(t)\,dt = 0$

(ⅱ) x で微分して，

$\left\{\displaystyle\int_a^x f(t)\,dt\right\}' = f(x)$

$e^x(x^2 + ax)$ 　　　【積分区間を入れ替える】
$= \displaystyle\int_0^x tf(t)\,dt + \int_x^1 xf(t)\,dt$ ……①
　　　　　　【まず定数扱い】【tで積分】

①を変形して，

$\dfrac{e^x(x^2 + ax)}{}$
$= \displaystyle\int_0^x tf(t)\,dt - x\int_1^x f(t)\,dt$ ……②

②の両辺を x で微分して，

$\dfrac{e^x(x^2 + ax) + e^x(2x + a)}{}$
$= \underset{\sim}{x \cdot f(x)} - \left\{1 \cdot \displaystyle\int_1^x f(t)\,dt + \underset{\sim}{x \cdot f(x)}\right\}$

$e^x\{x^2 + (a+2)x + a\} = -\displaystyle\int_1^x f(t)\,dt$ …③

(ⅰ)③の両辺に $x = 1$ を代入して，

$e(1 + a + 2 + a) = -\boxed{\displaystyle\int_1^1 f(t)\,dt}$
　　　　　　　　　　　　　　　↓0

$e(2a + 3) = 0$

$2a + 3 = 0$

$\therefore a = -\dfrac{3}{2}$ ……④ …………（答）

④を③に代入して，

$e^x\left(x^2 + \dfrac{1}{2}x - \dfrac{3}{2}\right) = -\displaystyle\int_1^x f(t)\,dt$

$\displaystyle\int_1^x f(t)\,dt = -e^x\left(x^2 + \dfrac{1}{2}x - \dfrac{3}{2}\right)$……⑤

(ⅱ)⑤の両辺を x で微分して，

$\boxed{\left\{\displaystyle\int_1^x f(t)\,dt\right\}'}^{f(x)}$
$= -e^x\left(x^2 + \dfrac{1}{2}x - \dfrac{3}{2}\right) - e^x\left(2x + \dfrac{1}{2}\right)$

以上より，求める関数 $f(x)$ は，

$f(x) = -e^x\left(x^2 + \dfrac{5}{2}x - 1\right)$…………（答）

関数 $f(x)$ が, $f(x) = -\cos x + \int_0^{\frac{\pi}{2}} f(t) \sin(x+t)\, dt$ をみたすとき,

関数 $f(x)$ を求めよ。 (高知女子大)

ヒント! 定積分で表された関数の問題。文字定数 x を積分記号の前に出した後,
定積分を定数とおいて解くことがポイントだ。

基本事項

定積分で表された関数 (Ⅱ)

$\int_a^b f(t)\, dt$ $(a, b : 定数)$ の場合,

$\int_a^b f(t)\, dt = A$ (定数) とおく。

$f(x) = -\cos x + \int_0^{\frac{\pi}{2}} f(t) \sin(x+t)\, dt$ …①

まず, 変数 / まず定数扱い / t で積分

ここで,

$\bullet \displaystyle\int_0^{\frac{\pi}{2}} f(t) \sin(x+t)\, dt$

$= \displaystyle\int_0^{\frac{\pi}{2}} f(t)(\sin x \cos t + \cos x \sin t)\, dt$

$= \sin x \underbrace{\int_0^{\frac{\pi}{2}} f(t) \cos t\, dt}_{A}$

$\qquad + \cos x \underbrace{\int_0^{\frac{\pi}{2}} f(t) \sin t\, dt}_{B}$

よって,

$\begin{cases} A = \displaystyle\int_0^{\frac{\pi}{2}} f(t) \cos t\, dt & \cdots② \\ B = \displaystyle\int_0^{\frac{\pi}{2}} f(t) \sin t\, dt & \cdots③ \end{cases}$

とおくと, ①は,

$f(x) = -\cos x + A \sin x + B \cos x$

$\qquad = A \sin x + (B-1)\cos x$ ………④

$\bullet$ ④を②に代入して,

$A = \displaystyle\int_0^{\frac{\pi}{2}} \{A \sin t + (B-1)\cos t\} \cos t\, dt$

$= A \underbrace{\int_0^{\frac{\pi}{2}} \underbrace{\sin t}_{g} \underbrace{\cos t}_{g'}\, dt} + (B-1) \int_0^{\frac{\pi}{2}} \underbrace{\cos^2 t}_{\frac{1}{2}(1+\cos 2t)}\, dt$

$= A \left[\frac{1}{2}\sin^2 t \right]_0^{\frac{\pi}{2}} + \frac{B-1}{2}\left[t + \frac{1}{2}\sin 2t \right]_0^{\frac{\pi}{2}}$

$= \frac{A}{2} + \frac{\pi}{4}(B-1)$

$\therefore A = \frac{A}{2} + \frac{\pi}{4}(B-1)$

$\frac{A}{2} = \frac{\pi}{4}(B-1)$

$\therefore A = \frac{\pi}{2}(B-1)$ …………⑤

$\bullet$ ④を③に代入して同様に,

$B = \displaystyle\int_0^{\frac{\pi}{2}} \{A \sin t + (B-1)\cos t\} \sin t\, dt$

$= A \int_0^{\frac{\pi}{2}} \underbrace{\sin^2 t}_{\frac{1}{2}(1-\cos 2t)}\, dt + (B-1) \int_0^{\frac{\pi}{2}} \underbrace{\sin t}_{g} \underbrace{\cos t}_{g'}\, dt$

$= \frac{A}{2}\left[t - \frac{1}{2}\sin 2t \right]_0^{\frac{\pi}{2}}$

$\qquad + (B-1)\left[\frac{1}{2}\sin^2 t \right]_0^{\frac{\pi}{2}}$

$= \frac{\pi}{4} A + \frac{B-1}{2}$

$\therefore B = \dfrac{\pi}{4}A + \dfrac{B-1}{2}$

$4B = \pi A + 2(B-1)$

$2B + 2 = \pi A$

$2B - 2 = \pi A - 4$

$\therefore 2(B-1) = \pi \underset{\sim}{A} - 4$ ……⑥

⑤を⑥に代入して，

$2(B-1) = \pi \cdot \underset{\underset{\sim\sim\sim\sim\sim\sim}{}}{\dfrac{\pi}{2}} (B-1) - 4$

$\qquad\qquad = \dfrac{\pi^2}{2}(B-1) - 4$

$\left(\dfrac{\pi^2}{2} - 2\right)(B-1) = 4$

$B - 1 = \dfrac{8}{\pi^2 - 4}$ ……………⑦

⑦を⑤に代入して，

$A = \dfrac{\pi}{\cancel{2}} \cdot \dfrac{\overset{4}{\cancel{8}}}{\pi^2 - 4} = \dfrac{4\pi}{\pi^2 - 4}$ ……⑧

⑦，⑧を④に代入して，求める $f(x)$ は，

$f(x) = \dfrac{4\pi}{\pi^2 - 4}\sin x + \dfrac{8}{\pi^2 - 4}\cos x$ ……(答)

関数 $f_n(x)$ と数列 $\{a_n\}$ を次のように定める。

$$\begin{cases} f_1(x) = e^x \ \cdots\cdots① \qquad f_{n+1}(x) = e^x + e^{-x}\displaystyle\int_0^1 tf_n(t)dt \ \cdots\cdots② \\ a_n = \displaystyle\int_0^1 tf_n(t)dt \ \cdots\cdots③ \quad (n = 1,\ 2,\ 3,\ \cdots\cdots) \end{cases}$$

(1) a_1 の値を求めよ。　　　　(2) a_{n+1} を a_n を用いて表せ。

(3) a_n を n を用いて表し，$\displaystyle\lim_{n\to\infty} a_n$ を求めよ。　　　　　（関西大＊）

ヒント！ ③を②に代入すると，$f_{n+1}(x) = e^x + a_n e^{-x}$ となる。さらに③より，$a_{n+1} = \displaystyle\int_0^1 tf_{n+1}(t)dt$ となる。これに $f_{n+1}(t) = e^t + a_n e^{-t}$ を代入して，定積分を求めると a_{n+1} と a_n の関係式（漸化式）が得られるんだね。

参考

$a_n = \displaystyle\int_0^1 t \cdot f_n(t)dt \ \cdots\cdots③$ について，
右辺の定積分の結果，変数 t には 1 と 0 が代入されるので，t はなくなるが，何か (n の式) になるはずだね。よって，③の右辺は定数 A ではなく，数列 a_n で表されることが分かると思う。

(1) $f_1(x) = e^x \ \cdots\cdots①$

また，$n = 1$ のとき，③は，

$a_1 = \displaystyle\int_0^1 t \cdot \underset{\underset{e^t(①より)}{\|}}{f_1(t)}dt \ \cdots\cdots③'$

となる。

よって，①を③′に代入して a_1 を求めると，

$a_1 = \displaystyle\int_0^1 t \cdot e^t dt$

$= \displaystyle\int_0^1 t \cdot (e^t)' dt \quad \longrightarrow$ 部分積分

$= \left[te^t\right]_0^1 - \displaystyle\int_0^1 1 \cdot e^t dt$

$= 1 \cdot e^1 - \left[e^t\right]_0^1$

$= \cancel{e} - (\cancel{e} - 1)$

$\therefore a_1 = 1 \ \cdots\cdots\cdots\cdots\cdots\cdots\cdots$（答）

(2) $a_n = \displaystyle\int_0^1 t \cdot f_n(t)dt \ \cdots\cdots③$ を，

$f_{n+1}(x) = e^x + e^{-x}\overset{\overset{a_n}{\|}}{\underline{\displaystyle\int_0^1 t \cdot f_n(t)dt}}$
$\cdots\cdots②$

に代入すると，

$f_{n+1}(x) = e^x + a_n \cdot e^{-x} \ \cdots\cdots②'$
$\qquad\qquad (n = 1,\ 2,\ 3,\ \cdots\cdots)$

③より，

③の n の代わりに
n+1 を代入した。

$$a_{n+1} = \int_0^1 t \cdot f_{n+1}(t)dt \quad \cdots\cdots ③'$$

$$(n = 0, \ 1, \ 2, \ \cdots\cdots)$$

n は 0 スタート

この③′に②′を代入すると，

$$a_{n+1} = \int_0^1 t \cdot (e^t + a_n e^{-t})dt \quad \cdots\cdots ④$$

$$(n = 1, \ 2, \ 3, \ \cdots\cdots)$$

③′は n = 0 スタートの式だけれど，こ
れに n = 1 スタートの②′を代入した④
は n = 1 スタートの式になる。

④の右辺を計算すると，

$$a_{n+1} = \int_0^1 t \cdot (e^t - a_n e^{-t})' dt$$

部分
積分

$$= \left[t(e^t - a_n e^{-t}) \right]_0^1$$

$$\quad - \int_0^1 1 \cdot (e^t - a_n e^{-t})dt$$

$$= 1 \cdot (e - a_n e^{-1}) - \left[e^t + a_n e^{-t} \right]_0^1$$

$$= e - a_n e^{-1} - (e + a_n e^{-1}) + 1 + a_n$$

$$= (1 - 2e^{-1})a_n + 1$$

以上より，

$$a_{n+1} = \frac{e-2}{e} a_n + 1 \quad \cdots ⑤ \quad \cdots\cdots(答)$$

$$(n = 1, \ 2, \ 3, \ \cdots\cdots)$$

(3) (1)，(2) の結果より，

$$\begin{cases} a_1 = 1 \\ a_{n+1} = \left(1 - \dfrac{2}{e}\right)a_n + 1 \quad \cdots\cdots ⑤ \end{cases}$$

$$(n = 1, \ 2, \ 3, \ \cdots\cdots)$$

$$a_{n+1} = pa_n + q \quad (p, \ q: 実数定数)$$

の漸化式の場合，

特性方程式：$x = px + q$ を解いて

解 $x = \alpha$ を求め，これを使って，

$$a_{n+1} - \alpha = p(a_n - \alpha)$$

$$[F(n+1) = p \ F(n)]$$

の形にもち込むんだね。

⑤の特性方程式を解いて，

$$x = \left(x - \frac{2}{e}\right)x + 1 \qquad \frac{2}{e} x = 1$$

$$\therefore x = \frac{e}{2} \quad となる。$$

よって，⑤を変形して，

$$a_{n+1} - \frac{e}{2} = \left(1 - \frac{2}{e}\right)\left(a_n - \frac{e}{2}\right)$$

$$\left[F(n+1) = \left(1 - \frac{2}{e}\right) \ F(n) \right]$$

$$a_n - \frac{e}{2} = \left(a_1 - \frac{e}{2}\right) \cdot \left(1 - \frac{2}{e}\right)^{n-1}$$

$$\left[F(n) = F(1) \cdot \left(1 - \frac{2}{e}\right)^{n-1} \right]$$

$$\therefore a_n = \left(1 - \frac{e}{2}\right)\left(1 - \frac{2}{e}\right)^{n-1} + \frac{e}{2} \quad \cdots(答)$$

$$(n = 1, \ 2, \ 3, \ \cdots\cdots)$$

ここで，$2 < e < 3$ より，

$$0 < 1 - \frac{2}{e} < 1$$

よって，求める極限は，

$$\lim_{n \to \infty} a_n = \lim_{n \to \infty} \left\{ \left(1 - \frac{e}{2}\right)\left(1 - \frac{2}{e}\right)^{n-1} + \frac{e}{2} \right\}$$

$$\quad\quad 0$$

$$= \frac{e}{2} \quad \cdots\cdots\cdots\cdots(答)$$

関数 $f(x)$, $g(x)$ は微分可能で, それらの導関数が連続であるとする。
このとき

$$f(x) = \frac{1}{2} - \int_0^x \{f'(t) + g(t)\}\, dt \qquad g(x) = \sin x - \int_0^\pi \{f(t) - g'(t)\}\, dt$$

を満たす $f(x)$, $g(x)$ を求めよ。　　　　　　　　　　　　　　　(東京都市大)

ヒント! 定積分で表された関数の **2** つの解法パターンが入った融合問題。
パターンに従って解くのがポイントだよ。

$f(x) = \dfrac{1}{2} - \underline{\int_0^x \{f'(t) + g(t)\}\, dt}$ ……①

(i) $x=0$ を代入　(ii) x で微分

$g(x) = \sin x - \underline{\int_0^\pi \{f(t) - g'(t)\}\, dt}$ ……②

A(定数)とおく。

(i)①の両辺に $x = 0$ を代入して,

$$f(0) = \frac{1}{2} - \int_0^0 \{f'(t) + g(t)\}\, dt$$
$$ \underset{0}{}$$

$\therefore f(0) = \dfrac{1}{2}$ ……………………③

(ii)①の両辺を x で微分して,

$$f'(x) = -\left[\int_0^x \{f'(t) + g(t)\}\, dt \right]'$$
$$f'(x) = -\{f'(x) + g(x)\}$$
$$2f'(x) = -g(x)$$

$\therefore f'(x) = -\dfrac{1}{2}g(x)$ …………④

④より,

$f'(t) = -\dfrac{1}{2}g(t)$ → $t=0$ から $t=x$ まで積分

$$\int_0^x f'(t)\, dt = -\frac{1}{2}\int_0^x g(t)\, dt$$

$$[f(t)]_0^x = -\frac{1}{2}\int_0^x g(t)\, dt$$

$$f(x) - \underbrace{f(0)}_{\frac{1}{2}} = -\frac{1}{2}\int_0^x g(t)\, dt$$

$\therefore f(x) = \dfrac{1}{2} - \dfrac{1}{2}\int_0^x g(t)\, dt$　($\because$ ③) …⑤

②について,

$$A = \int_0^\pi \{f(t) - g'(t)\}\, dt$$ ……………⑥

とおくと,

$$g(x) = \sin x - A$$ ……………………⑦

⑦を微分して, $g'(x) = \cos x$ …………⑧

⑦を⑤に代入して,

$$f(x) = \frac{1}{2} - \frac{1}{2}\int_0^x (\sin t - A)\, dt$$
$$= \frac{1}{2} - \frac{1}{2}\left[-\cos t - At \right]_0^x$$
$$= \frac{1}{2} - \frac{1}{2}(-\cos x - Ax + 1)$$
$$= \frac{1}{2}\cos x + \frac{1}{2}Ax$$ …………⑨

⑧, ⑨を⑥に代入して,

$$A = \int_0^\pi \left(\frac{1}{2}\cos t + \frac{1}{2}At - \cos t \right)\, dt$$
$$= \left[-\frac{1}{2}\sin t + \frac{A}{4}t^2 \right]_0^\pi = \frac{\pi^2}{4}A$$

$\left(\dfrac{\pi^2}{4} - 1 \right)A = 0$ より, $A = 0$

これを⑨, ⑦に代入して,

$$f(x) = \frac{1}{2}\cos x, \ g(x) = \sin x$$ ……(答)

148

| 実力アップ問題101 | 難易度 ★★★ | CHECK 1 | CHECK 2 | CHECK 3 |

$F(x) = \displaystyle\int_x^{x+1} \dfrac{t}{4t^2+3}\, dt$ とおく。

$(1) F'(x) = 0$ をみたす x をすべて求めよ。

$(2) F(x)$ が極大となる x の値を求めよ。

(東京女子大)

ヒント！ 定積分で表された関数の応用問題。積分区間が (x の関数) から (x の関数) で表わされる積分の解法もマスターしよう。

基本事項

定積分で表された関数

$\displaystyle\int_{g(x)}^{h(x)} f(t)\, dt$ の場合，

これを x で微分して，

$\left\{ \displaystyle\int_{g(x)}^{h(x)} f(t)\, dt \right\}'$ ← 合成関数の微分から導かれる！

$= f(h(x)) \cdot h'(x) - f(g(x)) \cdot g'(x)$

$(1) F(x) = \displaystyle\int_{\underset{g(x)}{x}}^{\overset{h(x)}{x+1}} \underbrace{\dfrac{t}{4t^2+3}}_{f(t)}\, dt$ …① について，

①の両辺を x で微分すると，

$F'(x) = \dfrac{x+1}{4(x+1)^2+3} \cdot 1 - \dfrac{x}{4x^2+3} \cdot 1$

$\left[F'(x) = f(h(x)) \cdot h'(x) - f(g(x)) \cdot g'(x) \right]$

$= \dfrac{(x+1)(4x^2+3) - x\{4(x+1)^2+3\}}{\{4(x+1)^2+3\}(4x^2+3)}$

分子 $= 4x^3 + 4x^2 + 3x + 3$
$\qquad - x(4x^2 + 8x + 7)$
$= -4x^2 - 4x + 3$
$= -(4x^2 + 4x - 3)$
$= -(2x - 1)(2x + 3)$

$F'(x) = \dfrac{-(2x-1)(2x+3)}{\{4(x+1)^2+3\}(4x^2+3)}$

$F'(x) = 0$ のとき，

$-(2x - 1)(2x + 3) = 0$

$\therefore x = \dfrac{1}{2}, \ -\dfrac{3}{2}$ ……………(答)

$(2)(1)$ の結果より，$F(x)$ の増減表を次に示す。

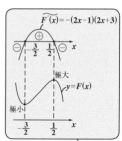

増減表

x		$-\dfrac{3}{2}$		$\dfrac{1}{2}$	
$F'(x)$	$-$	0	$+$	0	$-$
$F(x)$	↘	極小	↗	極大	↘

以上より，$F(x)$ が極大となる x の値は，

$x = \dfrac{1}{2}$ ……………………(答)

連続関数 $f(x)$ を用いて，$F(x) = \int_0^x e^{-t}f(x-t)\,dt$ とおく。

(1) $f(x) = x$ のとき，$F(x)$ を求めよ。

(2) $F(x) = 1 - \cos x$ のとき，$f(x)$ を求めよ。

(山梨大)

ヒント！ $x - t = u$ と置換して，定積分の式をまとめる。(2) まとめた与式の両辺に e^x をかけて，微分するとうまくいくんだね。

$F(x) = \int_0^x e^{-t}f(\boxed{x-t})\,dt$ …① について，

$\boxed{u \text{ とおく}}$

$\boxed{\text{まず，} t \text{ が変数，} x \text{ は定数扱いなので，} \\ \text{変数 } t \text{ から変数 } u \text{ に置換する。}}$

$x - t = u$ とおくと，

$t : 0 \longrightarrow x$ のとき，$u : x \longrightarrow 0$

$-dt = du$

$\boxed{\text{定数扱い}}$

以上より，①は，$\boxed{e^u \cdot e^{-x}}$

$F(x) = \int_x^0 \left(e^{u-x}\right) \cdot f(u) \cdot (-1)\,du$

$\underline{\underline{F(x) = e^{-x} \cdot \underset{\text{⑦}}{\underline{\int_0^x e^u f(u)\,du}}}}$ ……②

(1) $f(x) = x$ のとき，②の⑦の積分は，

⑦ $\int_0^x e^u \cdot \underset{\sim}{u}\,du = \int_0^x (e^u)' \cdot u\,du$

$= [e^u u]_0^x - \int_0^x e^u \cdot 1\,du$

$\boxed{\text{部分積分}}$

$= x \cdot e^x - [e^u]_0^x$

$= x \cdot e^x - (e^x - e^0)$

$= (x-1)e^x + 1$

これを②に代入して，

$F(x) = e^{-x}\{(x-1)e^x + 1\}$

$= x - 1 + e^{-x}$ ……………(答)

(2) $F(x) = \underline{1 - \cos x}$ のとき，

これを②に代入して，

$\underline{1 - \cos x = e^{-x}\int_0^x e^u f(u)\,du}$ ……③

注意！

この形のまま，x で何回微分しても，積分記号が残るので，うまくいかない。よって，この両辺に e^x をかけて，積分記号の前の e^{-x} を取り除くと，1 回の微分で $e^x f(x)$ が出て来て，$f(x)$ が求まる。

③の両辺に e^x をかけて，

$e^x(1 - \cos x) = \int_0^x e^u f(u)\,du$

この両辺を x で微分して，

$e^x(1 - \cos x) + e^x \cdot \sin x$

$= \underset{e^x f(x)}{\underline{\left\{\int_0^x e^u f(u)\,du\right\}'}}$

$e^x f(x) = e^x(1 - \cos x) + e^x \sin x$

この両辺を $e^x\,(>0)$ で割って，

$f(x) = 1 - \cos x + \sin x$ ………(答)

実力アップ問題103　難易度 ★★★　CHECK1　CHECK2　CHECK3

n を 2 以上の整数とするとき，次式が成り立つことを示せ。

$$n \log n - (n-1) < \log(n!) < (n+1)\log(n+1) - n \qquad \text{(津田塾大 *)}$$

> **ヒント！** 一見難しそうに見えるけれど，中辺の式 $\log(n!)$ を変形して，
> $\log(1 \cdot 2 \cdot 3 \cdots \cdot n) = \underline{1} \cdot \log 1 + \underline{1} \cdot \log 2 + \underline{1} \cdot \log 3 + \cdots + \underline{1} \cdot \log n$ として，
> 長方形群の面積の総和と考えると話が見えてくるはずだ。

$n \log n - (n-1) < \log(n!)$

$\qquad\qquad < (n+1)\log(n+1) - n \quad \cdots(*)$

$\qquad\qquad (n = 2, \ 3, \ 4, \ \cdots)$

とおく。$(*)$ が成り立つことを示す。

ここで，$S_n = \log(n!)$ とおくと，

$S_n = \log(1 \cdot 2 \cdot 3 \cdots \cdot n)$

$\quad = \log 1 + \log 2 + \log 3 + \cdots + \log n$

$\quad = \underline{1} \cdot \log 1 + \underline{1} \cdot \log 2 + \underline{1} \cdot \log 3 + \cdots + \underline{1} \cdot \log n$

参考

各項に **1** をかけることにより，S_n は下図のように，$n-1$ 個の長方形の面積の総和と考えられる。

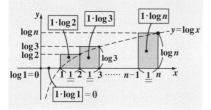

よって，図 **1** に示すように，S_n は $n-1$ 個の長方形の面積の総和であり，これに曲線 $y = \log x$ と $y = \log(x+1)$ を描くと，図より明らかに，次の面積の大小関係が成り立つ。

$$\underset{\textcircled{\tiny ア}}{\int_1^n \log x \, dx} < S_n < \underset{\textcircled{\tiny イ}}{\int_0^n \log(x+1) \, dx} \quad \cdots \text{①}$$

$$\left[\ \diagup \!\!\!\!\!\!\!\!\! < \text{▯▯▯▯} < \diagup\!\!\!\!\!\!\!\!\!\! \ \right]$$

図 1

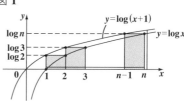

ここで，

$\textcircled{\tiny ア}$ $\displaystyle\int_1^n \log x \, dx = \left[x \cdot \log x - x \right]_1^n \leftarrow$ 公式

$\qquad = n \cdot \log n - n - (1 \cdot \log 1 - 1)$

$\qquad = n \cdot \log n - (n-1)$

$\textcircled{\tiny イ}$ $\displaystyle\int_0^n \log(x+1) \, dx$　部分積分

$\qquad = \displaystyle\int_0^n (x+1)' \cdot \log(x+1) \, dx$

$\qquad = \left[(x+1)\log(x+1) \right]_0^n$

$\qquad\qquad - \displaystyle\int_0^n (x+1) \cdot \frac{1}{x+1} \, dx$

$\qquad = (n+1)\log(n+1) - \left[x \right]_0^n$

$\qquad = (n+1)\log(n+1) - n$

以上 $\textcircled{\tiny ア}$，$\textcircled{\tiny イ}$ を①に代入して，不等式

$n \log n - (n-1) < \log(n!)$

$\qquad\qquad < (n+1)\log(n+1) - n \cdots(*)$

$\qquad\qquad (n = 2, \ 3, \ 4, \ \cdots)$

が成り立つ。 …………………………(終)

(1) $\displaystyle\int_0^n \frac{1}{x+1}\,dx < 1 + \frac{1}{2} + \frac{1}{3} + \cdots + \frac{1}{n} < 1 + \int_1^n \frac{1}{x}\,dx$　……($*$)

　　($n = 2,\ 3,\ 4,\ \cdots$)　が成り立つことを示せ。

(2) $S_n = 1 + \dfrac{1}{2} + \dfrac{1}{3} + \cdots + \dfrac{1}{n}$ とおく。このとき，極限 $\displaystyle\lim_{n\to\infty} \frac{S_n}{\log n}$ を求めよ。

（奈良女子大＊）

ヒント！　(1) $S_n = \underline{1} \times 1 + \underline{1} \times \dfrac{1}{2} + \underline{1} \times \dfrac{1}{3} + \cdots + \underline{1} \times \dfrac{1}{n}$ とおいて，n 個の長方形の面積の総和と考えれば，前問と同様に解ける。

(1)($*$) の中辺を S_n とおくと，

$$S_n = \underline{1} \times 1 + \underline{1} \times \frac{1}{2} + \underline{1} \times \frac{1}{3} + \cdots + \underline{1} \times \frac{1}{n}$$

は，n 個の長方形の面積の和と考えることができる。これを次の xy 座標平面上の網目部で示す。

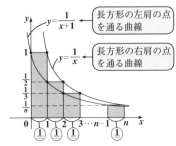

長方形の左肩の点を通る曲線　$y = \dfrac{1}{x+1}$

長方形の右肩の点を通る曲線　$y = \dfrac{1}{x}$

グラフより明らかに，次のような図形の面積の大小関係が成り立つ。

$$\int_0^n \frac{1}{x+1}\,dx < \quad S_n \quad < 1 \times 1 + \int_1^n \frac{1}{x}\,dx$$

右辺を $\displaystyle\int_0^n \frac{1}{x}\,dx$ とはできない。$y = \dfrac{1}{x}$ は $x \to +0$ のとき ∞ に発散するからである。$0 \leqq x \leqq 1$ の範囲は 1×1 の長方形を用いても，大小関係は成り立つ。

以上より，$n \geqq 2$ のとき，不等式

$$\underbrace{\int_0^n \frac{1}{x+1}\,dx}_{\textⓐ} < 1 + \frac{1}{2} + \cdots + \frac{1}{n} < \underbrace{1 + \int_1^n \frac{1}{x}\,dx}_{\textⓘ}$$

……($*$) が成り立つ。　…………（終）

(2) ここで，

ⓐ $\displaystyle\int_0^n \frac{1}{x+1}\,dx = \Big[\log|x+1|\Big]_0^n = \log(n+1)$

　　$= \log n\Big(1 + \dfrac{1}{n}\Big) = \log n + \log\Big(1 + \dfrac{1}{n}\Big)$

ⓘ $\displaystyle\int_1^n \frac{1}{x}\,dx = \Big[\log|x|\Big]_1^n = \log n$

以上ⓐ，ⓘより，($*$) は，

$$\underbrace{\log n + \log\Big(1 + \frac{1}{n}\Big)}_{\textⓐ} < S_n < \underbrace{1 + \log n}_{\textⓘ}$$

$n \geqq 2$ とすると，$\log n > 0$ より，各辺を $\log n$ で割って，

等号を付けてよい！

$$1 + \underbrace{\frac{\log\Big(1 + \frac{1}{n}\Big)}{\log n}}_{0} \leqq \frac{S_n}{\log n} \leqq \underbrace{\frac{1}{\log n}}_{0} + 1$$

ここで，

$$\lim_{n\to\infty} \frac{\log\Big(1 + \frac{1}{\underset{0}{n}}\Big)}{\underset{\infty}{\log n}} = \lim_{n\to\infty} \frac{1}{\underset{\infty}{\log n}} = 0$$ より，

はさみ打ちの原理から求める極限は，

$$\lim_{n\to\infty} \frac{S_n}{\log n} = 1$$ …………………（答）

実力アップ問題105　難易度 ★★　CHECK1　CHECK2　CHECK3

次の極限を求めよ。

(1) $\displaystyle\lim_{n\to\infty}\frac{1}{n^3}\left(\sqrt{n^2+1}+2\sqrt{n^2+2^2}+\cdots+n\sqrt{n^2+n^2}\right)$ （富山大）

(2) $\displaystyle\lim_{n\to\infty}\frac{1}{n^6}\sum_{k=n+1}^{2n}k^5$ （関西大）

ヒント！ 区分求積法の問題。(1) は公式通りに解けるはずだ。
(2) は $k=n+1,\ n+2,\ \cdots,\ 2n$ を，工夫して，$k=1,\ 2,\ \cdots,\ n$ の和の形にする。

基本事項
区分求積法
$$\lim_{n\to\infty}\frac{1}{n}\sum_{k=1}^{n}f\left(\frac{k}{n}\right)=\int_0^1 f(x)\,dx$$

$\dfrac{1}{n^2}$分をかけ込んだ！

(1) 与式 $=\displaystyle\lim_{n\to\infty}\frac{1}{n}\left(\frac{1}{n}\cdot\sqrt{\frac{n^2+1^2}{n^2}}+\frac{2}{n}\sqrt{\frac{n^2+2^2}{n^2}}+\cdots\right.$
$\left.\cdots+\frac{n}{n}\sqrt{\frac{n^2+n^2}{n^2}}\right)$

$=\displaystyle\lim_{n\to\infty}\frac{1}{n}\left\{\frac{1}{n}\sqrt{1+\left(\frac{1}{n}\right)^2}+\frac{2}{n}\sqrt{1+\left(\frac{2}{n}\right)^2}+\cdots\right.$
$\left.\cdots+\frac{n}{n}\sqrt{1+\left(\frac{n}{n}\right)^2}\right\}$

$=\displaystyle\lim_{n\to\infty}\frac{1}{n}\sum_{k=1}^{n}\underbrace{\frac{k}{n}\cdot\sqrt{1+\left(\frac{k}{n}\right)^2}}_{f\left(\frac{k}{n}\right)}$ ← 区分求積法

$=\displaystyle\int_0^1 \underbrace{x\cdot\sqrt{1+x^2}}_{f(x)}\,dx$

$=\displaystyle\int_0^1 x\cdot(1+x^2)^{\frac{1}{2}}\,dx$

$=\dfrac{1}{3}\left[(1+x^2)^{\frac{3}{2}}\right]_0^1=\dfrac{2\sqrt{2}-1}{3}$ ………(答)

$\left\{(1+x^2)^{\frac{3}{2}}\right\}'=\dfrac{3}{2}(1+x^2)^{\frac{1}{2}}\cdot2x=3\cdot x\cdot(1+x^2)^{\frac{1}{2}}$
この合成関数の微分を逆手にとる！

(2) $\displaystyle\sum_{k=n+1}^{2n}k^5=(n+1)^5+(n+2)^5+\cdots+(n+n)^5$
$=\displaystyle\sum_{k=1}^{n}(n+k)^5$

$k=n+1,\ n+2,\ \cdots,\ 2n$ を，$k=1,\ 2,\ \cdots,\ n$
の $\sum$ 計算に変えた！

以上より，求める極限は，

与式 $=\displaystyle\lim_{n\to\infty}\frac{1}{n^6}\sum_{k=1}^{n}(n+k)^5$

$=\displaystyle\lim_{n\to\infty}\frac{1}{n}\sum_{k=1}^{n}\frac{(n+k)^5}{n^5}$

$=\displaystyle\lim_{n\to\infty}\frac{1}{n}\sum_{k=1}^{n}\underbrace{\left(1+\frac{k}{n}\right)^5}_{f\left(\frac{k}{n}\right)}$ ← 区分求積法

$=\displaystyle\int_0^1 \underbrace{(1+x)^5}_{f(x)}\,dx$

$=\dfrac{1}{6}\left[(x+1)^6\right]_0^1$

$=\dfrac{1}{6}(2^6-1)$

$=\dfrac{63}{6}=\dfrac{21}{2}$ …………………(答)

極限 $\lim\limits_{n\to\infty}\dfrac{1}{n}({}_{3n}\mathrm{P}_n)^{\frac{1}{n}}$ を求めよ。

ヒント！ 極限を求める式を Q_n とおき，この自然対数の極限 $\lim\limits_{n\to\infty}\log Q_n$ を求めると，区分求積法の形になる。区分求積法の応用問題だ。

$Q_n = \dfrac{1}{n}\cdot({}_{3n}\mathrm{P}_n)^{\frac{1}{n}}$ $(n=1,\ 2,\ \cdots)$

とおくと，

$Q_n = \dfrac{1}{n}\cdot({}_{3n}\mathrm{P}_n)^{\frac{1}{n}}$

公式：$\ {}_n\mathrm{P}_r = \dfrac{n!}{(n-r)!}$

$= \dfrac{1}{n}\left\{\dfrac{(3n)!}{(3n-n)!}\right\}^{\frac{1}{n}}$

$= \dfrac{1}{n}\left\{\dfrac{(3n)!}{(2n)!}\right\}^{\frac{1}{n}}$

$= \dfrac{1}{n}\left\{\dfrac{1\cdot2\cdot3\cdots 2n\cdot(2n+1)\cdots(2n+n)}{1\cdot2\cdot3\cdots 2n}\right\}^{\frac{1}{n}}$

$= \dfrac{1}{n}\{(2n+1)(2n+2)\cdots(2n+n)\}^{\frac{1}{n}}$

$= \left\{\dfrac{(2n+1)(2n+2)\cdots(2n+n)}{n^n}\right\}^{\frac{1}{n}}$

n 個の ( ) を，n 個の n で，1つずつ割ることができる。

$= \left\{\dfrac{2n+1}{n}\cdot\dfrac{2n+2}{n}\cdot\cdots\cdot\dfrac{2n+n}{n}\right\}^{\frac{1}{n}}$

$\therefore Q_n = \left\{\left(2+\dfrac{1}{n}\right)\left(2+\dfrac{2}{n}\right)\cdots\left(2+\dfrac{n}{n}\right)\right\}^{\frac{1}{n}}$

参考

この形ではどうしようもないので，この自然対数 $\log Q_n$ の極限を求める。

$Q_n>0$ より，この自然対数の極限を求めると，

$\lim\limits_{n\to\infty}\log Q_n = \lim\limits_{n\to\infty}\log\left\{\left(2+\dfrac{1}{n}\right)\left(2+\dfrac{2}{n}\right)\cdots\right.$

$\left.\cdots\left(2+\dfrac{n}{n}\right)\right\}^{\frac{1}{n}}$

$= \lim\limits_{n\to\infty}\dfrac{1}{n}\log\left\{\left(2+\dfrac{1}{n}\right)\left(2+\dfrac{2}{n}\right)\cdots\right.$

$\left.\cdots\left(2+\dfrac{n}{n}\right)\right\}$

$= \lim\limits_{n\to\infty}\dfrac{1}{n}\left\{\log\left(2+\dfrac{1}{n}\right)+\log\left(2+\dfrac{2}{n}\right)+\cdots\right.$

$\left.\cdots+\log\left(2+\dfrac{n}{n}\right)\right\}$

$= \lim\limits_{n\to\infty}\dfrac{1}{n}\sum\limits_{k=1}^{n}\underbrace{\log\left(2+\dfrac{k}{n}\right)}_{f\left(\frac{k}{n}\right)}$

区分求積法

$= \int_0^1 \underbrace{\log(2+x)}_{f(x)}\,dx$

部分積分法

$= \int_0^1 (2+x)'\cdot\log(2+x)\,dx$

$= [(2+x)\log(2+x)]_0^1 - \int_0^1 (2+x)\cdot\dfrac{1}{2+x}\,dx$

$= 3\cdot\log 3 - 2\cdot\log 2 - [x]_0^1$

$= \log 3^3 - \log 2^2 - \underbrace{1}_{\log e}$

$= \log\dfrac{27}{4e}$

以上より，

$\lim\limits_{n\to\infty}\log\boxed{Q_n} = \log\boxed{\dfrac{27}{4e}}$

よって，求める極限は，

$\lim\limits_{n\to\infty}Q_n = \dfrac{27}{4e}$ ･･････････････(答)

| 実力アップ問題107 | 難易度 ★★ | CHECK *1* | CHECK *2* | CHECK *3* |

次の極限の値を求めよ。

(1) $\displaystyle\lim_{n\to\infty}\frac{2}{n}\left(\sqrt{1+\frac{2}{n}}+\sqrt{1+\frac{4}{n}}+\sqrt{1+\frac{6}{n}}+\cdots+\sqrt{1+\frac{2n}{n}}\right)$

(2) $\displaystyle\lim_{n\to\infty}\frac{1}{n}\left\{\log\left(1+\frac{3}{n}\right)+\log\left(1+\frac{6}{n}\right)+\log\left(1+\frac{9}{n}\right)+\cdots+\log\left(1+\frac{3n}{n}\right)\right\}$

ヒント！ 区分求積法の応用公式として，$\displaystyle\lim_{n\to\infty}\frac{a}{n}\sum_{k=1}^{n}f\left(\frac{ak}{n}\right)=\int_{0}^{a}f(x)\,dx$ を利用するパターンの問題だ。この公式も，図のイメージで覚えておこう。

基本事項

区分求積法の応用 （a：正の定数）

$$\lim_{n\to\infty}\frac{a}{n}\sum_{k=1}^{n}f\left(\frac{ak}{n}\right)=\int_{0}^{a}f(x)\,dx$$

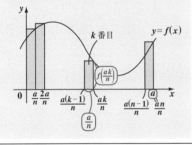

(1) $\displaystyle\lim_{n\to\infty}\frac{2}{n}\sum_{k=1}^{n}\overbrace{\sqrt{1+\frac{2k}{n}}}^{f\left(\frac{2k}{n}\right)}$

$\displaystyle=\int_{0}^{2}\overbrace{\sqrt{1+x}}^{f(x)}\,dx$

$\displaystyle=\int_{0}^{2}(1+x)^{\frac{1}{2}}\,dx=\frac{2}{3}\left[(1+x)^{\frac{3}{2}}\right]_{0}^{2}$

$\displaystyle=\frac{2}{3}(3\sqrt{3}-1)$ ･････････････････(答)

別解

公式 $\displaystyle\lim_{n\to\infty}\frac{1}{n}\sum_{k=1}^{n}f\left(\frac{k}{n}\right)=\int_{0}^{1}f(x)\,dx$ を使って，

$$\lim_{n\to\infty}2\cdot\frac{1}{n}\sum_{k=1}^{n}\sqrt{1+2\cdot\frac{k}{n}}$$

$\displaystyle=2\int_{0}^{1}\sqrt{1+2x}\,dx$ として解いても同じ結果になる。

(2) $\displaystyle\lim_{n\to\infty}\frac{1}{3}\cdot\frac{3}{n}\sum_{k=1}^{n}\overbrace{\boxed{\log\left(1+\frac{3k}{n}\right)}}^{f\left(\frac{3k}{n}\right)}$

$\displaystyle=\frac{1}{3}\int_{0}^{3}\overbrace{\boxed{\log(1+x)}}^{f(x)}dx$

$\displaystyle=\frac{1}{3}\int_{0}^{3}(1+x)'\cdot\log(1+x)\,dx$

$\displaystyle=\frac{1}{3}\left\{\left[(1+x)\log(1+x)\right]_{0}^{3}-\int_{0}^{3}(1+x)\cdot\frac{1}{1+x}dx\right\}$

$\displaystyle=\frac{1}{3}(4\log4-1\cdot\log1-[x]_{0}^{3})$

$\displaystyle=\frac{1}{3}(4\log4-3)$ ･････････････････(答)

これも，従来の区分求積法の公式を使って，

$$\lim_{n\to\infty}\frac{1}{n}\sum_{k=1}^{n}\log\left(1+3\cdot\frac{k}{n}\right)=\int_{0}^{1}\log(1+3x)\,dx$$

として計算しても，もちろん構わないよ。

(1) すべての実数 x に対して，次の不等式を証明せよ。

(ⅰ) $1 + x \leqq e^x$　……$(*1)$　　　(ⅱ) $1 - x^2 \leqq e^{-x^2} \leqq \dfrac{1}{1+x^2}$　……$(*2)$

(2) 次の不等式を証明せよ。

$$\dfrac{2}{3} < \int_0^1 e^{-x^2} dx < \dfrac{\pi}{4}　……(*3)$$

（大阪教育大）

ヒント！ **(1)** (ⅰ) $f(x) = e^x - x - 1$ とおいて，$f(x) \geqq 0$ を示せばいい。(ⅱ) の $(*2)$ の不等式は，(ⅰ) の不等式 $(*1)$ の x に t^2 や $-t^2$ を代入することにより証明できる。**(2)** の $(*3)$ については，$(*2)$ の不等式の各辺を積分区間 $0 \leqq x \leqq 1$ で積分すれば証明できるはずだ。頑張ろう！

基本事項

定積分と不等式

$a \leqq x \leqq b$ におい
て，

$f(x) \geqq g(x) \cdots ①$

であるならば，
①の両辺を積分
して，

$$\int_a^b f(x)dx > \int_a^b g(x)dx　……②$$

が成り立つ。

$f(x) = g(x)$ となる点があっても，
$f(x)$ と $g(x)$ がまったく同じ関数で
ない限り，上のように面積は異な
るので，積分したら等号は消える。

ただし，一般に，$\underline{A > B \Rightarrow A \geqq B}$

「人間ならば動物である」と同様

は成り立つので，②から，

$$\int_a^b f(x)dx \geqq \int_a^b g(x)dx$$

のように，後で等号をつけても，
もちろんかまわない。

(1) (ⅰ)

　　$1 + x \leqq e^x$　……$(*1)$

　　　　（x：すべての実数）

　が成り立つことを示すために，

　差関数

　　$f(x) = e^x - x - 1$　……①

　をとり，すべての実数 x に対して，

　$\underline{f(x) \geqq 0}$ を示す。

　$f(x)$ の最小値 m でさえ，
　$m \geqq 0$ を示せばいいんだね。

$f(x) = e^x - x - 1$ ……① を x で微分
して，

$f'(x) = e^x - 1$

よって，$f'(x) = 0$

のとき，

$e^x - 1 = 0$，$e^x = 1$

∴ $x = 0$

よって，$f(x)$ の
増減表は右の
ようになり，

$x = 0$ のとき，

$f(x)$ は最小値

0 をとる。

以上より，すべて
の実数 x に対して，

$f(x) \geqq 0$ となる。

∴ $1 + x \leqq e^x$ …(* 1) は成り立つ。

……(終)

(ii)・(* 1) の x に t^2 を代入すると，

$1 + t^2 \leqq e^{t^2}$

この両辺を

$(1 + t^2)e^{t^2}$ (> 0)

で割って，

> x はすべての
> 実数を表す
> ので，$x = t^2$
> としても成
> り立つ。

$e^{-t^2} \leqq \dfrac{1}{1 + t^2}$ ……②

・(* 1) の x に $-t^2$ を代入すると，

$1 - t^2 \leqq e^{-t^2}$ ……③

> x はすべての実数を表すので，
> $x = -t^2$ としても成り立つ。

増減表

x		0	
$f'(x)$	$-$	0	$+$
$f(x)$	↘	⓪	↗

最小値

$f'(x) = e^x - 1$

$y = f(x)$

以上②，③より，

> 変数を t から x に変えた。

$1 - x^2 \leqq e^{-x^2} \leqq \dfrac{1}{1 + x^2}$ ……(* 2)

は成り立つ。 ………………(終)

(2) $0 \leqq x \leqq 1$ において，(* 2) は成り
立つので，各辺を区間 $[0, 1]$ で積
分しても，大小関係は保存される。
よって，

$\underbrace{\displaystyle\int_0^1 (1 - x^2)dx}_{(ア)} < \displaystyle\int_0^1 e^{-x^2}dx$

$< \underbrace{\displaystyle\int_0^1 \dfrac{1}{1 + x^2}dx}_{(イ)}$ …④

ここで，

(ア) $\underline{\displaystyle\int_0^1 (1 - x^2)dx} = \left[x - \dfrac{1}{3}x^3 \right]_0^1$

$= 1 - \dfrac{1}{3} = \underline{\dfrac{2}{3}}$

(イ) $\displaystyle\int_0^1 \dfrac{1}{1 + x^2}dx$ について，

$x = \tan\theta$ とおくと，$dx = \dfrac{1}{\cos^2\theta}d\theta$

$x : 0 \to 1$ のとき，$\theta : 0 \to \dfrac{\pi}{4}$

よって，

$\underline{\displaystyle\int_0^1 \dfrac{1}{1 + x^2}dx} = \displaystyle\int_0^{\frac{\pi}{4}} \dfrac{1}{\boxed{1 + \tan^2\theta}} \cdot \dfrac{1}{\cos^2\theta}d\theta$

$\boxed{\dfrac{1}{\cos^2\theta}}$

$= \left[\theta \right]_0^{\frac{\pi}{4}} = \dfrac{\pi}{4}$

以上 (ア)(イ) の結果を④に代入す
ると，次のように (* 3) が導ける。

$\dfrac{2}{3} < \displaystyle\int_0^1 e^{-x^2}dx < \dfrac{\pi}{4}$ ……(* 3)

………………(終)

(1) n を自然数とするとき, 不等式 $\dfrac{1}{\sqrt{n+1}} < \displaystyle\int_n^{n+1} \dfrac{1}{\sqrt{x}}\,dx < \dfrac{1}{\sqrt{n}}$ を証明せよ。

(2) (1) を用いて, $S = 1 + \dfrac{1}{\sqrt{2}} + \dfrac{1}{\sqrt{3}} + \dfrac{1}{\sqrt{4}} + \cdots + \dfrac{1}{\sqrt{100}}$ の整数部分を求めよ。

ヒント！　(1) $n \leqq x \leqq n+1$ のとき, $y = \dfrac{1}{\sqrt{x}}$ は単調減少関数より, $\dfrac{1}{\sqrt{n+1}} \leqq \dfrac{1}{\sqrt{x}} \leqq \dfrac{1}{\sqrt{n}}$ となる。この各辺を積分区間 $[n, n+1]$ で積分すればいいんだね。

(1) $y = \dfrac{1}{\sqrt{x}}$　$(x>0)$

は, 右図に示すように単調減少関数なので, 自然数 n に対して

$n \leqq x \leqq n+1$

のとき,

$\dfrac{1}{\sqrt{n+1}} \leqq \dfrac{1}{\sqrt{x}} \leqq \dfrac{1}{\sqrt{n}}$ ……① となる。

よって, ①の各辺を, 積分区間

$[n, n+1]$ で積分すると,

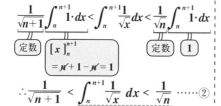

$\underbrace{\dfrac{1}{\sqrt{n+1}}}\underbrace{\displaystyle\int_n^{n+1} 1\cdot dx} < \displaystyle\int_n^{n+1} \dfrac{1}{\sqrt{x}}dx < \underbrace{\dfrac{1}{\sqrt{n}}}\underbrace{\displaystyle\int_n^{n+1} 1\cdot dx}$

定数　$[x]_n^{n+1}$　定数　1
　　　$= n+1-n=1$

$\therefore \dfrac{1}{\sqrt{n+1}} < \displaystyle\int_n^{n+1} \dfrac{1}{\sqrt{x}}\,dx < \dfrac{1}{\sqrt{n}}$ ……②

$(n = 1, 2, \cdots)$ は成り立つ。 ………(終)

(2) (i) ②の $\displaystyle\int_n^{n+1} \dfrac{1}{\sqrt{x}}\,dx < \dfrac{1}{\sqrt{n}}$ ……②′

について, $n = 1, 2, \cdots, 100$ と

したときの和をとると,

$\displaystyle\sum_{n=1}^{100} \int_n^{n+1} \dfrac{1}{\sqrt{x}}\,dx < \overbrace{\left(\sum_{n=1}^{100} \dfrac{1}{\sqrt{n}}\right)}^{=S}$

$\displaystyle\int_1^2 \dfrac{1}{\sqrt{x}}dx + \int_2^3 \dfrac{1}{\sqrt{x}}dx + \cdots + \int_{100}^{101} \dfrac{1}{\sqrt{x}}dx$

$= \displaystyle\int_1^{101} \dfrac{1}{\sqrt{x}}\,dx = 2\left[x^{\frac{1}{2}}\right]_1^{101}$

$2(\sqrt{101}-1) < S$

10 より, 少し大きい

$\therefore 2(10-1) < 2(\sqrt{101}-1) < S$ より

18

$18 < S$ ……③となる。

(ii) ②の $\dfrac{1}{\sqrt{n+1}} < \displaystyle\int_n^{n+1} \dfrac{1}{\sqrt{x}}\,dx$ ……②′

について, $n = 1, 2, \cdots, 99$ とし

たときの和をとると,

$\displaystyle\sum_{n=1}^{99} \dfrac{1}{\sqrt{n+1}} < \sum_{n=1}^{99} \int_n^{n+1} \dfrac{1}{\sqrt{x}}\,dx$

$S-1$　$\displaystyle\int_1^{100} x^{-\frac{1}{2}}\,dx = 2\left[\sqrt{x}\right]_1^{100}$

$S - 1 < 2(\sqrt{100}-1) = 18$

$\therefore S < 19$ ……④となる。

以上 (i)(ii) の③, ④より, $18 < S < 19$

$\therefore S$ の整数部分は 18 である。 ……(答)

実力アップ問題110　難易度 ★★　CHECK1　CHECK2　CHECK3

a を正の定数とし，関数 $f(x) = \dfrac{2x}{a+x^2}$ を考える。

(1) 関数 $f(x)$ の極値と曲線 $y = f(x)$ のグラフの概形を描け。

(2) 2直線 $y = 0$，$x = \sqrt{a}$ と曲線 $y = f(x)$ とで囲まれた部分の面積を求めよ。

(愛知教育大)

ヒント！　(1) 奇関数 $y = f(x)$ は，原点に関して対称なグラフになる。

(2) $0 \leqq x \leqq \sqrt{a}$ の範囲で $f(x) \geqq 0$ より，そのまま積分して面積が求まるね。

参考

(ⅰ) $f(-x) = -f(x)$
より，$y = f(x)$
は奇関数。
(原点対称)

(ⅱ) $a + x^2 > 0$ より，
$y = f(x)$ と $y = 2x$ の符号が一致。
∴ $x > 0$ のとき，$f(x) > 0$

(ⅲ) $\displaystyle\lim_{x \to \infty} f(x) = \lim_{x \to \infty} \dfrac{\boxed{2x}^{\text{1次の∞}}}{\boxed{x^2+a}_{\text{2次の∞}}} = 0$

以上より，$y = f(x)$ のグラフのイメージがつかめる。

(1) $f(x) = \dfrac{2x}{x^2+a}$　$(a > 0)$ について，

$f(-x) = \dfrac{2(-x)}{(-x)^2+a} = -\dfrac{2x}{x^2+a} = -f(x)$

よって，$y = f(x)$ は奇関数より，原点に関して対称なグラフになる。したがって，まず，$x \geqq 0$ について調べる。

$f'(x) = 2 \cdot \dfrac{1 \cdot (x^2+a) - x \cdot 2x}{(x^2+a)^2}$　$(x \geqq 0)$

$= \dfrac{2(\sqrt{a}+x)(\sqrt{a}-x)}{(x^2+a)^2}$

$\widetilde{f'(x)} = \begin{cases} \oplus \\ \textcircled{0} \\ \ominus \end{cases}$

$f'(x) = 0$ のとき，$\sqrt{a} - x = 0$

∴ $x = \sqrt{a}$

増減表　$(0 \leqq x)$

x	0		$\sqrt{a}$	
$f'(x)$		+	0	−
$f(x)$	0	↗		↘

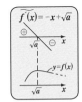

$\widetilde{f'(x)} = -x + \sqrt{a}$

極大値 $f(\sqrt{a})$

$= \dfrac{2\sqrt{a}}{a+a} = \dfrac{1}{\sqrt{a}}$ …(答)

対称性より，

極小値 $f(-\sqrt{a}) = -\dfrac{1}{\sqrt{a}}$ …………(答)

$\displaystyle\lim_{x \to \infty} f(x) = 0$

以上と，$y = f(x)$ が原点に関して対称なグラフであることから，$y = f(x)$ のグラフの概形は右上図のようになる。
…………(答)

(2) x 軸，直線 $x = \sqrt{a}$ と曲線 $y = f(x)$ で囲まれる図形の面積 S は，

$S = \displaystyle\int_0^{\sqrt{a}} \underbrace{\dfrac{2x}{x^2+a}}_{g} dx = \Big[\log \underbrace{(x^2+a)}_{\oplus} \Big]_0^{\sqrt{a}}$

$= \log(a+a) - \log a$

$= \log \dfrac{2a}{a} = \log 2$ ……………(答)

正の実数 a, b に対して，**2** つの曲線

$$\begin{cases} C_1 : ay^2 = x^3 & (x \geqq 0, \ y \geqq 0) \\ C_2 : bx^2 = y^3 & (x \geqq 0, \ y \geqq 0) \end{cases}$$

の原点以外の交点を **P** とする。点 **P** の x 座標を求めて，**2** 曲線 C_1 と C_2 で囲まれる図形の面積を求めよ。

(神戸大＊)

ヒント！ 曲線 C_1 は下に凸，曲線 C_2 は上に凸な増加関数なので，$0 \leqq x \leqq$(**P** の x 座標) における C_1 と C_2 の上下関係がわかるはずだ。

基本事項

$y = x^\alpha$ $(x \geqq 0)$ のグラフ

$y = x^\alpha$ $(x \geqq 0)$ のグラフについて，

(i)$\alpha > 1$のとき
　　下に凸
(ii)$0 < \alpha < 1$
　　のとき
　　上に凸
の曲線になる。

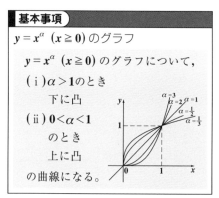

$C_1 : y = (a^{-1} \cdot x^3)^{\frac{1}{2}} = a^{-\frac{1}{2}} \cdot x^{\frac{3}{2}}$ …① 〔下に凸〕 〔1 より大〕

$C_2 : y = (bx^2)^{\frac{1}{3}} = b^{\frac{1}{3}} \cdot x^{\frac{2}{3}}$ …② 〔上に凸〕 〔1 より小〕

$(x \geqq 0, \ y \geqq 0)$

①，②より y を消去して，

$$(a^{-1}x^3)^{\frac{1}{2}} = (bx^2)^{\frac{1}{3}}$$

両辺を **6** 乗して，

$$(a^{-1}x^3)^3 = (bx^2)^2 \qquad a^{-3}x^9 = b^2x^4$$
$$x^5 = a^3b^2$$

よって，求める交点 **P** の x 座標は，

$$x = (a^3b^2)^{\frac{1}{5}} = a^{\frac{3}{5}} \cdot b^{\frac{2}{5}} \quad\cdots\cdots\cdots(答)$$

ここで，$\alpha = (a^3b^2)^{\frac{1}{5}}$ とおく。C_1 は下に凸，C_2 は上に凸の曲線より，**2** 曲線 C_1, C_2 で囲まれる図形の面積 S は，

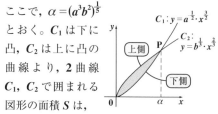

$$S = \int_0^\alpha \left(b^{\frac{1}{3}}x^{\frac{2}{3}} - a^{-\frac{1}{2}}x^{\frac{3}{2}} \right) dx$$

$$= \left[\frac{3}{5}b^{\frac{1}{3}}x^{\frac{5}{3}} - \frac{2}{5}a^{-\frac{1}{2}}x^{\frac{5}{2}} \right]_0^\alpha$$

$$= \frac{3}{5}b^{\frac{1}{3}}\alpha^{\frac{5}{3}} - \frac{2}{5}a^{-\frac{1}{2}}\alpha^{\frac{5}{2}}$$

$$= \frac{3}{5}b^{\frac{1}{3}}(a^3b^2)^{\frac{1}{3}} - \frac{2}{5}a^{-\frac{1}{2}}(a^3b^2)^{\frac{1}{2}}$$

$$= \frac{3}{5}b^{\frac{1}{3}} \cdot a \cdot b^{\frac{2}{3}} - \frac{2}{5}a^{-\frac{1}{2}}a^{\frac{3}{2}}b$$

$$= \frac{3}{5}ab - \frac{2}{5}ab$$

$$= \frac{1}{5}ab \quad\cdots\cdots\cdots\cdots\cdots\cdots(答)$$

2曲線 $C_1 : y = \log(x+a)$, $C_2 : y = \dfrac{1}{2}x^2 + 2x + b$ がともに同じ点で直線

$y = x + c$ に接するとき,

(1) a, b, c の値を求めよ。

(2) 曲線 C_1, C_2 と y 軸とで囲まれる図形の面積を求めよ。 　　　　（群馬大）

ヒント! **(1)** 2曲線の共接条件から, a, b, c の値を求める。**(2)** 2曲線の上下
関係を押さえて, 面積を求めればいいね。

(1) $C_1 : y = f(x) = \log(x+a)$

$\quad C_2 : y = g(x) = \dfrac{1}{2}x^2 + 2x + b$

とおくと,

$\quad f'(x) = \dfrac{1}{x+a}$, $\quad g'(x) = x+2$

この2曲線が, $x=t$ で共通接線

$y = x + c$ をもつものとすると,

$$\boxed{\log(t+a) = \dfrac{1}{2}t^2 + 2t + b} = t + c \cdots ①$$

$$\boxed{\dfrac{1}{t+a} = t+2} = 1 \cdots\cdots\cdots ②$$

> **2曲線の共接条件:**
> $f(t) = g(t)$ かつ $f'(t) = g'(t)$

②より, $t = -1$

$\quad \dfrac{1}{-1+a} = 1$ より, $a = 2$

このとき①は,

$\quad \boxed{\log 1}^{\,0} = \dfrac{1}{2} - 2 + b = -1 + c$

$\quad \therefore b = \dfrac{3}{2}$, $c = 1$

$\quad \therefore a = 2$, $b = \dfrac{3}{2}$, $c = 1$ $\cdots\cdots$（答）

(2)(1)の結果より,

$\quad y = f(x) = \log(x+2)$

$y = g(x) = \dfrac{1}{2}x^2 + 2x + \dfrac{3}{2}$

$\quad\quad = \dfrac{1}{2}(x+2)^2 - \dfrac{1}{2}$

よって, 2曲線
C_1, C_2 と y 軸と
で囲まれる図
形の面積 S は,

$$S = \int_{-1}^{0} \{\overset{\text{⑦}}{g(x)} - \overset{\text{⑦}}{f(x)}\}\,dx \cdots\cdots ③$$

（上側）（下側）

⑦ $\displaystyle\int_{-1}^{0} g(x)\,dx = \int_{-1}^{0}\left(\dfrac{1}{2}x^2 + 2x + \dfrac{3}{2}\right)dx$

$\quad = \left[\dfrac{1}{6}x^3 + x^2 + \dfrac{3}{2}x\right]_{-1}^{0}$

$\quad = -\left(-\dfrac{1}{6} + 1 - \dfrac{3}{2}\right) = \dfrac{2}{3}$

⑦ $\displaystyle\int_{-1}^{0} f(x)\,dx = \int_{-1}^{0}(x+2)' \cdot \log(x+2)\,dx$

$\quad = \Big[(x+2)\log(x+2)\Big]_{-1}^{0}$

$\quad\quad - \int_{-1}^{0}(x+2) \cdot \dfrac{1}{x+2}\,dx$

> 部分積分法

$\quad = 2\cdot\log 2 - [x]_{-1}^{0} = 2\log 2 - 1$

以上⑦⑦より, ③は,

$$S = \dfrac{2}{3} - (2\log 2 - 1) = \dfrac{5}{3} - 2\log 2$$

$\cdots\cdots\cdots\cdots$（答）

$0 < a < 1$ とする。y 軸と 2 つの曲線

$$y = \frac{a}{\cos x} \quad \left(0 \leq x < \frac{\pi}{2}\right), \quad y = \cos x \quad \left(0 \leq x < \frac{\pi}{2}\right)$$

で囲まれた領域の面積を a で表せ。

(お茶の水女子大)

ヒント! 2 曲線の交点の x 座標を t とおき，その三角関数 $\sin t$ を a の式で表せば，うまく t が消去できて，面積は a の式で表せる。

$$\begin{cases} y = f(x) = \dfrac{a}{\cos x} \quad \cdots\cdots ① \quad (0 < a < 1) \\ y = g(x) = \cos x \quad \cdots\cdots ② \quad \left(0 \leq x < \dfrac{\pi}{2}\right) \end{cases}$$

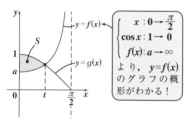

$$\begin{cases} x : 0 \to \dfrac{\pi}{2} \\ \cos x : 1 \to 0 \\ f(x) : a \to \infty \end{cases}$$
より，$y = f(x)$ のグラフの概形がわかる!

①，②より y を消去して，

$$\frac{a}{\cos x} = \cos x, \quad \cos^2 x = a$$

これをみたす x で，$0 < x < \dfrac{\pi}{2}$ をみたすものを t とおくと，

$$\cos^2 t = a$$
$$\cos t = \sqrt{a}$$

よって，

$$\sin t = \sqrt{1-a} \quad \cdots\cdots ③$$

交点の x 座標 t は，a の値によって変化するので，その三角関数を a の式で表わす。

以上より，求める図形の面積 S は，

$$S = \int_0^t \left(\underbrace{\cos x}_{\text{上側 } g(x)} - \underbrace{\frac{a}{\cos x}}_{\text{下側 } f(x)}\right) dx$$

$$S = \underbrace{\int_0^t \cos x\, dx}_{⑦} - a \underbrace{\int_0^t \frac{1}{\cos x}\, dx}_{④} \quad \cdots\cdots ④$$

ここで，

⑦ $$\int_0^t \cos x\, dx = \Big[\sin x\Big]_0^t$$
$$= \sin t = \sqrt{1-a} \quad (\because ③)$$

④ $$\int_0^t \frac{1}{\cos^2 x}\cos x\, dx = \int_0^t \overbrace{\frac{1}{1-\sin^2 x}}^{f(\sin x)}\cos x\, dx$$

ここで $\sin x = u$ とおくと，

$x : 0 \to t$ のとき
$u : 0 \to \sin t$
$\cos x\, dx = du$ より，④は，

$$\int_0^{\sin t} \frac{1}{1-u^2}\, du = \frac{1}{2}\int_0^{\sin t}\left(\frac{1}{1+u} - \frac{-1}{1-u}\right) du$$

$$= \frac{1}{2}\Big[\log|1+u| - \log|1-u|\Big]_0^{\sin t}$$

$$= \frac{1}{2}\{\log(1+\sin t) - \log(1-\sin t)\}$$

$$= \frac{1}{2}\log\frac{1+\sin t}{1-\sin t}$$

$$= \frac{1}{2}\log\frac{1+\sqrt{1-a}}{1-\sqrt{1-a}} \quad \boxed{\begin{array}{l}\dfrac{(1+\sqrt{1-a})^2}{1^2-(1-a)} \\ = \left(\dfrac{1+\sqrt{1-a}}{\sqrt{a}}\right)^2\end{array}}$$

$$= \log\frac{1+\sqrt{1-a}}{\sqrt{a}}$$

以上 ⑦ ④ を ④ に代入して，求める面積は，

$$S = \sqrt{1-a} - a\cdot\log\frac{1+\sqrt{1-a}}{\sqrt{a}} \quad \cdots\cdots\text{(答)}$$

実力アップ問題114　難易度 ★★★　CHECK 1　CHECK 2　CHECK 3

曲線 $y=f(x)=e^{-\frac{x}{2}}$ 上の点 $(x_0, f(x_0))=(0, 1)$ における接線と x 軸との交点を $(x_1, 0)$ とし，曲線 $y=f(x)$ 上の点 $(x_1, f(x_1))$ における接線と x 軸との交点を $(x_2, 0)$ とする。以下同様に，点 $(x_n, f(x_n))$ における接線と x 軸との交点を $(x_{n+1}, 0)$ とする。このような操作を無限に続けるとき，次の問いに答えよ。

(1) x_n $(n=0, 1, \cdots)$ を n の式で表わせ。

(2) 曲線 $y=f(x)$ と，点 $(x_n, f(x_n))$ における $y=f(x)$ の接線および直線 $x=x_{n+1}$ とで囲まれた部分の面積を S_n $(n=0, 1, \cdots)$ とするとき，S_n の総和 $\displaystyle\sum_{n=0}^{\infty} S_n$ を求めよ。

(福岡大)

ヒント！ (1) 漸化式から，数列 $\{x_n\}$ は等差数列であることがわかる。(2) この無限級数は，無限等比級数になるので公式通り解けばいい。

参考

イメージは次の通り。

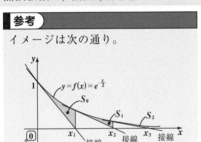

(1) $y=f(x)=e^{-\frac{x}{2}}$

$f'(x)=-\dfrac{1}{2}e^{-\frac{x}{2}}$

より，$y=f(x)$ 上の点 $(x_n, f(x_n))$ における接線の方程式は，

$y=-\dfrac{1}{2}e^{-\frac{x_n}{2}}(x-x_n)+e^{-\frac{x_n}{2}}$

これが，点 $(\underline{x_{n+1}}, \underline{0})$ を通るので，

$0=-\dfrac{1}{2}e^{-\frac{x_n}{2}}(x_{n+1}-x_n)+e^{-\frac{x_n}{2}}$

$0=-x_{n+1}+x_n+2$

$\therefore x_{n+1}=x_n+\boxed{2}$　公差 $d=2$ の等差数列

$(n=0, 1, 2, \cdots)$

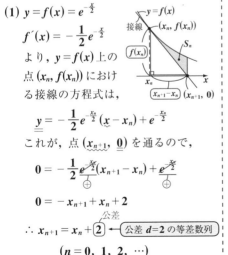

$\therefore x_n=\overset{0}{(x_0)}+n\cdot\overset{d}{\boxed{2}}$

$\boxed{x_n=x_1+(n-1)\cdot d}$
$\boxed{n=1 スタート}$
$=x_0+n\cdot d$
$\boxed{n=0 スタート}$

よって，$x_n=2n$ …(答)

$(n=\underline{0}, 1, 2, \cdots)$

(2) 求める図形の面積 S_n は，左下図より，

$S_n=\displaystyle\int_{\boxed{x_n}\atop 2n}^{\boxed{x_{n-1}}\atop 2n+2}f(x)\,dx-\dfrac{1}{2}(\underset{2}{\underbrace{[\boxed{x_{n+1}-x_n}]}}\,\underset{e^{-\frac{x_n}{2}}=e^{-n}}{\boxed{f(x_n)}})$

$\left[\,\square\quad-\quad\triangle\,\right]$

$=\displaystyle\int_{2n}^{2n+2}e^{-\frac{x}{2}}\,dx-e^{-n}$

$=-2\cdot\left[e^{-\frac{x}{2}}\right]_{2n}^{2n+2}-e^{-n}$

$=-2(e^{-n-1}-e^{-n})-e^{-n}$

$=(\underset{S_0}{\underline{(1-2e^{-1})}})(\underset{r}{\underline{(e^{-1})}})^n$

$\boxed{S_n=S_1\cdot r^{n-1}}$
$\boxed{n=1 スタート}$
$=S_0\cdot r^n$
$\boxed{n=0 スタート}$

$(n=\underline{0}, 1, 2, \cdots)$

$\therefore$ 数列 $\{S_n\}$ は，初項 $S_0=1-2e^{-1}$，公比 $r=e^{-1}$ の等比数列で，r は収束条件 $-1<r<1$ をみたす。

よって，求める無限級数の和は，

$\displaystyle\sum_{n=0}^{\infty} S_n=\dfrac{S_0}{1-r}=\dfrac{1-2e^{-1}}{1-e^{-1}}=\dfrac{e-2}{e-1}$ …(答)

$(n-1)\pi \leqq x \leqq n\pi$ の範囲で，曲線 $y = e^{-x}\sin x$ と x 軸とで囲まれる図形の面積を $S_n (n = 1, 2, \cdots)$ とおく。

(1) S_n を n の式で表せ。　　　　　**(2)** $\displaystyle\sum_{n=1}^{\infty} S_n$ を求めよ。

ヒント！　**(1)** S_n を積分計算により求めると，$\{S_n\}$ は等比数列になる。
(2) この公比は収束条件をみたすので，無限等比級数の公式が使える。

参考

イメージは次の通り。

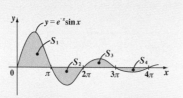

(1) $(n-1)\pi \leqq x \leqq n\pi$ の範囲で，$y = e^{-x}\sin x$ と x 軸とで囲まれる図形の面積 S_n は，

$$S_n = \left| \int_{(n-1)\pi}^{n\pi} e^{-x} \cdot \sin x \, dx \right| \quad \cdots\cdots ①$$

これは⊖になることもある。

ここで，

$$(e^{-x}\sin x)' = -e^{-x}\sin x + e^{-x}\cos x \quad \cdots②$$
$$(e^{-x}\cos x)' = -e^{-x}\cos x - e^{-x}\sin x \quad \cdots③$$

②+③より，

$$(e^{-x}\sin x)' + (e^{-x}\cos x)' = -2 \cdot e^{-x}\sin x$$

$$(e^{-x}\sin x + e^{-x}\cos x)' = \{e^{-x}(\sin x + \cos x)\}'$$

$$\therefore \int_{(n-1)\pi}^{n\pi} e^{-x}\sin x \, dx$$

$$= -\frac{1}{2}\left[e^{-x} \cdot (\sin x + \cos x) \right]_{(n-1)\pi}^{n\pi}$$

$$= -\frac{1}{2}\left\{ e^{-n\pi}\underbrace{\cos n\pi}_{(-1)^n} - e^{-(n-1)\pi}\underbrace{\cos(n-1)\pi}_{(-1)^{n-1}} \right\}$$

$$= -\frac{1}{2}\left\{ -(-1)^{n-1}e^{-(n-1)\pi}\cdot e^{-\pi} - (-1)^{n-1}\cdot e^{-(n-1)\pi} \right\}$$

$$= \frac{(-1)^{n-1}}{2}\cdot e^{-(n-1)\pi}(e^{-\pi}+1)$$

$$= \frac{(-1)^{n-1}}{2}\cdot (1+e^{-\pi})\cdot(e^{-\pi})^{n-1} \quad \cdots\cdots④$$

④を①に代入して，

$$S_n = \left| \frac{(-1)^{n-1}}{2}\cdot(1+e^{-\pi})\underset{\oplus}{(e^{-\pi})^{n-1}} \right|$$

絶対値内の±1は, 不要！

$$= \underbrace{\frac{1}{2}(1+e^{-\pi})}_{S_1}\cdot(\underbrace{e^{-\pi}}_{r})^{n-1} \quad \cdots\cdots(答)$$

(2) 数列 $\{S_n\}$ は，初項 $S_1 = \dfrac{1+e^{-\pi}}{2}$，公比 $r = e^{-\pi}$ の等比数列で，r は収束条件：$-1 < r < 1$ をみたす。よって，求める無限等比級数の和は，

$$\sum_{n=1}^{\infty} S_n = \frac{S_1}{1-r} = \frac{\dfrac{1}{2}(1+e^{-\pi})}{1-e^{-\pi}}$$

$$= \frac{1+e^{-\pi}}{2(1-e^{-\pi})}$$

$$= \frac{e^{\pi}+1}{2(e^{\pi}-1)} \quad \cdots\cdots(答)$$

実力アップ問題116　難易度 ★★★　CHECK 1　CHECK 2　CHECK 3

曲線 $y = xe^{-x}$ を C とする。C と C 上の点 $P(t,\ te^{-t})$ $(0 \leq t \leq 1)$ における接線，および 2 直線 $x = 0$，$x = 1$ で囲まれる部分の面積を $S(t)$ とする。ただし，e は自然対数の底である。

(1) 曲線 C の概形を描き，$S(t)$ を求めよ。

(2) $S(t)$ を最小にする t の値を求めよ。

(広島大)

ヒント！ (2) 面積は t の関数となるので，t で微分することができるね。

(1) $y = f(x) = x \cdot e^{-x}$ とおく。

$f'(x) = 1 \cdot e^{-x} - x \cdot e^{-x}$

$\widetilde{f'(x)} = -x + 1$

$= (1 - x) \cdot \underline{e^{-x}}$

$\widetilde{f'(x)} = \begin{cases} \oplus \\ \textcircled{0} \\ \ominus \end{cases}$

$f'(x) = 0$ のとき，

$1 - x = 0 \quad \therefore x = 1$

右の増減表より，極大値は，

増減表

x		1	
$f'(x)$	$+$	0	$-$
$f(x)$	↗	極大	↘

$f(1) = 1 \cdot e^{-1} = \dfrac{1}{e}$

$\displaystyle\lim_{x \to -\infty} f(x) = \lim_{x \to -\infty} \underbrace{x}_{-\infty} \cdot \underbrace{e^{-x}}_{\infty} = -\infty$

$\displaystyle\lim_{x \to \infty} f(x) = \lim_{x \to \infty} \dfrac{x}{e^x} = 0$

中位の∞

強い∞

特に，証明の導入がないときは，これを知識として使っていいと思う。

以上より，曲線 $C : y = f(x)$ のグラフの概形を右に示す。………(答)

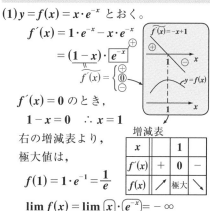

$y = f(x)$ 上の点 $P(t,\ f(t))$ $(0 \leq t \leq 1)$ における接線を $y = g(x)$ とおくと，

$y = g(x) = (1 - t)e^{-t}(x - t) + t \cdot e^{-t}$

$y = f'(t)(x - t) + f(t)$

$\begin{cases} g(0) = -t(1 - t)e^{-t} + te^{-t} = t^2 \cdot e^{-t} \\ g(1) = (1 - t)^2 e^{-t} + te^{-t} = (t^2 - t + 1)e^{-t} \end{cases}$

以上より，求める図形の面積 $S(t)$ は，

$$S(t) = \dfrac{1}{2}\{\underbrace{g(0)}_{\text{上底}} + \underbrace{g(1)}_{\text{下底}}\} \cdot \underbrace{1}_{\text{高さ}} - \int_0^1 f(x)dx$$

$\left[\ g(0)\!\!\diagup\!\!g(1) \quad - \quad \diagup\ \right]$

$= \dfrac{1}{2}(2t^2 - t + 1) \cdot e^{-t} - (1 - 2 \cdot e^{-1})$

$(0 \leq t \leq 1)$ ………∫…(答)

$\displaystyle\int_0^1 x \cdot (-e^{-x})' dx = [-x \cdot e^{-x}]_0^1 + \int_0^1 e^{-x}dx$

部分積分法　$= -1 \cdot e^{-1} - [e^{-x}]_0^1 = -2 \cdot e^{-1} + 1$

(2) $S'(t) = \dfrac{1}{2}(4t - 1) \cdot e^{-t} - \dfrac{1}{2}(2t^2 - t + 1)e^{-t}$

$= -\dfrac{1}{2}(2t^2 - 5t + 2)e^{-t}$

$\begin{matrix} 2 & \diagdown & -1 \\ 1 & \diagup & -2 \end{matrix}$

$\widetilde{S'(t)} = \begin{cases} \oplus \\ \textcircled{0} \\ \ominus \end{cases}$

$= \underbrace{\dfrac{1}{2}(2 - t) \cdot e^{-t}}_{\oplus} \cdot (2t - 1)$

$\therefore S'(t) = 0$ のとき $t = \dfrac{1}{2}$

$\widetilde{S'(t)} = 2t - 1$

この値の前後で，$S'(t)$ は負から正に転ずる。よって，$S(t)$ は $t = \dfrac{1}{2}$ で最小となるので，$S(t)$ を最小にする t の値は，$t = \dfrac{1}{2}$　……(答)

e を自然対数の底とし，座標平面上を運動する点 P の時刻 t における座標 (x, y) が $x = e^{-2t}\cos t$，$y = e^{-2t}\sin t$ であるとする。

(1) 点 P の時刻 t における速度と速さを求めよ。

(2) $k\pi \leqq t \leqq (k+1)\pi$ の範囲で点 P が描く曲線と x 軸とで囲まれた図形の面積を S_k $(k = 0, 1, 2, \cdots)$ とおく。このとき $\displaystyle\sum_{k=0}^{\infty} S_k$ を求めよ。

（大分大 *）

ヒント！　(1) 速度ベクトル $\vec{v} = \left(\dfrac{dx}{dt}, \dfrac{dy}{dt}\right)$ と速さ $|\vec{v}|$ を区別しよう。(2) 極方程式の面積公式を使って，$S_k = \dfrac{1}{2}\displaystyle\int_{k\pi}^{(k+1)\pi} r^2\, dt$ により，S_k を求めよう。

動点 $\mathrm{P}(x, y)$ は，次式に従って動く。

$$\begin{cases} x = e^{-2t}\cos t \\ y = e^{-2t}\sin t \quad (t : \text{媒介変数}) \end{cases} \quad \cdots\cdots①$$

(1) $\dfrac{dx}{dt} = -2e^{-2t}\cos t - e^{-2t}\sin t$

$\qquad = -e^{-2t}(2\cos t + \sin t)$

$\dfrac{dy}{dt} = -2e^{-2t}\sin t + e^{-2t}\cos t$

$\qquad = -e^{-2t}(2\sin t - \cos t)$

よって，求める時刻 t における P の速度ベクトル $\vec{v}$ は，

$\vec{v} = (-e^{-2t}(2\cos t + \sin t),$
$\qquad\qquad -e^{-2t}(2\sin t - \cos t))$

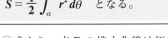

$\boxed{\vec{v} = \left(\dfrac{dx}{dt}, \dfrac{dy}{dt}\right) \text{を使った！}}$　$\cdots\cdots$（答）

次に，この速さを v とおくと，

$v^2 = |\vec{v}|^2 = \left(\dfrac{dx}{dt}\right)^2 + \left(\dfrac{dy}{dt}\right)^2$

$\quad = e^{-4t}(4\cos^2 t + 4\sin t\cos t + \sin^2 t)$

$\qquad + e^{-4t}(4\sin^2 t - 4\sin t\cos t + \cos^2 t)$

$\quad = e^{-4t} \cdot 5(\underset{1}{(\cos^2 t + \sin^2 t)})$

$\quad = 5e^{-4t}$

$\therefore v = \sqrt{5e^{-4t}} = \sqrt{5}\, e^{-2t}$　$\cdots\cdots\cdots$（答）

基本事項

極方程式の面積公式

極方程式 $r = f(\theta)$ で表される曲線と，2 直線 $\theta = \alpha$，$\theta = \beta$ で囲まれる図形の面積 S は，

$$S = \dfrac{1}{2}\int_{\alpha}^{\beta} r^2\, d\theta \quad \text{となる。}$$

(2) ①式より，点 P の描く曲線は極方程式 $r = e^{-2t}$ $\cdots②$ $(t \geqq 0)$ で表される。

今回は，偏角 θ の代わりに時刻 t が使われている。
一般に，媒介変数 t により，
$\begin{cases} x = r(t) \cdot \cos t \\ y = r(t) \cdot \sin t \end{cases}$ で表される曲線は，極方程式 $r = r(t)$ で表すことができる。　$\boxed{e^{-2t}} \leftarrow$ 今回は

右図に示すように，$k\pi \leqq t \leqq (k+1)\pi$ の範囲で動点 P が描く曲線と x 軸とで囲まれる図形の面積 S_k は，②の曲線と，2 直線 $t = k\pi$，$t = (k+1)\pi$ とで囲まれる図形の面積に等しい。この S_k の微小面積 dS_k は，第 1 次近似的に，

この程度の説明を入れよう。

$dS_k = \dfrac{1}{2} r^2 dt$ と表される。

以上より，求める面積 S_k $(k = 0, 1, 2, \cdots)$ は，

$$S_k = \dfrac{1}{2} \int_{k\pi}^{(k+1)\pi} r^2\, dt \quad \text{公式通り}$$

$(e^{-2t})^2 = e^{-4t}$

$$= \dfrac{1}{2} \int_{k\pi}^{(k+1)\pi} e^{-4t}\, dt$$

$$= \dfrac{1}{2} \left[-\dfrac{1}{4} e^{-4t} \right]_{k\pi}^{(k+1)\pi}$$

$$= -\dfrac{1}{8} \left(e^{-4(k+1)\pi} - e^{-4k\pi} \right)$$

$$= -\dfrac{1}{8} \left(e^{-4k\pi} \cdot e^{-4\pi} - e^{-4k\pi} \right)$$

$$= \dfrac{1}{8} e^{-4k\pi} \left(1 - e^{-4\pi} \right)$$

$$\therefore S_k = \underbrace{\dfrac{1 - e^{-4\pi}}{8}}_{S_0} \cdot \underbrace{\left(e^{-4\pi} \right)^k}_{r}$$

$$(k = 0, 1, 2, \cdots)$$

$k = 0$ スタート

以上より，数列 $\{S_k\}$ は，

初項 $S_0 = \dfrac{1 - e^{-4\pi}}{8}$，　公比 $r = e^{-4\pi}$ の等

0 に近い正の値

比数列で，$-1 < r < 1$ をみたす。

無限等比級数の収束条件

よって，求める無限等比級数の和は，

$$\sum_{k=0}^{\infty} S_k = \sum_{k=0}^{\infty} S_0 \cdot r^k$$

$$= \dfrac{S_0}{1 - r}$$

$$= \dfrac{\dfrac{1 - e^{-4\pi}}{8}}{1 - e^{-4\pi}}$$

$$= \dfrac{1 - e^{-4\pi}}{8(1 - e^{-4\pi})}$$

$$= \dfrac{1}{8} \quad \cdots\cdots\cdots\cdots\cdots (\text{答})$$

座標平面上の円 $C : x^2 + y^2 = 9$ の内側を半径 1 の円 D が滑らずに転がる。時刻 t において D は点 $(3\cos t,\ 3\sin t)$ で C に接しているとする。以下の問いに答えよ。

(1) 時刻 $t = 0$ において点 $(3,\ 0)$ にあった D 上の点 P の時刻 t における座標 $(x(t),\ y(t))$ を求めよ。ただし，$0 \leqq t \leqq \dfrac{2}{3}\pi$ とする。

(2) $0 \leqq t \leqq \dfrac{2}{3}\pi$ の範囲で点 P の描く曲線，および x 軸と直線 $x = -\dfrac{3}{2}$ とで囲まれる図形の面積を求めよ。　　　　　　　　　　　　（早稲田大 ＊）

ヒント！　(1) 円 D の中心を Q とおいて，$\overrightarrow{OP} = \overrightarrow{OQ} + \overrightarrow{QP}$ として，$\overrightarrow{OQ}$ と $\overrightarrow{QP}$ を求めればいいんだね。(2) 媒介変数表示された曲線と直線とで囲まれる図形の面積を求める場合，まず，この曲線が $y = f(x)$ の形で表されているものとして積分の式を立て，その後 t での積分に切り替えることがポイントだ。頑張ろう！

(1) 円 D の中心を Q，2 円の接点を T，また，$P_0(3, 0)$ とおく。$P(x, y)$ とおくと，

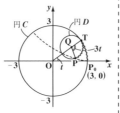

$\overrightarrow{OP} = (x, y) = \overrightarrow{OQ} + \overrightarrow{QP}$ ………①

（ i ）点 Q は，半径 2 の円周上を角度 t だけ回転した位置にあるので，

$\overrightarrow{OQ} = (2\cos t, 2\sin t)$ ……②

（ ii ）$\overparen{TP_0} = \overparen{TP}$ より，

$\angle TQP = 3t$

点 Q を原点とみて，右図のように x' 軸を引くと，

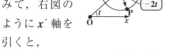

$\angle TQx' = \angle TOx = t$（同位角）

以上より，点 P は，点 Q を中心とする半径 1 の円周上を，$-2t$ だけ回転した位置にあるので，

$\overrightarrow{QP} = (1 \cdot \cos(-2t), 1 \cdot \sin(-2t))$
　　　$= (\cos 2t, -\sin 2t)$ ……③

②，③を①に代入して，

$\overrightarrow{OP} = (2\cos t + \cos 2t, 2\sin t - \sin 2t)$

$\therefore \begin{cases} x(t) = 2\cos t + \cos 2t \\ y(t) = 2\sin t - \sin 2t \end{cases}$ ……（答）

$\left(0 \leqq t \leqq \dfrac{2}{3}\pi \right)$

(2) $t = \dfrac{2}{3}\pi$ のとき，

$x\left(\dfrac{2}{3}\pi\right) = 2 \cdot \cos \dfrac{2}{3}\pi + \cos \dfrac{4}{3}\pi$

$= 2 \cdot \left(-\dfrac{1}{2}\right) + \left(-\dfrac{1}{2}\right) = -\dfrac{3}{2}$

よって $0 \leqq t \leqq \dfrac{2}{3}\pi$ の範囲で点 P が描く

曲線と x 軸と直線 $x = -\dfrac{3}{2}$ とで囲まれる図形は，右図の網目部になる。よって，この図形の面積を S とおくと，

この曲線が $y = f(x)$ と表されたものとする。

$$S = \int_{-\frac{3}{2}}^{3} y\, dx = \int_{\frac{2}{3}\pi}^{0} y \cdot \frac{dx}{dt}\, dt$$

この曲線が $y = f(x)$ の形で表されているものとして，まず，$\int_{-\frac{3}{2}}^{3} y\, dx$ とし，次にこれを t での積分に切り替えて，$\int_{\frac{2}{3}\pi}^{0} y \cdot \frac{dx}{dt}\, dt$ として計算するんだね。このとき，$x : -\dfrac{3}{2} \to 3$ のとき $t : \dfrac{2}{3}\pi \to 0$ となることにも注意しよう！

$$= \int_{\frac{2}{3}\pi}^{0} \underbrace{(2\sin t - \sin 2t)}_{y}\underbrace{(-2\sin t - 2\sin 2t)}_{\frac{dx}{dt}}\, dt$$

$$= \int_{0}^{\frac{2}{3}\pi} (2\sin t - \sin 2t)(2\sin t + 2\sin 2t)\, dt$$

$$= \int_{0}^{\frac{2}{3}\pi} (4\underbrace{\sin^2 t}_{\frac{1-\cos 2t}{2}} + 2\underbrace{\sin 2t \sin t}_{-\frac{1}{2}(\cos 3t - \cos t)}$$
$$- 2 \cdot \underbrace{\sin^2 2t}_{\frac{1-\cos 4t}{2}})\, dt$$

$$= \int_{0}^{\frac{2}{3}\pi} \{2(1 - \cos 2t) - (\cos 3t - \cos t)$$
$$- (1 - \cos 4t)\}\, dt$$

$$= \int_{0}^{\frac{2}{3}\pi} (1 + \cos t - 2\cos 2t - \cos 3t$$
$$+ \cos 4t)\, dt$$

$$= \left[t + \sin t - \sin 2t - \frac{1}{3}\sin 3t + \frac{1}{4}\sin 4t \right]_{0}^{\frac{2}{3}\pi}$$

$$= \frac{2}{3}\pi + \underbrace{\sin\frac{2}{3}\pi}_{\frac{\sqrt{3}}{2}} - \underbrace{\sin\frac{4}{3}\pi}_{\left(-\frac{\sqrt{3}}{2}\right)} + \frac{1}{4}\underbrace{\sin\frac{8}{3}\pi}_{\frac{\sqrt{3}}{2}}$$

$$= \frac{2}{3}\pi + \frac{\sqrt{3}}{2} + \frac{\sqrt{3}}{2} + \frac{\sqrt{3}}{8}$$

以上より，求める図形の面積 S は，

$$S = \frac{2}{3}\pi + \frac{9\sqrt{3}}{8} \quad \cdots\cdots\cdots\cdots\cdots (答)$$

曲線 $C: x = a(\theta - \sin\theta)$, $y = a(1 - \cos\theta)$ $(0 < \theta < \pi$, a：正の定数$)$ の接線の内，傾きが 1 のものを l とおく。曲線 C と接線 l と x 軸とで囲まれる図形の面積 S を求めよ。

（愛媛大＊）

ヒント！ サイクロイド曲線とその接線と x 軸とで囲まれた図形の面積を求める問題だ。図を描いて計算するのがコツだね。

曲線 $C : \begin{cases} x = a(\theta - \sin\theta) \\ y = a(1 - \cos\theta)\ (0 < \theta < \pi) \end{cases}$

$\dfrac{dx}{d\theta} = a(1 - \cos\theta)$, $\dfrac{dy}{d\theta} = a\sin\theta$ より

接線の傾きが 1 となる θ を求めると，

$\dfrac{dy}{dx} = \dfrac{\frac{dy}{d\theta}}{\frac{dx}{d\theta}} = \dfrac{a\sin\theta}{a(1 - \cos\theta)} = 1$ より

$\sin\theta = 1 - \cos\theta$, $\underline{1 \cdot \sin\theta + 1 \cdot \cos\theta = 1}$

三角関数の合成
$\boxed{\begin{array}{l} \sqrt{2}\left(\sin\theta \cdot \cos\frac{\pi}{4} + \cos\theta \cdot \sin\frac{\pi}{4}\right) \\ = \sqrt{2}\sin\left(\theta + \frac{\pi}{4}\right) \end{array}}$

$\sin\left(\theta + \dfrac{\pi}{4}\right) = \dfrac{1}{\sqrt{2}}$ $\left(\dfrac{\pi}{4} < \theta + \dfrac{\pi}{4} < \dfrac{5}{4}\pi\right)$ より

$\theta + \dfrac{\pi}{4} = \dfrac{3}{4}\pi$ $\therefore \theta = \dfrac{\pi}{2}$

よって，曲線 C と接線 l との接点を P とおくと，$\mathrm{P}\left(a\left(\dfrac{\pi}{2} - 1\right),\ a\right)$ となる。

$\boxed{a\left(\dfrac{\pi}{2} - \sin\frac{\pi}{2}\right)}$ $\boxed{a\left(1 - \cos\frac{\pi}{2}\right)}$

よって，求める図形（右図の網目部）の面積を S とおくと，

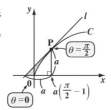

$S = \dfrac{1}{2}a^2 - \displaystyle\int_0^{a\left(\frac{\pi}{2} - 1\right)} y\, dx$

$= \dfrac{1}{2}a^2 - \displaystyle\int_0^{\frac{\pi}{2}} y \cdot \dfrac{dx}{d\theta}\, d\theta$

$\boxed{a(1 - \cos\theta)}$ $\boxed{a(1 - \cos\theta)}$

$\boxed{\theta \text{ での積分に置き換える}}$

$= \dfrac{1}{2}a^2 - a^2 \displaystyle\int_0^{\frac{\pi}{2}} (1 - \cos\theta)^2 d\theta$

$\boxed{1 - 2\cos\theta + \cos^2\theta = 1 - 2\cos\theta + \dfrac{1 + \cos 2\theta}{2}}$

$= \dfrac{1}{2}a^2 - a^2 \displaystyle\int_0^{\frac{\pi}{2}}\left(\dfrac{3}{2} - 2\cos\theta + \dfrac{1}{2}\cos 2\theta\right) d\theta$

$\boxed{\left[\dfrac{3}{2}\theta - 2\sin\theta + \dfrac{1}{4}\sin 2\theta\right]_0^{\frac{\pi}{2}} = \dfrac{3}{4}\pi - 2}$

$= \dfrac{1}{2}a^2 - a^2\left(\dfrac{3}{4}\pi - 2\right)$

$= \left(\dfrac{5}{2} - \dfrac{3}{4}\pi\right)a^2$ ……………(答)

実力アップ問題120　難易度 ★★★　CHECK1　CHECK2　CHECK3

曲線 C が xy 平面上で媒介変数 θ によって $x = \sin\theta$，$y = \sin 2\theta$ $(0 \leqq \theta \leqq \pi)$ と表されている。C で囲まれる図形の面積を求めよ。　　　　　　(鳥取大)

ヒント! x と θ，y と θ のグラフから，特徴的な点 (始点，終点，極大点，極小点) を押さえれば，xy 座標平面上に，曲線 C の概形を描くことができる。

曲線 C $\begin{cases} x = \sin\theta \\ y = \sin 2\theta \quad (0 \leqq \theta \leqq \pi) \end{cases}$

について，x と θ，y と θ のグラフを描く。

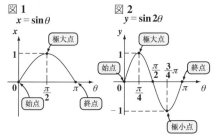

図1　$x = \sin\theta$

図2　$y = \sin 2\theta$

以上のグラフから，特徴的な点を調べて

$\theta : 0 \longrightarrow \dfrac{\pi}{4} \longrightarrow \dfrac{\pi}{2} \longrightarrow \dfrac{3}{4}\pi \longrightarrow \pi$

$x : 0 \longrightarrow \dfrac{1}{\sqrt{2}} \longrightarrow 1 \longrightarrow \dfrac{1}{\sqrt{2}} \longrightarrow 0$

$y : 0 \longrightarrow 1 \longrightarrow 0 \longrightarrow -1 \longrightarrow 0$

以上より，求める曲線 C は，4点 $(0, 0)$，$\left(\dfrac{1}{\sqrt{2}}, 1\right)$，$(1, 0)$，$\left(\dfrac{1}{\sqrt{2}}, -1\right)$ を通る右図のような曲線となる。

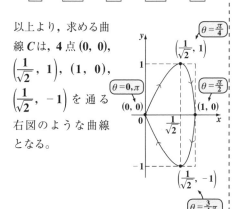

曲線 C は，明らかに x 軸に関して線対称なグラフとなる。よって，求める図形の面積を S とおくと，

$y = f(x)$ とする

$S = 2 \cdot \displaystyle\int_0^1 y \, dx = 2\int_0^{\frac{\pi}{2}} y \cdot \dfrac{dx}{d\theta} \, d\theta$

$\left[2 \times \bigcap \right]$

この曲線が $y = f(x)$ の形で表されているものとして，まず，$\displaystyle\int_0^1 y dx$ とし，次にこれを θ での積分に切り替えて，$\displaystyle\int_0^{\frac{\pi}{2}} y \dfrac{dx}{d\theta} d\theta$ として計算する。このとき，$x : 0 \to 1$ から $\theta : 0 \to \dfrac{\pi}{2}$ となる。

$= 2\displaystyle\int_0^{\frac{\pi}{2}} \underset{2\sin\theta \cdot \cos\theta}{\underbrace{(\sin 2\theta)}} \cdot \overset{\frac{dx}{d\theta}}{\overbrace{(\cos\theta)}} \, d\theta$

$= -4\displaystyle\int_0^{\frac{\pi}{2}} \overset{g^2}{\overbrace{(\cos^2\theta)}} \cdot \overset{g'}{\overbrace{(-\sin\theta)}} \, d\theta$

$= -4 \cdot \left[\dfrac{1}{3} \cdot \cos^3\theta \right]_0^{\frac{\pi}{2}} = -\dfrac{4}{3} \cdot (-1)$

$= \dfrac{4}{3}$ ·······················(答)

媒介変数 θ により，曲線 C が $x = \sin 2\theta$，$y = \sin 3\theta$ $\left(0 \le \theta \le \dfrac{\pi}{3}\right)$ で表されている。この曲線 C と x 軸とで囲まれる図形の面積を求めよ。

> ヒント！　リサージュ曲線 C と x 軸とで囲まれる図形の面積を求める問題だ。この曲線 C の概形を描くには，x と θ，y と θ それぞれの曲線の特徴的な点(始点，極大点，極小点，0 となる点，終点) を押さえればいいんだね。

曲線 C $\begin{cases} x = \sin 2\theta \\ y = \sin 3\theta \end{cases}$ $\left(0 \le \theta \le \dfrac{\pi}{3}\right)$

について，x と θ，y と θ のグラフを描く。

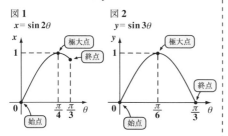

図1　$x = \sin 2\theta$　極大点　終点　始点

図2　$y = \sin 3\theta$　極大点　終点　始点

以上図1，図2より，曲線の特徴的な点を調べて，

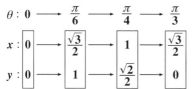

$$\theta : 0 \longrightarrow \frac{\pi}{6} \longrightarrow \frac{\pi}{4} \longrightarrow \frac{\pi}{3}$$

$$x : 0 \longrightarrow \frac{\sqrt{3}}{2} \longrightarrow 1 \longrightarrow \frac{\sqrt{3}}{2}$$

$$y : 0 \longrightarrow 1 \longrightarrow \frac{\sqrt{2}}{2} \longrightarrow 0$$

以上より，曲線 C の概形は，4 つの点 $(0, 0)$，$\left(\dfrac{\sqrt{3}}{2}, 1\right)$，$\left(1, \dfrac{\sqrt{2}}{2}\right)$，$\left(\dfrac{\sqrt{3}}{2}, 0\right)$ を滑らかな曲線で結ぶことによって，次のようになる。

よって，この曲線 C と x 軸とで囲まれる図形 (網目部) の面積を S とおいて，これを求める。

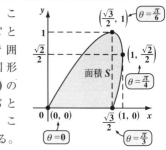

ここで，問題は $\dfrac{\sqrt{3}}{2} \le x \le 1$ の範囲では，x に対応する y が 2 つあることなんだね。したがって，図のように，上側の曲線の y 座標を y_1，下側の曲線の y 座標を y_2 とおいて，求める面積 S は，次のように計算する。

$$S = \int_0^1 y_1 \, dx - \int_{\frac{\sqrt{3}}{2}}^1 y_2 \, dx$$

$$\left[\begin{array}{c} y_1 \\ \end{array} \quad - \quad \begin{array}{c} y_2 \\ \end{array} \right]$$

しかし，これを θ での積分に置き換えると，y_1 の方は $\theta : 0 \to \dfrac{\pi}{4}$，$y_2$ の方は

$\theta : \dfrac{\pi}{3} \to \dfrac{\pi}{4}$ と，積分区間が明確に異なるので，y_1 と y_2 の区別は必要なくなる。したがって，答案には，初めから，y_1 と y_2 を区別せずに，

$$S = \int_0^1 y\,dx - \int_{\frac{\sqrt{3}}{2}}^1 y\,dx$$

$$= \int_0^{\frac{\pi}{4}} y \cdot \dfrac{dx}{d\theta}\,d\theta - \int_{\frac{\pi}{3}}^{\frac{\pi}{4}} y \cdot \dfrac{dx}{d\theta}\,d\theta$$

と書いて，解いていけばいいんだね。

$$S = \int_0^1 y\,dx - \int_{\frac{\sqrt{3}}{2}}^1 y\,dx$$

$$\left[\begin{array}{c} \\ 0 \quad\quad 1 \end{array} - \begin{array}{c} \\ \frac{\sqrt{3}}{2} \; 1 \end{array} \right]$$

まず，$y_1 = f_1(x)$，$y_2 = f_2(x)$ と表されているようにして，面積計算の式を書いて，θ での積分に切り替えるんだね。この際 y_1 と y_2 の区別は不要だよ。

$$= \int_0^{\frac{\pi}{4}} y \cdot \dfrac{dx}{d\theta}\,d\theta - \int_{\frac{\pi}{3}}^{\frac{\pi}{4}} y \cdot \dfrac{dx}{d\theta}\,d\theta$$

$$= \int_0^{\frac{\pi}{4}} y \cdot \dfrac{dx}{d\theta}\,d\theta + \int_{\frac{\pi}{4}}^{\frac{\pi}{3}} y \cdot \dfrac{dx}{d\theta}\,d\theta$$

$$= \int_0^{\frac{\pi}{3}} \underbrace{y}_{\sin 3\theta} \cdot \underbrace{\dfrac{dx}{d\theta}}_{(\sin 2\theta)' = 2\cos 2\theta}\,d\theta$$

アラ！1つの積分の式にまとまった！

$$= 2 \int_0^{\frac{\pi}{3}} \underbrace{\sin 3\theta \cdot \cos 2\theta}_{\frac{1}{2}(\sin 5\theta + \sin\theta)}\,d\theta$$

$\underbrace{\quad}_{(3\theta + 2\theta)}$ $\underbrace{\quad}_{(3\theta - 2\theta)}$

積 → 和の公式
$$\sin\alpha\cos\beta = \dfrac{1}{2}\{\sin(\alpha+\beta) + \sin(\alpha-\beta)\}$$

よって，

$$S = \int_0^{\frac{\pi}{3}} (\sin 5\theta + \sin\theta)\,d\theta$$

$$= \left[-\dfrac{1}{5}\cos 5\theta - \cos\theta \right]_0^{\frac{\pi}{3}}$$

$$= -\dfrac{1}{5}\underbrace{\cos\dfrac{5}{3}\pi}_{\frac{1}{2}} - \underbrace{\cos\dfrac{\pi}{3}}_{\frac{1}{2}} + \dfrac{1}{5}\underbrace{\cos 0}_{1} + \underbrace{\cos 0}_{1}$$

$$= -\dfrac{1}{10} - \dfrac{1}{2} + \dfrac{1}{5} + 1$$

$$= \dfrac{-1 - 5 + 2 + 10}{10} = \dfrac{6}{10} = \dfrac{3}{5} \quad \cdots\cdots(\text{答})$$

不等式 $0 \leqq x < \dfrac{\pi}{2}$, $\tan x \leqq y \leqq \dfrac{4x}{\pi}$ の表わす領域を x 軸のまわりに 1 回転してできる回転体の体積を求めよ。　　　　　　　　　　　（東京女子大）

ヒント！　積分の際に，公式 $1 + \tan^2 x = \dfrac{1}{\cos^2 x}$ を利用するのが，コツだよ。

基本事項

回転体の体積（Ⅰ）

x 軸のまわりの
回転体の体積 V

$y = f(x)$

$V = \pi \displaystyle\int_a^b y^2\, dx$

$\quad = \pi \displaystyle\int_a^b \{f(x)\}^2\, dx$

$\begin{cases} y \leqq \dfrac{4}{\pi}x \\ y \geqq \tan x \end{cases}$

$\left(0 \leqq x < \dfrac{\pi}{2}\right)$

で表わされる領域
を，右図に網目部
で示す。

交点
$\left(\dfrac{\pi}{4},\, 1\right)$

$y = \tan x$

$y = \dfrac{4}{\pi}x$

これを，x 軸のま
わりに回転してで
きる回転体の体積
を V とおくと，

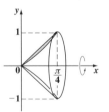

$V = \dfrac{1}{3} \cdot \pi \cdot 1^2 \cdot \dfrac{\pi}{4} - \pi \displaystyle\int_0^{\frac{\pi}{4}} \underbrace{\tan^2 x}_{y^2}\, dx$

底面積　高さ

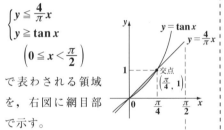

円すいから，中の不要部分をくり抜く！

$\quad = \dfrac{\pi^2}{12} - \pi \underbrace{\displaystyle\int_0^{\frac{\pi}{4}} \tan^2 x\, dx}_{\textcircled{ア}}$ ……①

ここで，

$\textcircled{ア} \displaystyle\int_0^{\frac{\pi}{4}} \underbrace{\tan^2 x}_{\frac{1}{\cos^2 x} - 1}\, dx = \int_0^{\frac{\pi}{4}} \left(\dfrac{1}{\cos^2 x} - 1\right) dx$

公式：$1 + \tan^2 x = \dfrac{1}{\cos^2 x}$ を使った！

$\quad = \Big[\tan x - x\Big]_0^{\frac{\pi}{4}}$

$\quad = 1 - \dfrac{\pi}{4} - (0 - 0) = 1 - \dfrac{\pi}{4}$

$\textcircled{ア}$ を①に代入して，

$V = \dfrac{\pi^2}{12} - \pi\left(1 - \dfrac{\pi}{4}\right)$

$\quad = \dfrac{\pi^2}{3} - \pi = \pi\left(\dfrac{\pi}{3} - 1\right)$ ……………（答）

実力アップ問題 123　　難易度 ★★　　CHECK 1　CHECK 2　CHECK 3

(1) $y = e^x$ のグラフ上の点 (a, e^a) (ただし, $0 \le a \le 1$) における接線を l とする。x 軸と 3 直線 l, $x = 0$, $x = 1$ とで囲まれた図形を, x 軸のまわりに 1 回転させてできる回転体の体積 $V(a)$ を求めよ。

(2) $0 \le a \le 1$ において, $V(a)$ を最大にする a の値を求めよ。　(津田塾大 *)

ヒント！ (1) x 軸のまわりの回転体の体積の公式を使う。(2) 体積 $V(a)$ は a の関数より, a で微分して, 最大となる a の値を求める。

(1) $y = f(x) = e^x$ とおくと,

$$f'(x) = e^x$$

$y = f(x)$ 上の点 $(a, f(a))$ $(0 \le a \le 1)$ における接線 l の方程式は,

$$y = e^a(x-a) + e^a$$

$$[y = f'(a)(x-a) + f(a)]$$

$$\therefore l : y = e^a(x - a + 1)$$

x 軸, l, $x = 0$, $x = 1$ で囲まれる網目部の図形を x 軸のまわりに回転してできる回転体の体積 $V(a)$ は,

$$V(a) = \pi \int_0^1 y^2 dx \quad \text{公式通り}$$

$$= \pi \int_0^1 \{e^a(x - a + 1)\}^2 dx$$

$$= \pi e^{2a} \int_0^1 (x - a + 1)^2 dx$$

$$= \pi e^{2a} \left[\frac{1}{3}(x - a + 1)^3\right]_0^1$$

$$= \frac{\pi}{3} e^{2a}\{(2-a)^3 - (1-a)^3\}$$

$(8 - 12a + 6a^2 - a^3)$　$(1 - 3a + 3a^2 - a^3)$

$$\therefore V(a) = \frac{\pi}{3} e^{2a}(3a^2 - 9a + 7) \quad \cdots (答)$$

$$(0 \le a \le 1)$$

(2) $V(a)$ を a で微分して,

$$V'(a) = \frac{\pi}{3}\{2 \cdot e^{2a}(3a^2 - 9a + 7) + e^{2a}(6a - 9)\}$$

$$= \frac{\pi}{3} e^{2a}(6a^2 - 12a + 5)$$

$V'(a) = 0$ のとき,

$$6a^2 - 12a + 5 = 0$$

$$a = \frac{6 - \sqrt{6}}{6}$$

$(\because 0 \le a \le 1)$

増減表 $(0 \le a \le 1)$

a	0		$\frac{6-\sqrt{6}}{6}$		1
$V'(a)$		+	0	−	
$V(a)$		↗	極大	↘	

$\therefore V(a)$ を最大にする a の値は,

$$\frac{6 - \sqrt{6}}{6} \quad \cdots (答)$$

右図に示すように，xy 座標平面上の原点を中心とする半径 2 の円：

$x^2 + y^2 \leqq 4$ を底面とし，高さ 3 の直円柱 C がある。xy 平面上の直線 $y = -1$ を含み，xy 平面と 45° の角をなす平面 α で，この円柱 C を切ったときにできる小さい方の立体を T とおく。

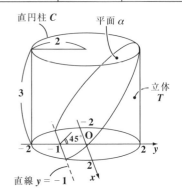

(1) 立体 T を，$y = t$ $(-1 \leqq t \leqq 2)$ のときの y 軸と垂直な平面で切ってできる切り口の断面積 $S(t)$ を求めよ。

(2) $S(t)$ を用いて，立体 T の体積 V を求めよ。

ヒント！　立体 T を $y = t$ のときの y 軸に垂直な平面で切ってできる切り口は，長方形となるので，この横とたての長さが分かれば，断面積 $S(t)$ は求まる。そして，この $S(t)$ を用いて，立体 T の体積 V は，$V = \displaystyle\int_{-1}^{2} S(t)dt$ で計算できるんだね。

(1) 図 1 に示すように，$y = t$ $(-1 \leqq t \leqq 2)$ のときの y 軸と垂直な平面で，立体 T を切ってできる切り口 (網目部) の長方形を A とおく。また，この A の面積 (断面積) を $S(t)$ とおく。

図 1

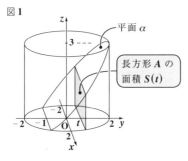

ここで，原点 O を通り，xy 平面と垂直な z 軸を設ける。

(i) 平面 α が直線に見えるように，図 1 を真横から見たものを図 2 に示す。このとき，平面 α は，yz 平面における直線：

$z = y + 1$ ……① で表せるので，

①の y に t を代入すると，長方形 A の高さ h が，次のように求まる。

$h = t + 1$ ………①´

図 2

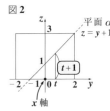

(ⅱ) 次に，円柱 C が円に見えるように，図**1**を真上から見たものを図**3**に示す。このとき，円柱 C の外形は，xy 平面上の円：

$x^2+y^2=4$ ……② で表されるので，②の y に t を代入して，x 座標を求めると，

$x^2+t^2=4 \qquad x^2=4-t^2$

$x=\pm\sqrt{4-t^2}$ となるので，長方形 A の横の長さ l は，次のようになる。

$l=2\sqrt{4-t^2}$ ………②´

以上（ⅰ）（ⅱ）の①´，②´より図**4**に示すように，求める立体 T の切り口（長方形 A）の断面積 $S(t)$ は，

$$S(t)=h\cdot l$$
$$=2(t+1)\sqrt{4-t^2}\ \cdots③\ (-1\leq t\leq 2)$$

となる。……………………………(答)

(2) **(1)**の結果より，求める立体 T の体積 V は，

$$V=\int_{-1}^{2}S(t)dt$$

$\boxed{2(t+1)\sqrt{4-t^2}\quad(③より)}$

$$=2\int_{-1}^{2}(t+1)\sqrt{4-t^2}\,dt$$

$$=2\left(\int_{-1}^{2}t\sqrt{4-t^2}\,dt+\int_{-1}^{2}\sqrt{4-t^2}\,dt\right)\cdots④$$

となる。ここで，

（ⅰ）$\displaystyle\int_{-1}^{2}t\sqrt{4-t^2}\,dt=-\frac{1}{3}\left[(4-t^2)^{\frac{3}{2}}\right]_{-1}^{2}$

$\boxed{\begin{array}{l}\{(4-t^2)^{\frac{3}{2}}\}'=\frac{3}{2}\cdot(4-t^2)^{\frac{1}{2}}\cdot(-2t)\\ \qquad=-3t(4-t^2)^{\frac{1}{2}}\\ \therefore\int t(4-t^2)^{\frac{1}{2}}dt=-\frac{1}{3}(4-t^2)^{\frac{3}{2}}+C\end{array}}$

$=-\frac{1}{3}\left[(4-2^2)^{\frac{3}{2}}-\{4-(-1)^2\}^{\frac{3}{2}}\right]$

$\boxed{3^{\frac{3}{2}}=3\sqrt{3}}$

$=-\frac{1}{3}\cdot(-3\sqrt{3})=\sqrt{3}$ ………⑤

（ⅱ）$\displaystyle\int_{-1}^{2}\sqrt{4-t^2}\,dt$ は，半円 $u=\sqrt{4-t^2}$ の図で考えると，扇形と直角三角形の和となる。

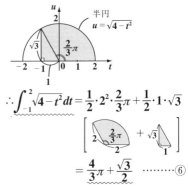

$\therefore\displaystyle\int_{-1}^{2}\sqrt{4-t^2}\,dt=\frac{1}{2}\cdot2^2\cdot\frac{2}{3}\pi+\frac{1}{2}\cdot1\cdot\sqrt{3}$

$=\frac{4}{3}\pi+\frac{\sqrt{3}}{2}$ ………⑥

以上（ⅰ）（ⅱ）の⑤，⑥を④に代入して，

$V=2\left(\sqrt{3}+\frac{4}{3}\pi+\frac{\sqrt{3}}{2}\right)$

$=2\left(\frac{3}{2}\sqrt{3}+\frac{4}{3}\pi\right)$

$=3\sqrt{3}+\frac{8}{3}\pi$ となる。…………(答)

関数 $y = f(x)$ が $f''(x) = -\cos x$, $f(0) = 2$, $f(\pi) = 0$ を満足するとき,

(1) $f(x)$ を求めよ。ただし, $0 \le x \le \pi$ とする。

(2) (1)の曲線と x 軸, y 軸で囲まれる図形を x 軸, y 軸のまわりに 1 回転してできる立体の体積をそれぞれ V_1, V_2 とするとき, V_1 および V_2 を求めよ。

(北海道工大＊)

ヒント! (1) 2 回積分して, 条件 $f(0) = 2$, $f(\pi) = 0$ を用いる。(2) の V_2 は, バウムクーヘン型積分を使うと, $y = f(x)$ のままで計算できるので便利だ。

基本事項

バウムクーヘン型積分

y 軸のまわりの
回転体の体積 V

$$V = 2\pi \int_a^b x f(x) \, dx$$

$y = f(x)$ のままで計算できる。

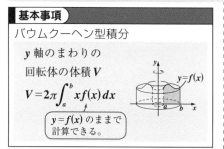

(1) $f''(x) = -\cos x$ ‥‥‥‥‥‥①

　①の両辺を x で積分して,

$$f'(x) = -\int \cos x \, dx = -\sin x + C_1$$

　さらに, x で積分して,

$$f(x) = \int (-\sin x + C_1) \, dx$$
$$= \cos x + C_1 x + C_2 \quad \cdots\cdots②$$

　条件より,

$$f(0) = \boxed{1 + C_2 = 2}$$

$$f(\pi) = \boxed{-1 + \pi C_1 + C_2 = 0}$$

　∴ $C_1 = 0$, $C_2 = 1$ より, ②から,

$$f(x) = \cos x + 1 \quad\cdots\cdots\cdots(答)$$
$$(0 \le x \le \pi)$$

(2) (i)　x 軸のまわりの回転体の体積 V_1 は,

$$V_1 = \pi \int_0^\pi y^2 \, dx$$
$$= \pi \int_0^\pi (\cos x + 1)^2 \, dx$$

$$= \pi \int_0^\pi (\underbrace{\cos^2 x}_{\frac{1}{2}(1+\cos 2x)} + 2\cos x + 1) \, dx$$

$$= \pi \int_0^\pi \left(\frac{1}{2}\cos 2x + 2\cos x + \frac{3}{2} \right) dx$$

$$= \pi \left[\frac{1}{4}\sin 2x + 2\sin x + \frac{3}{2}x \right]_0^\pi$$

$$= \frac{3}{2}\pi^2 \quad\cdots\cdots\cdots\cdots\cdots(答)$$

(ii) y 軸のまわりの回転体の体積 V_2 は,

バウムクーヘン

$$V_2 = 2\pi \int_0^\pi x \cdot f(x) \, dx$$

$$= 2\pi \int_0^\pi x(\cos x + 1) \, dx$$

$$= 2\pi \int_0^\pi x(\sin x + x)' \, dx \quad \leftarrow 部分積分$$

$$= 2\pi \left\{ \Big[x(\sin x + x) \Big]_0^\pi - \int_0^\pi (\sin x + x) \, dx \right\}$$

$$= 2\pi \left\{ \pi^2 - \Big[-\cos x + \frac{1}{2}x^2 \Big]_0^\pi \right\}$$

$$= 2\pi \left\{ \pi^2 - \Big(1 + \frac{1}{2}\pi^2 + 1 \Big) \right\}$$

$$= \pi^3 - 4\pi$$

$$= \pi(\pi^2 - 4) \quad\cdots\cdots\cdots\cdots(答)$$

実力アップ問題126	難易度 ★★★	CHECK 1	CHECK 2	CHECK 3

$x = \sin t$, $y = \sin 2t$ $\left(0 \leqq t \leqq \dfrac{\pi}{2}\right)$ で表される曲線を C とおく。x 軸と C とで囲まれる図形を y 軸のまわりに 1 回転させてできる回転体の体積を求めよ。

(神戸大＊)

ヒント！ 曲線 C の概形については，実力アップ問題 **120(P171)** で既に練習した。ここでは，曲線 C と x 軸とで囲まれる図形の y 軸のまわりの回転体の体積をバウムクーヘン型積分により求めてみよう。

曲線 C $\begin{cases} x = \sin t & \cdots ① \\ y = \sin 2t & \cdots ② \end{cases}$ $\left(0 \leqq t \leqq \dfrac{\pi}{2}\right)$

について，x と t，y と t のグラフから

$t : 0 \longrightarrow \dfrac{\pi}{4} \longrightarrow \dfrac{\pi}{2}$

$x : 0 \longrightarrow \dfrac{1}{\sqrt{2}} \longrightarrow 1$

$y : 0 \longrightarrow 1 \longrightarrow 0$ となる。

よって，曲線 C と x 軸とで囲まれる図形を右図の網目部で示す。

この図形を y 軸のまわりに回転してできる回転体の微小体積 dV は，近似的に

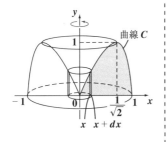

$dV = 2\pi x \cdot y \cdot dx$ ……③ と表せる。

よって，③ より，$2\pi xy$ を区間 $[0, 1]$ で x により積分すれば，求める回転体の体積 V が計算できる。

$V = 2\pi \displaystyle\int_0^1 x \cdot y \, dx$

これを t での積分に変換する。

$\underbrace{\sin t (①より)}$ $\underbrace{\sin 2t (②より)}$ $\dfrac{dx}{dt} \, dt = \cos t dt$

$= 2\pi \displaystyle\int_0^{\frac{\pi}{2}} \sin t \cdot \sin 2t \cdot \cos t dt$

$\underbrace{\qquad\qquad}_{\sin 2t}$

$\left(x : 0 \to 1 \text{ のとき，} t : 0 \to \dfrac{\pi}{2}\right)$

$= \pi \displaystyle\int_0^{\frac{\pi}{2}} \sin^2 2t dt$

$= \dfrac{\pi}{2} \displaystyle\int_0^{\frac{\pi}{2}} (1 - \cos 4t) dt$

$= \dfrac{\pi}{2} \left[t - \dfrac{1}{4} \sin 4t \right]_0^{\frac{\pi}{2}}$

$= \dfrac{\pi^2}{4}$ ……………………………(答)

放物線 $y = \dfrac{1}{4}x^2$ $(0 \leq x \leq 4)$ を y 軸のまわりに回転してできる容器に水を満たしておく。

(1) 容器に満たした水の体積を求めよ。

(2) 容器に半径 **3** の鉄球を入れたとき，あふれ出る水の体積を求めよ。

(三重大)

ヒント！ **(1)** y 軸のまわりの回転体の体積の公式に従って求める。**(2)** 放物線と円が **2** 点で接する条件を求める。y の **2** 次方程式にもち込むのがコツだよ。

基本事項

回転体の体積 (Ⅱ)

y 軸のまわりの
回転体の体積 V

$$V = \pi \int_a^b x^2\, dy = \pi \int_a^b \{f(y)\}^2\, dy$$

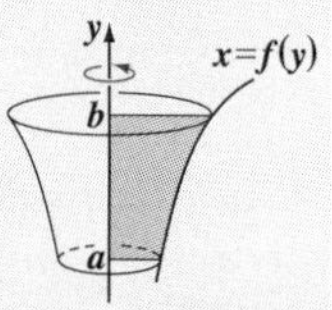

(1) 容器の水の体積は，曲線
$y = \dfrac{1}{4}x^2$，
直線 $y = 4$，
および，y 軸
とで囲まれる

$x^2 = 4y$ ， $y = \dfrac{1}{4}x^2$

図形を，y 軸のまわりに回転してできる回転体の体積 V に等しい。

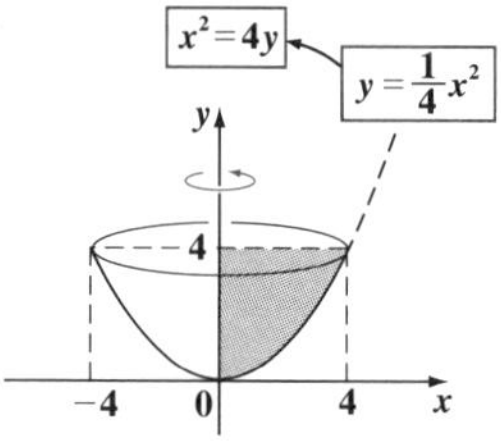

$$\therefore V = \pi \int_0^4 \underset{4y}{x^2}\, dy = \pi \int_0^4 4y\, dy$$

$$= 2\pi \big[y^2 \big]_0^4 = 2\pi \cdot 16$$

$$= 32\pi \quad \cdots\cdots\cdots\cdots (答)$$

(2) 容器に半径 **3** の鉄球を入れたときの様子を図1に示す。この xy 平面による断面を図2に示す。

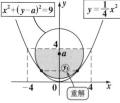
図1

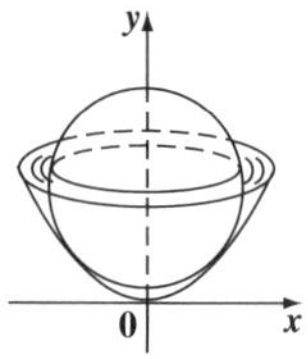

放物線
$$y = \dfrac{1}{4}x^2 \quad \cdots ①$$
と，y 軸上に中心をもつ円
$$x^2 + (y-a)^2 = 9 \quad \cdots\cdots ② \quad (a > 0)$$
（ 中心 $(0, a)$，半径 $r = 3$ の円 ）
が，**2** 点で接するときの a の値を求める。

図2　$x^2 + (y-a)^2 = 9$ ， $y = \dfrac{1}{4}x^2$ ， 重解

注意！

①，②から y を消去して，
$x^2 + \left(\dfrac{1}{4}x^2 - a \right)^2 = 9$ とするのは，得策ではない。これだと，x の **4** 次方程式が **2** つの重解をもつ条件を調べることになるからだ。ここでは，x^2 を消去して，y の **2** 次方程式にもち込み，これが重解 y_1 をもつ条件を求める。

①より, $x^2 = 4y$ ……①´

①´ を②に代入して,

$$4y + (y-a)^2 = 9$$

$$y^2 - 2(a-2)y + a^2 - 9 = 0$$

$\underbrace{}$ 　y の 2 次方程式

これを y の 2 次方程式とみて, 判別式を D とおくと, この 2 次方程式が重解をもつための条件は,

$$\frac{D}{4} = \boxed{(a-2)^2 - (a^2-9) = 0}$$

$$-4a + 13 = 0 \quad \therefore a = \boxed{\frac{13}{4}}^{3.25}$$

注意!

鉄球を入れることによって, あふれ出す水の量 V_1 は, 図 2 の網目部を y 軸のまわりに回転した回転体の体積に等しいので,

$$V_1 = \pi \int_{\frac{1}{4}}^{4} \overbrace{x^2}^{\displaystyle 9-\left(y-\frac{13}{4}\right)^2} dy$$

として, 計算してもよいが, 原点を中心とする円の一部を x 軸のまわりに回転してできる立体の体積を求める方が, スッキリ計算できる。

以上より, あふれ出る水の量 V_1 は,

円弧 : $x^2 + y^2 = 9 \left(-\dfrac{3}{4} \leqq x \leqq 3\right)$ と直線

$x = -\dfrac{3}{4}$ で囲まれた部分を x 軸のまわりに回転した回転体の体積に等しい。

$$\therefore V_1 = \pi \int_{-\frac{3}{4}}^{3} \overbrace{y^2}^{\displaystyle (9-x^2)} dx$$

$$= \pi \int_{-\frac{3}{4}}^{3} (9 - x^2)\, dx$$

$$= \pi \left[9x - \frac{1}{3}x^3 \right]_{-\frac{3}{4}}^{3}$$

$$= \pi \left\{ 27 - 9 - \left(-\frac{27}{4} + \frac{9}{64}\right) \right\}$$

$$= \pi \left(18 + \frac{48 \times 9 - 9}{64} \right)$$

$$= \pi \frac{18 \times 64 + 47 \times 9}{64}$$

$$= \frac{1575}{64}\pi \quad \cdots\cdots\cdots\cdots\cdots\text{(答)}$$

(1) $J_n = \int_0^{\frac{\pi}{2}} \cos^n x\, dx$ $(n = 0, 1, 2, \cdots)$ のとき,

　　$J_n = \dfrac{n-1}{n} J_{n-2}$ $(n = 2, 3, 4, \cdots)$ が成り立つことを示せ。

(2) 曲線 $C : x = \cos^3\theta$, $y = \sin^3\theta$ $\left(0 \le \theta \le \dfrac{\pi}{2}\right)$ と x 軸, y 軸とで囲まれた図形を, y 軸のまわりに 1 回転してできる回転体の体積を求めよ。

> **ヒント!** **(1)** 部分積分を使って, $J_n = (J_{n-2}$ の式$)$ の形の式を作る。**(2)** は, アステロイド曲線 C がまず $x = f(y)$ の形で表されたものとして, y 軸のまわりの回転体の体積計算の式を作り, それを θ での積分に置換して求めよう。

(1) $J_n = \int_0^{\frac{\pi}{2}} \cos^n x\, dx$ $(n = 2, 3, 4, \cdots)$

$\quad = \int_0^{\frac{\pi}{2}} \cos^{n-1} x \cdot \underbrace{\boxed{\cos x}}_{(\sin x)'} dx$

$\quad = \int_0^{\frac{\pi}{2}} \cos^{n-1} x (\sin x)'\, dx \rightarrow \boxed{\text{部分積分}}$

$\quad = \left[\cos^{n-1} x \cdot \sin x \right]_0^{\frac{\pi}{2}}$

$\qquad - \int_0^{\frac{\pi}{2}} \underbrace{(\cos^{n-1} x)'}_{(n-1)\cdot\cos^{n-2} x\cdot(-\sin x)} \sin x\, dx$

$\quad = (n-1) \int_0^{\frac{\pi}{2}} \cos^{n-2} x \underbrace{\sin^2 x}\, dx$

$\quad = (n-1) \int_0^{\frac{\pi}{2}} \cos^{n-2} x \overbrace{(1 - \cos^2 x)}\, dx$

$\quad = (n-1) \left(\underbrace{\int_0^{\frac{\pi}{2}} \cos^{n-2} x\, dx}_{J_{n-2}} - \underbrace{\int_0^{\frac{\pi}{2}} \cos^n x\, dx}_{J_n} \right)$

$\qquad\qquad\qquad\qquad \boxed{\text{自分自身が導けた}}$

以上より,

$\quad J_n = (n-1)(J_{n-2} - J_n)$

$\quad J_n = (n-1)J_{n-2} - (n-1)J_n$

よって, $nJ_n = (n-1)J_{n-2}$

$\therefore J_n = \dfrac{n-1}{n} J_{n-2}$ $(n = 2, 3, 4, \cdots)$ ……(終)

基本事項

ウォリスの公式

(I) $I_n = \int_0^{\frac{\pi}{2}} \sin^n x\, dx$ $(n = 0, 1, 2, \cdots)$

のとき,

$\quad I_n = \dfrac{n-1}{n} I_{n-2}$ $(n = 2, 3, 4, \cdots)$

が成り立つ。

(II) $J_n = \int_0^{\frac{\pi}{2}} \cos^n x\, dx$ $(n = 0, 1, 2, \cdots)$

のとき,

$\quad J_n = \dfrac{n-1}{n} J_{n-2}$ $(n = 2, 3, 4, \cdots)$

が成り立つ。

> (I) のウォリスの公式も同様に導けるので自分でチャレンジしてみるといいよ。

基本事項

媒介変数表示された曲線と体積

媒介変数表示された曲線

$$\begin{cases} x = x(\theta) \\ y = y(\theta) \end{cases} (\theta：媒介変数) について,$$

これに関する図形の y 軸のまわりの
回転体の体積 V は,

(i) まず, $x = f(y)$ の形で表されて
いるものとして,

$$V = \pi \int_c^d x^2 \, dy \quad とし,$$

(ii) 次に, これを媒介変数 θ での
積分に切り替える。

$$V = \pi \int_\gamma^\delta x^2 \frac{dy}{d\theta} \, d\theta$$

$$(y : c \to d のとき, \theta : \gamma \to \delta とする)$$

(2) アステロイ
ド曲線 C $\begin{cases} x = \cos^3\theta \\ y = \sin^3\theta \end{cases} \left(0 \leqq \theta \leqq \dfrac{\pi}{2} \right)$

について, 右図
に示すように, C
と x 軸, y 軸と
で囲まれる図形
を y 軸のまわり
に回転してでき
る回転体の体積
を V とおくと,

$$V = \pi \int_0^1 x^2 dy \quad \cdots\cdots① \quad となる。$$

(i)まず, $x = f(y)$ と表されたものとして,
y 軸のまわりの回転体の体積計算の式を書く。

ここで, $\dfrac{dy}{d\theta} = (\sin^3\theta)' = 3\sin^2\theta \cdot \cos\theta$

また, $y : 0 \to 1$ のとき, $\theta : 0 \to \dfrac{\pi}{2}$ より

①を θ での積分に置き換えると, V は,

$$V = \pi \int_0^{\frac{\pi}{2}} \underbrace{x^2}_{(\cos^3\theta)^2} \cdot \underbrace{\frac{dy}{d\theta}}_{3\sin^2\theta \cdot \cos\theta} \, d\theta$$

$$= 3\pi \int_0^{\frac{\pi}{2}} \cos^7\theta \underbrace{\sin^2\theta}_{(1 - \cos^2\theta)} \, d\theta$$

$$= 3\pi \int_0^{\frac{\pi}{2}} \cos^7\theta \overbrace{(1 - \cos^2\theta)} \, d\theta$$

$$= 3\pi \left(\underbrace{\int_0^{\frac{\pi}{2}} \cos^7\theta \, d\theta}_{J_7} - \underbrace{\int_0^{\frac{\pi}{2}} \cos^9\theta \, d\theta}_{J_9} \right)$$

$$= 3\pi (J_7 - J_9)$$

$$= 3\pi \left(\underline{\frac{6}{7} \cdot \frac{4}{5} \cdot \frac{2}{3} \cdot J_1} - \underline{\frac{8}{9} \cdot \frac{6}{7} \cdot \frac{4}{5} \cdot \frac{2}{3} \cdot J_1} \right)$$

$$J_1 = \int_0^{\frac{\pi}{2}} \cos\theta \, d\theta = [\sin\theta]_0^{\frac{\pi}{2}} = 1$$

$$= 3\pi \cdot \frac{6}{7} \cdot \frac{4}{5} \cdot \frac{2}{3} \cdot \left(1 - \frac{8}{9} \right)$$

$$= \frac{6 \times 4 \times 2}{7 \times 5 \times 9} \pi$$

$$= \frac{16}{105}\pi \quad となる。\quad \cdots\cdots\cdots(答)$$

空間における点 $A(4, 2, -2)$, 点 $B(-2, 5, 4)$ を通る直線 l を, z 軸の周りに回転してできる曲面を S とする。

(1) 直線 l の方向ベクトル $\overrightarrow{AB}$ を成分表示せよ。

(2) xy 平面と直線 l の交点 P_0 の x 座標, y 座標を求めよ。

(3) 平面 $z = t$ $(-2 \leqq t \leqq 4)$ と直線 l の交点 $P(t)$ の x 座標, y 座標を t で表せ。

(4) 平面 $z = t$ と曲面 S の交わりは円となる。この円の半径を求めよ。

(5) 平面 $z = 4$, 平面 $z = -2$, 曲面 S で囲まれた立体の体積を求めよ。

(職能開発大 *)

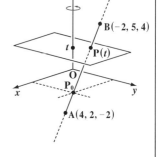

ヒント! z 軸とねじれの位置にある直線 AB を, z 軸のまわりに回転してできる曲面 S と平面 $z = 4$, $z = -2$ とで囲まれた立体の体積を求める問題だね。この手の問題では, 曲面 S の形状について考える必要はない。曲面 S を z 軸に垂直な平面 $z = t$ $(-2 \leqq t \leqq 4)$ で切った切り口は円になるので, この半径 r を求め, 断面積 $A(t) = \pi r^2$ を, 区間 $[-2, 4]$ において t で積分することにより, この立体の体積を求めることができるんだね。空間座標と体積計算の典型的な融合問題だ。

(1) 2点 $A(4, 2, -2)$, $B(-2, 5, 4)$ のとき,

$\overrightarrow{OA} = (4, 2, -2)$, $\overrightarrow{OB} = (-2, 5, 4)$

よって, $\overrightarrow{AB} = \overrightarrow{OB} - \overrightarrow{OA}$ より,

〔まわり道の原理〕

$\overrightarrow{AB} = (-2, 5, 4) - (4, 2, -2)$

$= (-6, 3, 6)$ となる。 ………(答)

(2) $\overrightarrow{AB} = (-6, 3, 6) \,/\!/\, \vec{d} = (-2, 1, 2)$

より, 直線 l は, 点 $A(4, 2, -2)$ を通り方向ベクトル $\vec{d} = (-2, 1, 2)$ の直線であるので, l の方程式は,

$\dfrac{x-4}{-2} = \dfrac{y-2}{1} = \dfrac{z+2}{2}$ ……①となる。

基本事項

点 $A(x_1, y_1, z_1)$ を通り, 方向ベクトル $\vec{d} = (l, m, n)$ の直線の方程式は,

$\dfrac{x-x_1}{l} = \dfrac{y-y_1}{m} = \dfrac{z-z_1}{n}$ である。

よって, 直線 l と xy 平面 $(z = 0)$ との交点 P_0 の x, y 座標は, $z = 0$ を①に代入して,

$\dfrac{x-4}{-2} = \dfrac{y-2}{1} = \dfrac{0+2}{2} = 1$ より,

$\begin{cases} x = -2 + 4 = 2 \\ y = 1 + 2 = 3 \end{cases}$

〔$\dfrac{x-4}{-2} = 1$ より,〕

〔$\dfrac{y-2}{1} = 1$ より,〕

となる。 ………(答)

(3) 次に, 直線 l と平面 $z = t \ (-2 \leq t \leq 4)$ との交点 $P(t)$ の座標は, $z = t$ を①に代入して,

$\dfrac{x-4}{-2} = \dfrac{y-2}{1} = \dfrac{t+2}{2}$ より,

$\begin{cases} x = -(t+2)+4 = -t+2 & \boxed{\dfrac{x-4}{-2} = \dfrac{t+2}{2}} \\ y = \dfrac{1}{2}(t+2)+2 = \dfrac{1}{2}t+3 & \boxed{\dfrac{y-2}{1} = \dfrac{t+2}{2}} \end{cases}$

となる。よって, 点 $P(t)$ の x, y 座標は,

$x = -t+2, \quad y = \dfrac{1}{2}t+3$ ……………(答)

(4) 直線 l を z 軸のまわりに回転してできる曲面が曲面 S であるので,

平面 $z = t$ $(-2 \leq t \leq 4)$

これを平面 $z = t \ (-2 \leq t \leq 4)$ で切ってできる切り口は, 上の図に示すように, 点 $P(t)\left(-t+2, \ \dfrac{1}{2}t+3, \ t\right)$ を z 軸のまわりに回転した円になる。

よって, この円の半径を r とおくと, r は, 2点 $(0, 0, t)$ と $P(t)\left(-t+2, \ \dfrac{1}{2}t+3, \ t\right)$ を結ぶ線分の長さに等しい。よって,

$r = \sqrt{(-t+2-0)^2 + \left(\dfrac{1}{2}t+3-0\right)^2 + (t-t)^2}$

$= \sqrt{t^2 - 4t + 4 + \dfrac{1}{4}t^2 + 3t + 9}$

$= \sqrt{\dfrac{5}{4}t^2 - t + 13}$ …② となる。…(答)

(5) 平面 $z = 4$, $z = -2$ と曲面 S とで囲まれた立体を, 平面 $z = t \ (-2 \leq t \leq 4)$ で切ってできる断面の円の面積を $A(t)$ とおくと, ②より,

$A(t) = \pi r^2 = \pi \left(\dfrac{5}{4}t^2 - t + 13\right)$ ……③

となる。

よって, この立体の体積を V とおくと, V は③を積分区間 $[-2, 4]$ で t について積分することにより求められる。

よって,

$V = \displaystyle\int_{-2}^{4} A(t)\,dt$

$= \pi \displaystyle\int_{-2}^{4} \left(\dfrac{5}{4}t^2 - t + 13\right) dt$

$= \pi \left[\dfrac{5}{12}t^3 - \dfrac{1}{2}t^2 + 13t\right]_{-2}^{4}$

$= \pi \left\{\dfrac{5}{12} \cdot 4^3 - \dfrac{1}{2} \cdot 4^2 + 13 \cdot 4 \right.$

$\left. - \left(-\dfrac{5}{12} \cdot 2^3 - \dfrac{1}{2} \cdot 2^2 - 13 \cdot 2\right)\right\}$

$= \pi \left(\dfrac{80}{3} - 8 + 52 + \dfrac{10}{3} + 2 + 26\right)$

$= \pi (30 - 8 + 52 + 28)$

$= 102\pi$ である。 ………………(答)

長さ **4** の線分が第 **1** 象限内にあり，その両端はそれぞれ **x** 軸と **y** 軸上にあるものとする。この線分を含む直線を回転軸として，原点に中心をもつ半径 **1** の円を **1** 回転させた立体の体積を **V** とする。**V** の最大値を求めよ。

(上智大＊)

> **ヒント！** パップスギュルダンの定理の問題。頻出テーマの **1** つなんだ。

基本事項

パップスギュルダンの定理

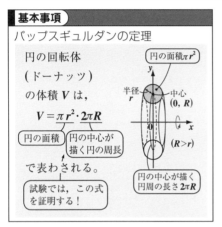

円の回転体
（ドーナッツ）
の体積 **V** は，

$$V = \pi r^2 \cdot 2\pi R$$

円の面積　円の中心が描く円の周長

で表わされる。

試験では，この式を証明する！

中心 $(0, R)$，半径 **1** $(R > 1)$ の円：

$$x^2 + (y-R)^2 = 1 \quad \cdots\cdots ①$$

を **x** 軸のまわりに回転してできる回転体の体積 **V** を求める。

①より，$(y-R)^2 = 1 - x^2$

$y = R \pm \sqrt{1-x^2}$ よって，

$$V = \pi\int_{-1}^{1}(R+\sqrt{1-x^2})^2\,dx - \pi\int_{-1}^{1}(R-\sqrt{1-x^2})^2\,dx$$

$$\left[\quad\bigcirc\quad - \quad\bowtie\quad\right]$$

$$= 2\pi\int_{0}^{1}\left\{(R+\sqrt{1-x^2})^2 - (R-\sqrt{1-x^2})^2\right\}dx$$

$$= 2\pi \cdot 4R\int_{0}^{1}\sqrt{1-x^2}\,dx$$

$$= 2\pi \cdot 4R \cdot \frac{1}{4}\pi\cdot 1^2$$

$$= \pi 1^2 \cdot 2\pi R \quad \cdots\cdots② \leftarrow パップスギュルダン$$

• 長さ **4** の線分の **x** 軸，**y** 軸上の端点を **A, B** とおき，

$$\angle OAB = \theta$$

とおく。また，線分 **AB** と中心 **O** との距離を **R** とおくと，

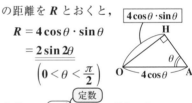

$$R = 4\cos\theta\cdot\sin\theta$$

$$= 2\sin 2\theta$$

$$\left(0 < \theta < \frac{\pi}{2}\right)$$

体積 $V = 2\pi^2 \cdot R$ （∵②）より，

R が最大のとき，**V** は最大となる。

∴ $2\theta = \dfrac{\pi}{2}$，すなわち $\theta = \dfrac{\pi}{4}$ のとき

最大値 $R = 2$ より，

最大値 $V = 2\pi^2 \cdot 2 = 4\pi^2 \quad \cdots\cdots$(答)

注意！

V の最大値を求めるので，ドーナッツの穴のあかない状態は，考えなくてよい。

実力アップ問題 131　難易度 ★★　CHECK 1　CHECK 2　CHECK 3

媒介変数 θ で表された次の曲線の長さを求めよ。

(1) $x = \theta - \sin\theta$, $y = 1 - \cos\theta$ $(0 \leq \theta \leq 2\pi)$

(2) $x = e^{-\theta}\cos\theta$, $y = e^{-\theta}\sin\theta$ $(0 \leq \theta \leq 2\pi)$

ヒント! (1) は，サイクロイド曲線，(2) はらせんで，曲線の長さの公式：

$l = \int_\alpha^\beta \sqrt{\left(\dfrac{dx}{d\theta}\right)^2 + \left(\dfrac{dy}{d\theta}\right)^2}\, d\theta$ を用いて，計算すればいいんだね。

(1) サイクロイド $\begin{cases} x = \theta - \sin\theta \\ y = 1 - \cos\theta \ (0 \leq \theta \leq 2\pi) \end{cases}$

の曲線の長さ l を求める。

$\dfrac{dx}{d\theta} = 1 - \cos\theta$, $\dfrac{dy}{d\theta} = \sin\theta$ より，

$\left(\dfrac{dx}{d\theta}\right)^2 + \left(\dfrac{dy}{d\theta}\right)^2 = (1-\cos\theta)^2 + \sin^2\theta$

$= 1 - 2\cos\theta + \underbrace{\cos^2\theta + \sin^2\theta}_{1}$

$= 2\underbrace{(1 - \cos\theta)}_{2\sin^2\frac{\theta}{2}}$

半角の公式　$\sin^2\dfrac{\theta}{2} = \dfrac{1-\cos\theta}{2}$

$= 4\sin^2\dfrac{\theta}{2}$

∴ 求める曲線の長さ l は，

$l = \int_0^{2\pi} \sqrt{\left(\dfrac{dx}{d\theta}\right)^2 + \left(\dfrac{dy}{d\theta}\right)^2}\, d\theta$

$0 \leq \dfrac{\theta}{2} \leq \pi$ より，$\sin\dfrac{\theta}{2} \geq 0$

$\sqrt{4\sin^2\dfrac{\theta}{2}} = 2\left|\sin\dfrac{\theta}{2}\right| = 2\sin\dfrac{\theta}{2}$

$= 2\int_0^{2\pi} \sin\dfrac{\theta}{2}\, d\theta = -4\left[\cos\dfrac{\theta}{2}\right]_0^{2\pi}$

$= -4(\underbrace{\cos\pi}_{-1} - \underbrace{\cos 0}_{1})$

$= -4 \times (-2)$

$= 8$ …………(答)

サイクロイド曲線の長さ l

(2) らせん $\begin{cases} x = e^{-\theta}\cos\theta \\ y = e^{-\theta}\sin\theta \ (0 \leq \theta \leq 2\pi) \end{cases}$

の曲線の長さ l を求める。

$\dfrac{dx}{d\theta} = -e^{-\theta}\cos\theta - e^{-\theta}\sin\theta$

$\quad = -e^{-\theta}(\cos\theta + \sin\theta)$

$\dfrac{dy}{d\theta} = -e^{-\theta}\sin\theta + e^{-\theta}\cos\theta$

$\quad = e^{-\theta}(\cos\theta - \sin\theta)$

$\left(\dfrac{dx}{d\theta}\right)^2 + \left(\dfrac{dy}{d\theta}\right)^2$

$= e^{-2\theta}(\cos\theta + \sin\theta)^2 + e^{-2\theta}(\cos\theta - \sin\theta)^2$

$e^{-2\theta}(\cos^2\theta + 2\cos\theta\sin\theta + \sin^2\theta + \cos^2\theta - 2\cos\theta\sin\theta + \sin^2\theta)$
$= 2e^{-2\theta}(\cos^2\theta + \sin^2\theta) = 2e^{-2\theta}$

$= 2e^{-2\theta}$

∴ 求める曲線の長さ l は，

$l = \int_0^{2\pi} \sqrt{\left(\dfrac{dx}{d\theta}\right)^2 + \left(\dfrac{dy}{d\theta}\right)^2}\, d\theta = \int_0^{2\pi} \sqrt{2e^{-2\theta}}\, d\theta$

$= \sqrt{2}\int_0^{2\pi} e^{-\theta}\, d\theta$

$= \sqrt{2}\left[-e^{-\theta}\right]_0^{2\pi}$

$= \sqrt{2}(-e^{-2\pi} + e^0)$

$= \sqrt{2}(1 - e^{-2\pi})$ …………(答)

らせん曲線の長さ l

次の方程式で表される曲線を C とおく。

$$\begin{cases} x = a(3\cos\theta - \cos3\theta) \\ y = a(3\sin\theta - \sin3\theta) \end{cases} \quad (\theta : 媒介変数, \ a : 正の定数)$$

$0 \leq \theta \leq \pi$ における曲線 C の長さ L を求めよ。

ヒント！ 媒介変数表示された曲線の長さ L を求める公式：

$L = \displaystyle\int_a^\beta \sqrt{\left(\dfrac{dx}{d\theta}\right)^2 + \left(\dfrac{dy}{d\theta}\right)^2}\, d\theta$ を使って計算すればいいんだね。頑張ろう！

曲線 C $\begin{cases} x = a(3\cos\theta - \cos3\theta) \\ y = a(3\sin\theta - \sin3\theta) \end{cases}$

の $0 \leq \theta \leq \pi$ における曲線の長さ L を求める。

$\dfrac{dx}{d\theta} = a(-3\sin\theta + 3\sin3\theta)$

$\dfrac{dy}{d\theta} = a(3\cos\theta - 3\cos3\theta)$ より,

$\left(\dfrac{dx}{d\theta}\right)^2 + \left(\dfrac{dy}{d\theta}\right)^2$

$\quad = a^2(\underline{-3\sin\theta + 3\sin3\theta})^2$

$\qquad + a^2(\underline{3\cos\theta - 3\cos3\theta})^2$

$\quad = a^2(\underline{9\sin^2\theta} - 18\sin3\theta\sin\theta$

$\qquad + \underline{9\sin^23\theta} + \underline{9\cos^2\theta}$

$\qquad - 18\cos3\theta\cos\theta + 9\cos^23\theta)$

$\quad = a^2\{9(\underline{\sin^2\theta + \cos^2\theta})$

$\qquad + 9(\underline{\sin^23\theta + \cos^23\theta})$

$\qquad - 18(\underline{\cos3\theta\cos\theta + \sin3\theta\sin\theta})\}$

$\boxed{\cos(3\theta - \theta) = \cos2\theta}$

$\boxed{\begin{array}{l} 公式 \\ \cos(\alpha - \beta) = \cos\alpha\cos\beta + \sin\alpha\sin\beta \end{array}}$

$\quad = a^2(18 - 18\cos2\theta)$

$\quad = 18a^2(1 - \cos2\theta)$

$\therefore \left(\dfrac{dx}{d\theta}\right)^2 + \left(\dfrac{dy}{d\theta}\right)^2 = 18a^2 \cdot 2\sin^2\theta$

$\boxed{公式 : \sin^2\alpha = \dfrac{1 - \cos2\alpha}{2}}$

$\quad = 36a^2\sin^2\theta \quad \cdots\cdots① $

以上より, 求める曲線の長さ L は,

$L = \displaystyle\int_0^\pi \sqrt{\left(\dfrac{dx}{d\theta}\right)^2 + \left(\dfrac{dy}{d\theta}\right)^2}\, d\theta$

$\quad = \displaystyle\int_0^\pi \sqrt{36a^2\sin^2\theta}\, d\theta \quad (①より)$

$\quad = 6a\displaystyle\int_0^\pi \sin\theta\, d\theta$

$\quad\quad (\because a > 0, 0 \leq \theta \leq \pi より, \sin\theta \geq 0)$

$\quad = 6a[-\cos\theta]_0^\pi$

$\quad = 6a(\underset{\boxed{(-1)}}{-\cos\pi} + \underset{\boxed{1}}{\cos0})$

$\quad = 6a(1 + 1)$

$\quad = 12a \quad \cdots\cdots\cdots(答)$

実力アップ問題 133 　難易度 ★★★ 　CHECK 1 　CHECK 2 　CHECK 3

曲線 $y = \log(\cos x)$ $\left(-\dfrac{\pi}{4} \leqq x \leqq \dfrac{\pi}{4}\right)$ の長さ L を求めよ。

ヒント！ 曲線 $y = f(x)$ $(a \leqq x \leqq b)$ の長さ L は，公式 $L = \displaystyle\int_a^b \sqrt{1 + \{f'(x)\}^2}\, dx$

を使って求めればいいんだね。計算が少しメンドウだけれど，頑張ろう！

曲線 $y = f(x) = \log(\cos x)$ ………①

$\left(-\dfrac{\pi}{4} \leqq x \leqq \dfrac{\pi}{4}\right)$ とおく。

①の両辺を x で微分して，

$f'(x) = \{\log(\cos x)\}' = \dfrac{-\sin x}{\cos x}$ ……②

よって，

$1 + \{f'(x)\}^2 = 1 + \left(\dfrac{-\sin x}{\cos x}\right)^2$ （②より）

$= \dfrac{\overset{1}{\overbrace{\cos^2 x + \sin^2 x}}}{\cos^2 x} = \dfrac{1}{\cos^2 x}$

よって，求める曲線の長さ L は，

$L = \displaystyle\int_{-\frac{\pi}{4}}^{\frac{\pi}{4}} \sqrt{1 + \{f'(x)\}^2}\, dx$

$= \displaystyle\int_{-\frac{\pi}{4}}^{\frac{\pi}{4}} \sqrt{\dfrac{1}{\cos^2 x}}\, dx$

$\underbrace{}_{\boxed{\dfrac{1}{\cos x}\left(\because -\frac{\pi}{4} \leqq x \leqq \frac{\pi}{4}\text{ の}\atop \text{とき } \cos x > 0\right)}}$

$= \displaystyle\int_{-\frac{\pi}{4}}^{\frac{\pi}{4}} \dfrac{1}{\cos x}\, dx$

$\underbrace{}_{\boxed{\text{偶関数}}}$

$= 2 \displaystyle\int_0^{\frac{\pi}{4}} \dfrac{1}{\cos x}\, dx$

$= 2 \displaystyle\int_0^{\frac{\pi}{4}} \dfrac{1}{\underbrace{\cos^2 x}_{\boxed{1 - \sin^2\theta}}} \cdot \cos x\, dx$

よって，

$L = 2 \displaystyle\int_0^{\frac{\pi}{4}} \underbrace{\dfrac{1}{1 - \sin^2 x}}_{\boxed{g(\sin x)}} \cos x\, dx$

ここで，$\sin x = t$ とおくと

$x : 0 \to \dfrac{\pi}{4}$ のとき，$t : 0 \to \dfrac{1}{\sqrt{2}}$

$\cos x\, dx = dt$ より，

$\boxed{\displaystyle\int g(\sin x)\cos x\, dx \text{ のとき，}\sin x = t \atop \text{と置換すればウマクいく！}}$

$L = 2 \displaystyle\int_0^{\frac{1}{\sqrt{2}}} \dfrac{1}{1 - t^2}\, dt$

$\boxed{\dfrac{1}{2}\left(\dfrac{1}{1+t} + \dfrac{1}{1-t}\right)} \quad \boxed{\text{部分分数}\atop \text{に分解}}$

$= \displaystyle\int_0^{\frac{1}{\sqrt{2}}} \left(\dfrac{1}{1+t} - \dfrac{-1}{1-t}\right) dt$

$= \left[\log(1+t) - \log(1-t)\right]_0^{\frac{1}{\sqrt{2}}}$

$= \log\left(1 + \dfrac{1}{\sqrt{2}}\right) - \log\left(1 - \dfrac{1}{\sqrt{2}}\right)$

$= \log \dfrac{1 + \dfrac{1}{\sqrt{2}}}{1 - \dfrac{1}{\sqrt{2}}} = \log \dfrac{\sqrt{2} + 1}{\sqrt{2} - 1}$

$= \log \dfrac{(\sqrt{2} + 1)^2}{\underset{1}{\underbrace{(\sqrt{2} - 1)(\sqrt{2} + 1)}}} \quad \boxed{\text{分子・分母}\atop \text{に}\sqrt{2} + 1 \atop \text{をかけた。}}$

$= 2\log(\sqrt{2} + 1)$ …………………(答)

(1) $y = \log|x + \sqrt{1+x^2}|$ を x で微分せよ。これから，

　　不定積分 $\displaystyle\int \frac{1}{\sqrt{1+x^2}}\,dx$ を求めよ。

(2) (1) の結果を用いて，不定積分 $I = \displaystyle\int \sqrt{1+x^2}\,dx$ を求めよ。

(3) 曲線 $y = \dfrac{1}{2}x^2$ $(0 \le x \le 1)$ の長さ L を求めよ。

ヒント！ (3) の放物線の長さを求めるための導入として (1),(2) の不定積分を求めさせている。レベルは高いけれど，流れに従って解いていけばいいんだよ。頑張ろう！

(1) $y = \log|x + \sqrt{1+x^2}|$ ………① とおく。

　①の両辺を x で微分すると

$$y' = \frac{\{x + (1+x^2)^{\frac{1}{2}}\}'}{x + \sqrt{1+x^2}}$$

$\boxed{(\log|f|)' = \dfrac{f'}{f}}$

$$= \frac{1 + \frac{1}{2}(1+x^2)^{-\frac{1}{2}} \cdot 2x}{x + \sqrt{1+x^2}}$$

$$= \frac{\sqrt{1+x^2} + x}{(x + \sqrt{1+x^2}) \cdot \sqrt{1+x^2}}$$

$\boxed{\text{分子・分母に} \sqrt{1+x^2} \text{をかけた。}}$

$$= \frac{1}{\sqrt{1+x^2}} \quad \text{となる。} \quad \cdots\cdots（答）$$

よって，

$$\left\{\log|x + \sqrt{1+x^2}|\right\}' = \frac{1}{\sqrt{1+x^2}} \quad \text{より}$$

$\dfrac{1}{\sqrt{1+x^2}}$ の不定積分は，

$$\int \frac{1}{\sqrt{1+x^2}}\,dx = \log|x + \sqrt{1+x^2}| + C$$

$$\cdots\cdots② \text{となる。} \cdots\cdots（答）$$

$\boxed{\begin{array}{l} F'(x) = f(x) \text{ならば，} \\ \int f(x)dx = F(x) + C \text{となる} \\ \text{からね。} \end{array}}$

(2) 不定積分 $I = \displaystyle\int \sqrt{1+x^2}\,dx$ ………③

を部分積分法を使って求める。

$$I = \int \underset{\boxed{x'}}{1} \cdot \sqrt{1+x^2}\,dx$$

$$= \int x' \cdot (1+x^2)^{\frac{1}{2}}\,dx \quad \rightarrow \boxed{\text{部分積分を使った！}}$$

$$= x\sqrt{1+x^2} - \int x \cdot \frac{1}{2}(1+x^2)^{-\frac{1}{2}} \cdot 2x\,dx$$

$$= x\sqrt{1+x^2} - \int \frac{x^2}{\sqrt{1+x^2}}\,dx$$

$\boxed{\dfrac{1+x^2-1}{\sqrt{1+x^2}} = \sqrt{1+x^2} - \dfrac{1}{\sqrt{1+x^2}}}$

$$= x\sqrt{1+x^2} - \int \left(\sqrt{1+x^2} - \frac{1}{\sqrt{1+x^2}}\right)dx$$

$$= x\sqrt{1+x^2} - \underset{\boxed{I \,(③より)}}{\int \sqrt{1+x^2}\,dx} + \underset{\boxed{\log|x+\sqrt{1+x^2}| \,(②より)}}{\int \frac{1}{\sqrt{1+x^2}}\,dx}$$

よって，②，③より

$$I = x\sqrt{1+x^2} - I + \log\left|x+\sqrt{1+x^2}\right| \quad \cdots\cdots④$$

$I = (I\,の式)\,の形が導けたので，$
$I = (x\,の式)\,にすればいい。不定積分$
$の積分定数\,C\,は最後に加えることに$
しよう。

④より，

$$2I = x\sqrt{1+x^2} + \log\left|x+\sqrt{1+x^2}\right|$$

$$\therefore I = \int \sqrt{1+x^2}\,dx$$

$$= \frac{1}{2}\left(x\sqrt{1+x^2} + \log\left|x+\sqrt{1+x^2}\right|\right) + C$$

$$\cdots\cdots⑤\,となる。\cdots\cdots(答)$$

(3) 放物線 $y = f(x) = \dfrac{1}{2}x^2 \cdots\cdots⑥$

$$(0 \leqq x \leqq 1)\,とおく。$$

この曲線の長さ
L を求める。

⑥の両辺を x で

微分して，

$$f'(x) = x$$

よって，

$$1 + \{f'(x)\}^2 = 1 + x^2$$

$$\cdots\cdots⑦$$

関数 $y = f(x)$
$(0 \leqq x \leqq 1)\,の$
長さ L

となる。よって，求める曲線の長さ L は，

$$L = \int_0^1 \sqrt{1+\{f'(x)\}^2}\,dx$$

$$= \int_0^1 \sqrt{1+x^2}\,dx \quad (⑦より)$$

$\sqrt{1+x^2}$ の不定積分は (2) の⑤で求めて

いるので，

$$L = \frac{1}{2}\left[x\sqrt{1+x^2} + \log\left|x+\sqrt{1+x^2}\right|\right]_0^1$$

$$= \frac{1}{2}\left\{1\cdot\sqrt{2} + \log(1+\sqrt{2}) - 0 - \underset{\boxed{0}}{\underline{\log 1}}\right\}$$

$$= \frac{\sqrt{2} + \log(1+\sqrt{2})}{2} \quad \cdots\cdots(答)$$

放物線という単純な曲線の長さを求
める問題だったんだけれど，その積
分は意外と難しかったんだね。この
ような場合，必ず導入が付くので，
その流れに乗って解いていくことが
大切なんだね。面白かった？

191

微分方程式 $\dfrac{dy}{dx} = \dfrac{y(y-3)}{x}$ ……① $(y \neq 0,\ 3)$ がある。

①の微分方程式を解いて，一般解を求めよ。　　　　（東京理科大＊）

ヒント！　大学受験で問われる微分方程式は，変数分離形 $f(y)dy = g(x)dx$ の形になるものが中心となるはずだ。この両辺を不定積分して，$y = (x\,$の式$)$ の形にまとめればいいんだね。

基本事項

微分方程式 $y' = \dfrac{g(x)}{f(y)}$ は，

$\dfrac{dy}{dx} = \dfrac{g(x)}{f(y)}$ より，

$f(y)dy = g(x)dx$ ……⑦となる。

$\boxed{(y\,の式)dy = (x\,の式)dx\ の変数分離形}$

⑦の両辺を積分して，

$\displaystyle \int f(y)dy = \int g(x)dx$ として解き，

できれば，$y = h(x)$ の形にまとめる。

$\dfrac{dy}{dx} = \dfrac{y(y-3)}{x}$ ……① より，

$\dfrac{1}{y(y-3)}dy = \dfrac{1}{x}dx$ ← $\boxed{変数分離形}$

この両辺を積分して，

$\displaystyle \int \dfrac{1}{y(y-3)}dy = \int \dfrac{1}{x}dx$

$\boxed{\dfrac{1}{3}\left(\dfrac{1}{y-3} - \dfrac{1}{y}\right)}$ ← $\boxed{部分分数\\に分解}$

$\dfrac{1}{3}\displaystyle\int \left(\dfrac{1}{y-3} - \dfrac{1}{y}\right)dy = \int \dfrac{1}{x}dx$

$\dfrac{1}{3}(\log|y-3| - \log|y|) = \log|x| + C_1$

$\boxed{積分定数は 1 つにまとめる}$

$\log\left|\dfrac{y-3}{y}\right| = \boxed{3}\log|x| + C_2 \quad (C_2 = 3C_1)$

$\boxed{\log C_3\ (C_3 = e^{C_2})}$

$\log\left|\dfrac{y-3}{y}\right| = \log C_3 |x|^3 \quad (C_3 = e^{C_2})$

真数同士を見比べて，

$\left|\dfrac{y-3}{y}\right| = C_3 |x|^3$ より

$\dfrac{y-3}{y} = \boxed{\pm C_3} x^3$ ← $\boxed{\oplus, \ominus\ も含めて，これを\\1 つの定数 C とおく。}$

$\dfrac{y-3}{y} = Cx^3 \quad (C = \pm C_3)$ より

$y - 3 = Cx^3 y,\ (1 - Cx^3)y = 3$

∴求める①の微分方程式の解は，

$y = \dfrac{3}{1 - Cx^3}$ となる。…………(答)

$\boxed{このように，積分定数 C を含む解を，\\微分方程式の一般解というんだね。}$

| 実力アップ問題 136 | 難易度 ★ ★ ★ | CHECK 1 | CHECK 2 | CHECK 3 |

微分方程式 $(y + y')\sin x = y\cos x$ ……① $(y \neq 0)$ について

$x = \dfrac{\pi}{2}$ のとき,$y = e^{-\frac{\pi}{2}}$ となる解を求めよ。 (東京医科歯科大 *)

ヒント！ ①の微分方程式も,変数分離形にして解いて,積分定数 C を含む一般解をまず求める。今回は $x = \dfrac{\pi}{2}$ のとき,$y = e^{-\frac{\pi}{2}}$ となる条件が付いているので,この積分定数は,ある値に決定できる。これを,特殊解というんだよ。

$(\widehat{y + y'})\sin x = y\cos x$ ……①を
変形して,

$y\sin x + y'\sin x = y\cos x$

$y' \cdot \sin x = (\cos x - \sin x)y$

両辺を $\sin x$ で割って,

$\dfrac{dy}{dx} = \left(\dfrac{\cos x}{\sin x} - 1\right)y$

よって,これを変数分離形にして,積分すると,

$\displaystyle\int \dfrac{1}{y}\,dy = \int \left(\dfrac{\cos x}{\sin x} - 1\right)dx$

【積分定数】

$\log|y| = \log|\sin x| \underbrace{- x}_{} + \underbrace{C_1}_{}$

$\begin{array}{c} -x \cdot \log e \\ = \log e^{-x} \end{array}$ $\begin{array}{c} \log C_2 \\ (C_2 = e^{C_1}) \end{array}$

$\log|y| = \log|\sin x| + \log e^{-x} + \log C_2$

$\log|y| = \log C_2 e^{-x}|\sin x| \quad (C_2 = e^{C_1})$

両辺の真数同士を比較して,

$|y| = C_2 e^{-x}|\sin x|$

よって,$y = \pm C_2 e^{-x}\sin x$

【⊕,⊖まで含めて,この $\pm C_2$ を C とおく。】

以上より,微分方程式①の一般解は

$y = Ce^{-x}\sin x$ ……② $\quad (C = \pm C_2)$

である。

> このように,微分方程式の解法では,積分定数 C の取り扱い方に慣れることが重要なんだ。今回は $x = \dfrac{\pi}{2}$ のとき $y = e^{-\frac{\pi}{2}}$ の条件があるため,この C の値が決定できる。

ここで,条件:$x = \dfrac{\pi}{2}$ のとき $y = e^{-\frac{\pi}{2}}$ より

これらを②に代入すると,

$e^{-\frac{\pi}{2}} = Ce^{-\frac{\pi}{2}}\underbrace{\sin\dfrac{\pi}{2}}_{1}$ より,

$C = 1$ となる。 ← 【C の値が決定された】

これを②に代入して,求める特殊解は,

$y = e^{-x}\sin x$ である。…………………(答)

<table>
<tr><td>補充問題　1</td><td>難易度 ★★★</td><td>CHECK 1</td><td>CHECK 2</td><td>CHECK 3</td></tr>
</table>

次の各微分方程式を, $\dfrac{y}{x} = u$ とおくことにより解いて, 解を求めよ.

(1) $y' = \dfrac{x^2 + y^2}{xy}$　………① （ただし, $x > 0$ として, 一般解を求めよ.）

(2) $y' = \dfrac{2xy + y^2}{x^2}$　……②　$\left(\begin{array}{l}\text{ただし, } x > 1 \text{ として,} \\ x = 2 \text{ のとき, } y = -4 \text{ をみたす解を求めよ.}\end{array}\right)$

ヒント! ①, ②を変数分離形に持ち込もうとしても, ①は $y\,dy = \dfrac{x^2 + y^2}{x}dx$ となり, ②は $\dfrac{1}{y}dy = \dfrac{2x + y}{x^2}dx$ となって, うまくいかない. しかし, ①, ②は共に y' が $\dfrac{y}{x}$ の関数, すなわち $y' = f\left(\dfrac{y}{x}\right)$ の形をしているので, $\dfrac{y}{x} = u$ と置換すれば, 変数分離形にもち込んで, 解くことができるんだね.

解説

$\underline{y' = f\left(\dfrac{y}{x}\right) \cdots ⓐ}$ の形の微分方程式は,

これを "同次形" という。

$\dfrac{y}{x} = u \cdots ⓑ$ とおくと, $y = xu$

$y' = (xu)' = x'\cdot u + x\cdot u' = u + xu' \cdots ⓒ$

ⓑ, ⓒをⓐに代入して,

$u + xu' = f(u)$　　$x\cdot\dfrac{du}{dx} = f(u) - u$

$\dfrac{1}{f(u) - u}du = \dfrac{1}{x}dx$ ← 変数分離形

$\therefore \displaystyle\int \dfrac{1}{f(u) - u}du = \int \dfrac{1}{x}dx$ として,

u を x の関数として求め, u に $\dfrac{y}{x}$ を代入して, 解を求めればいいんだね.

(1) ①より,

$y' = \dfrac{x^2 + y^2}{xy} = \dfrac{x}{y} + \dfrac{y}{x}$ ……①′　　$\boxed{y' = f\left(\dfrac{y}{x}\right) \text{の形}}$

　　　　　　　　$\underset{\boxed{\frac{1}{u}}}{} \quad \underset{\boxed{u}}{}$

よって, $\dfrac{y}{x} = u$ ……③　とおくと,

$y = xu$　この両辺を x で微分して,

$y' = x'u + xu' = u + xu'$ ……④

③, ④を①′ に代入して,

$\cancel{u} + xu' = \dfrac{1}{u} + \cancel{u}$

$x\cdot\dfrac{du}{dx} = \dfrac{1}{u}$

よって，これを変数分離形にして，積分すると，

$$\int u\,du = \int \frac{1}{x}\,dx$$

積分定数

$$\frac{1}{2}u^2 = \log x + C_1 \quad (x > 0)$$

$\log C$ とおく。

$$\frac{1}{2}u^2 = \log Cx \quad (C = e^{C_1})$$

$$u^2 = 2\log Cx$$

これに $u = \dfrac{y}{x}$ ……③ を代入して，

$$\frac{y^2}{x^2} = 2\log Cx$$

積分定数 C を含む解のこと。

∴求める①の一般解は，

$$y^2 = 2x^2\log Cx \quad (C：積分定数)$$

である。……………………(答)

(2)②より，

$y' = f\left(\dfrac{y}{x}\right)$ の形

$$y' = \frac{2xy + y^2}{x^2} = 2\cdot\frac{y}{x} + \left(\frac{y}{x}\right)^2 \cdots\cdots②'$$

よって，$\dfrac{y}{x} = u$ ……③ とおくと，

$y = xu$ この両辺を x で微分して，

$$y' = u + xu' \cdots\cdots④$$

③，④を②'に代入して，

$$u + xu' = 2u + u^2$$

$$xu' = u^2 + u$$

$$x \cdot \frac{du}{dx} = u(u+1)$$

よって，これを変数分離形にして，積分すると，

$$\int \frac{1}{u(u+1)}\,du = \int \frac{1}{x}\,dx$$

$\dfrac{1}{u} - \dfrac{1}{u+1}$

$$\int \left(\frac{1}{u} - \frac{1}{u+1}\right) = \int \frac{1}{x}\,dx$$

$$\log|u| - \log|u+1| = \log|x| + C_1$$

$\log C_2$ とおく。

$$\log\left|\frac{u}{u+1}\right| = \log C_2|x| \quad (C_2 = e^{C_1})$$

$$\frac{u}{u+1} = \pm C_2 x$$

C とおく。

$$\frac{u}{u+1} = Cx \quad これに \ u = \frac{y}{x} \ \cdots\cdots③$$

を代入して，$\dfrac{\dfrac{y}{x}}{\dfrac{y}{x}+1} = Cx$

$$\frac{y}{x+y} = Cx \cdots\cdots⑤$$

ここで，$x = 2$ のとき $y = -4$ より，

$$\frac{-4}{2-4} = 2C \qquad ∴ \ C = 1$$

これを⑤に代入して，

$$\frac{y}{x+y} = x \qquad y = x(x+y)$$

$$(1-x)y = x^2$$

∴求める微分方程式②の解は，

$$y = \frac{x^2}{1-x} \quad である。……………(答)$$

(1) a を実数の定数，$f(x)$ をすべての点で微分可能な関数とする。

このとき次の等式を示せ。

$$f'(x) + af(x) = e^{-ax}\{e^{ax}f(x)\}' \quad \cdots\cdots①$$

(2) (1)の等式を利用して，次の式を満たす関数 $f(x)$ で，$f(0) = 0$ となる

ものを求めよ。

$$f'(x) + 2f(x) = \cos x \quad \cdots\cdots\cdots\cdots②$$

(3) (2)で求めた関数 $f(x)$ に対して，数列 $\{|f(n\pi)|\}$ $(n = 1, 2, 3, \cdots)$ の

極限値 $\lim_{n \to \infty} |f(n\pi)|$ を求めよ。　　　　　　　　　（滋賀医大）

ヒント！　**(2)** ②の微分方程式 $y' + 2y = \cos x$ は，$y' = \cos x - 2y$，$dy = (\cos x - 2y)dx$ となって，変数分離できる形の微分方程式ではないんだね。このような問題の場合，微分方程式を解くための導入が必ず与えられる。この問題でも，**(1)** の①がこの導入になっているので，これを利用して，②を解けばいいんだね。頑張ろう！

(1) $f'(x) + af(x) = e^{-ax}\{e^{ax}f(x)\}'$
$$\cdots\cdots\cdots①$$

が成り立つことを示す。

まず，$e^{ax}f(x)$ （a：実数定数）を

x で微分すると，

$\{e^{ax}f(x)\}' = \underbrace{(e^{ax})'}\cdot f(x) + e^{ax}\cdot f'(x)$

$\boxed{a \cdot e^{ax}} \leftarrow \boxed{合成関数の微分}$

$= a \cdot e^{ax}f(x) + e^{ax}\cdot f'(x)$

$\therefore \{e^{ax}f(x)\}' = e^{ax}\{f'(x) + af(x)\}$
$$\cdots\cdots\cdots③$$

よって，③の両辺に e^{-ax} をかけると，

$f'(x) + af(x) = e^{-ax}\{e^{ax}f(x)\}'$
$$\cdots\cdots\cdots①$$

となって，①は成り立つ。$\cdots\cdots$(終)

(2) 関数 $f(x)$ が $f(0) = 0$ をみたし，

$$f'(x) + 2f(x) = \cos x \cdots\cdots②$$

をみたすとき，$f(x)$ を求める。

②，すなわち $y' + 2y = \cos x$ は，変数分離形の微分方程式ではないんだね。よって，②の左辺を①により変形して，解いていけばいいんだね。

①を利用すると，

$(②の左辺) = f'(x) + \underset{\boxed{a}}{2}\cdot f(x)$

$= e^{-2x}\cdot\{e^{2x}\cdot f(x)\}' \cdots④$

となるので，④を②に代入して，

$e^{-2x}\{e^{2x}f(x)\}' = \cos x$

この両辺に e^{2x} をかけて，

$\{e^{2x}f(x)\}' = e^{2x}\cos x$ ·········⑤

> この両辺を直接積分して，$e^{2x}\cdot f(x)$ を求め，
> その結果に e^{-2x} をかけて，$f(x)$ を求めよう。

⑤の両辺を x で積分すると，

$$e^{2x}\cdot f(x) = \int e^{2x}\cdot \cos x\, dx \cdots\cdots⑥$$

> (指数関数)×(三角関数) の積分では，これを I とおいて，2 回部分積分して，自分自身 (I) を導き出せばいいんだね。

(⑥の右辺) の不定積分を I とおくと，

$$I = \int e^{2x}\cdot \cos x\, dx$$

$$= \int e^{2x}\cdot (\sin x)'\, dx \quad \longrightarrow \boxed{\text{部分積分}}$$

$$= e^{2x}\cdot \sin x - \int \underbrace{(e^{2x})'}_{2e^{2x}}\cdot \sin x\, dx$$

$$= e^{2x}\cdot \sin x - 2\int e^{2x}\cdot (-\cos x)'\, dx$$

$$\boxed{\text{部分積分の 2 連発}}$$

$$= e^{2x}\cdot \sin x$$
$$\quad -2\{-e^{2x}\cos x + \int \underbrace{(e^{2x})'}_{2e^{2x}}\cos x\, dx\}$$

$$= e^{2x}\cdot \sin x + 2e^{2x}\cos x - 4\int e^{2x}\cos x\, dx$$

$$\boxed{\text{自分自身を導き出した！}} \longrightarrow \boxed{I}$$

よって，

$$I = e^{2x}(\sin x + 2\cos x) - 4I \text{ より，}$$

$$I = \frac{e^{2x}}{5}(\sin x + 2\cos x) + C \cdots\cdots⑦$$

> I は，不定積分なので，最後に積分定数 C を加える。

⑦を⑥に代入して，

$$e^{2x}\cdot f(x) = \frac{e^{2x}}{5}(\sin x + 2\cos x) + C$$

両辺に e^{-2x} をかけて，

$$f(x) = \frac{1}{5}(\sin x + 2\cos x) + Ce^{-2x}$$
$$\cdots\cdots⑧$$

ここで，条件 $f(0) = 0$ より，

$$f(0) = \frac{1}{5}(\underbrace{\sin 0}_{0} + 2\underbrace{\cos 0}_{1}) + C\cdot \underbrace{e^0}_{1}$$

$$= \frac{2}{5} + C = 0 \qquad \therefore C = -\frac{2}{5}$$

これを⑧に代入して，

$$f(x) = \frac{1}{5}(\sin x + 2\cos x) - \frac{2}{5}e^{-2x}$$
$$\cdots\cdots⑨$$
$$\cdots\cdots(\text{答})$$

(3) ⑨より，極限 $\displaystyle\lim_{n\to\infty}|f(n\pi)|$ を求めると，

$$\lim_{n\to\infty}|f(n\pi)|$$

$$= \lim_{n\to\infty}\left|\frac{1}{5}(\underbrace{\sin n\pi}_{0} + 2\underbrace{\cos n\pi}_{(-1)^n}) - \frac{2}{5}\underbrace{e^{-2n\pi}}_{\frac{1}{e^{2n\pi}}}\right|$$

$$= \lim_{n\to\infty}\left|\frac{2}{5}(-1)^n - \frac{2}{5}\cdot \boxed{\frac{1}{e^{2n\pi}}}\right|$$

$$\boxed{\frac{1}{\infty} = 0}$$

$$= \lim_{n\to\infty}\frac{2}{5}\underbrace{|(-1)^n|}_{1}$$

$$= \frac{2}{5} \quad \text{である。}\cdots\cdots\cdots\cdots(\text{答})$$

(1) すべての実数 t に対し，$1+t \leq e^t$ が成り立つことを示せ。

(2) 定積分 $\displaystyle\int_0^{\frac{\pi}{4}} \frac{1}{1+\sin x}\, dx$ の値を求めよ。

(3) 次の不等式を示せ。

$$\frac{\pi}{4}-1+\frac{\sqrt{2}}{2} \leq \int_0^{\frac{\pi}{4}} e^{-\sin x}\, dx \leq 2-\sqrt{2}$$

（広島大）

ヒント！ **(1)** $f(t)=e^t-t-1$ とおいて，この最小値が 0 以上であることを示せば

よい。**(2)** では，$\displaystyle\int_0^{\frac{\pi}{4}} \frac{1}{1+\sin x}\, dx = \int_0^{\frac{\pi}{4}} \frac{1-\sin x}{1-\sin^2 x}\, dx = \int_0^{\frac{\pi}{4}} \frac{1-\sin x}{\cos^2 x}\, dx$ として計算

しよう。**(3)** の不等式の証明では，**(1)** の不等式の t に $\sin x$ や $-\sin x$ を代入して，

定積分を行えばいいんだね。よく考えながら，導入に従って解いていこう。

(1) すべての実数 t に対して，

　　$1+t \leq e^t \cdots(*)$ が成り立つことを

　　示す。まず，

　　$f(t)=e^t-(t+1)=e^t-t-1 \cdots①$

　　とおいて，これを t で微分すると，

　　$f'(t)=e^t-1$

　　$f'(t)=0$ のとき，

　　$t=0$ であり，

　　$f(t)$ の増減表　増減表

　　より，$f(t)$ は

t	$\cdots$	0	$\cdots$
$f'(t)$	$-$	0	$+$
$f(t)$	$\searrow$	0	$\nearrow$

　　$t=0$ で最小と

　　なる。よって，

　　最小値 $f(0)=e^0-0-1=1-1=0$

　　これから，すべての実数 t に対して，

　　$f(t)=e^t-t-1 \geq 0$ より，

　　$(*)$ の不等式が成り立つ。……(終)

(2) 与えられた定積分：

$$\int_0^{\frac{\pi}{4}} \frac{1}{1+\sin x}\, dx \text{ を求める。}$$

> 分子・分母に
> $1-\sin x$ を
> かけた。

$$\int_0^{\frac{\pi}{4}} \frac{1-\sin x}{(1+\sin x)(1-\sin x)}\, dx$$

> $$\frac{1-\sin x}{1-\sin^2 x}=(1-\sin x)\cdot\underbrace{\frac{1}{\cos^2 x}}_{(\tan x)'}$$

$$=\int_0^{\frac{\pi}{4}} (1-\sin x)\cdot(\tan x)'\, dx$$

$$=\Big[(1-\sin x)\cdot\tan x\Big]_0^{\frac{\pi}{4}}$$

$$-\int_0^{\frac{\pi}{4}} (-\cos x)\cdot\tan x\, dx$$

> $$-\cos x\cdot\underbrace{\frac{\sin x}{\cos x}}=-\sin x$$

> 部分積分法：
> $$\int_0^{\frac{\pi}{4}} f\cdot g'\, dx=[f\cdot g]_0^{\frac{\pi}{4}}-\int_0^{\frac{\pi}{4}} f'\cdot g\, dx$$
> を利用した。

よって，

$$\int_0^{\frac{\pi}{4}} \frac{1}{1+\sin x}\, dx$$

$$= \left(1 - \frac{1}{\sqrt{2}}\right)\cdot 1 - 0 + \int_0^{\frac{\pi}{4}} \sin x\, dx$$

$$= 1 - \frac{1}{\sqrt{2}} - \left[\cos x\right]_0^{\frac{\pi}{4}}$$

$$= 1 - \frac{1}{\sqrt{2}} - \left(\frac{1}{\sqrt{2}} - 1\right) = 2 - 2 \times \frac{1}{\sqrt{2}}$$

$$= 2 - \sqrt{2} \cdots ② \text{ となる。} \cdots\cdots(答)$$

(3) $1 + t \leqq e^t \cdots (*)$ は，すべての実数 t について成り立つ。よって，

(i) $t = \sin x$ を，$(*)$ に代入して，

$$1 + \sin x \leqq e^{\sin x} \quad \left(0 \leqq x \leqq \frac{\pi}{4}\right)$$

ここで，$1 + \sin x > 0$，$e^{\sin x} > 0$ より，この両辺を $(1+\sin x)e^{\sin x}$ で割ると，

$$\frac{1}{e^{\sin x}} \leqq \frac{1}{1+\sin x}$$

この両辺を，積分区間 $\left[0, \frac{\pi}{4}\right]$ で積分しても大小関係は変化しない。よって，

$$\int_0^{\frac{\pi}{4}} e^{-\sin x} dx \leqq \int_0^{\frac{\pi}{4}} \frac{1}{1+\sin x}\, dx$$
$$\underline{2 - \sqrt{2} \ (②より)}$$

ここで，②より，

$$\int_0^{\frac{\pi}{4}} e^{-\sin x} dx \leqq 2 - \sqrt{2} \cdots\cdots ③ \text{ が}$$

成り立つ。

(ii) 次に，$t = -\sin x$ を $(*)$ に代入して，

$$1 - \sin x \leqq e^{-\sin x} \quad \left(0 \leqq x \leqq \frac{\pi}{4}\right)$$

この両辺を，積分区間 $\left[0, \frac{\pi}{4}\right]$ で積分しても大小関係は変化しない。よって，

$$\int_0^{\frac{\pi}{4}} (1 - \sin x)\, dx \leqq \int_0^{\frac{\pi}{4}} e^{-\sin x} dx$$

$$\left[x + \cos x\right]_0^{\frac{\pi}{4}} = \frac{\pi}{4} + \frac{1}{\sqrt{2}} - (0+1)$$
$$= \frac{\pi}{4} - 1 + \frac{1}{\sqrt{2}}$$

$$\therefore \frac{\pi}{4} - 1 + \frac{1}{\sqrt{2}} \leqq \int_0^{\frac{\pi}{4}} e^{-\sin x} dx \cdots ④$$

が成り立つ。

以上 (i)(ii) の ③，④より，

不等式：

$$\frac{\pi}{4} - 1 + \frac{\sqrt{2}}{2} \leqq \int_0^{\frac{\pi}{4}} e^{-\sin x} dx \leqq 2 - \sqrt{2}$$

は成り立つ。$\cdots\cdots\cdots\cdots\cdots\cdots$(終)

関数 $f(x)$ を $f(x) = \dfrac{1}{4}\{x^2 + x - 2\log(2x+1)\}$ と定める。次の問いに答えよ。

(1) 関数 $f(x)$ の $0 \le x \le 2$ における最大値と最小値を求めよ。必要があれば，自然対数の底 e が $2 < e < 3$ を満たすことを用いてよい。

(2) 曲線 $y = f(x)$ $(0 \le x \le 2)$ の長さを求めよ。 （弘前大）

ヒント！ (1)$f'(x)$ を求めて，$f'(x)$ の符号に関する本質的な部分に着目して解いていけばいいんだね。自然対数の底 e については，$e \fallingdotseq 2.7$, $e^2 \fallingdotseq 7.4$, $e^3 \fallingdotseq 20$ の値を覚えておくと問題を解く際に役に立つと思う。(2)曲線 $y = f(x)$ $(0 \le x \le 2)$ の長さ l は，公式: $l = \displaystyle\int_0^2 \sqrt{1 + \{f'(x)\}^2}\, dx$ を利用して計算していけばいいんだね。

(1) $f(x) = \dfrac{1}{4}\{x^2 + x - 2\log(2x+1)\}$

$(0 \le x \le 2)$ を x で微分して，

$f'(x) = \dfrac{1}{4}\left(2x + 1 - 2 \times \dfrac{2}{2x+1}\right)$ …① より，

$f'(x) = \dfrac{1}{4} \times \dfrac{(2x+1)^2 - 4}{2x+1}$

$= \dfrac{\overbrace{(2x+1)^2 - 2^2}^{(2x+1+2)(2x+1-2)}}{4(2x+1)}$

$\widetilde{f'(x)} = \begin{cases} \oplus \\ \textcircled{0} \\ \ominus \end{cases}$

$= \dfrac{\boxed{(2x+3)}\boxed{(2x-1)}}{4(2x+1)}$

$f'(x)$ の符号に関する本質的な部分

$\oplus$ $(\because 0 \le x)$

ここで，$0 \le x \le 2$ より，

$\dfrac{2x+3}{4(2x+1)} > 0$ より，$f'(x)$ の符号に関する本質的な部分 $\widetilde{f'(x)}$ は，

$\widetilde{f'(x)} = 2x - 1$ $(0 \le x \le 2)$ となる。

$f'(x) = 0$ のとき，$x = \dfrac{1}{2}$

よって，$f(x)$ $(0 \le x \le 2)$ の増減表は下のようになる。

増減表

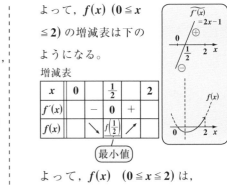

x	0		$\frac{1}{2}$		2
$f'(x)$		$-$	0	$+$	
$f(x)$		↘	$f\left(\frac{1}{2}\right)$	↗	

最小値

よって，$f(x)$ $(0 \le x \le 2)$ は，

（ i ）$x = \dfrac{1}{2}$ のとき，

最小値 $f\left(\dfrac{1}{2}\right) = \dfrac{1}{4}\left(\dfrac{1}{4} + \dfrac{1}{2} - 2\log 2\right)$

$= \dfrac{1}{16}(3 - 8\log 2)$

をとる。

（ ii ）次に，最大値を調べる。

$f(0) = \dfrac{1}{4}(0 - 2 \cdot \underbrace{\log 1}_{0}) = 0$

$$f(2) = \frac{1}{4}(4 + 2 - 2 \cdot \log 5)$$

$$= \frac{1}{2}(3 - \log 5)$$

ここで、$3 = 3 \cdot \log e = \log e^3 \doteqdot \log 20$ より、
$$\underset{①}{} \quad \underset{⑳}{}$$
$3 - \log 5 > 0$ となることは明らかだね。
しかし、ここでは $2 < e < 3$ を利用するように導入されているので、
$$\log e^3 > \log 2^3 = \log 8 \quad \therefore 3 > \log 8 > \log 5$$
$$\underset{③}{}$$
とすればいい。

ここで、$2 < e < 3$ より、

$$f(2) = \frac{1}{2}(3 - \log 5)$$

$$= \frac{1}{2}(\log e^3 - \log 5)$$

$$> \frac{1}{2}(\log 8 - \log 5) > 0 = f(0)$$

となる。$\therefore x = 2$ のとき $f(x)$ は、

最大値 $f(2) = \frac{1}{2}(3 - \log 5)$ をとる。

(ⅰ)(ⅱ)より、$f(x)$ $(0 \leq x \leq 2)$ は、

$x = 2$ のとき、

最大値 $f(2) = \frac{1}{2}(3 - \log 5)$ をとり、

$x = \frac{1}{2}$ のとき、

最小値 $f\left(\frac{1}{2}\right) = \frac{1}{16}(3 - 8\log 2)$ を

とる。……………………(答)

(2) 曲線 $y = f(x)$ $(0 \leq x \leq 2)$ の長さを l

とおくと、l は、

$$l = \int_0^2 \sqrt{1 + \{f'(x)\}^2}\, dx \cdots ② \text{ で求め}$$
られる。

ここで、被積分関数の $\sqrt{\ }$ の中の $1 + \{f'(x)\}^2$ を①を用いて変形すると、

$$1 + \{f'(x)\}^2 = 1 + \frac{1}{16}\left(2x + 1 - \frac{4}{2x+1}\right)^2$$

ここで $2x + 1 = t$ とおくと、$(t \geq 1)$

$$1 + \{f'(x)\}^2 = 1 + \frac{1}{16}\left(t - \frac{4}{t}\right)^2$$

$$\underset{\frac{1}{16}\left(t^2 - 8 + \frac{16}{t^2}\right)}{}$$

$$= \frac{1}{16}\left(16 + t^2 - 8 + \frac{16}{t^2}\right)$$

$$= \frac{1}{16}\left(t^2 + 8 + \frac{16}{t^2}\right)$$

$$\boxed{2 \cdot t \cdot \frac{4}{t}}$$

$$= \frac{1}{16}\left(t + \frac{4}{t}\right)^2 \cdots ③ \text{ となる。}$$

③を②に代入して、曲線の長さ l を求めると、

$$l = \int_0^2 \sqrt{\frac{1}{16}\left(t + \frac{4}{t}\right)^2}\, dx$$

$$\boxed{\oplus \ (\because t \geq 1)}$$

$$= \int_0^2 \frac{1}{4}\left(t + \frac{4}{t}\right) dx \quad \boxed{t \text{ を } 2x+1 \text{ に戻した。}}$$

$$= \frac{1}{4}\int_0^2 \left(2x + 1 + 2 \cdot \frac{2}{2x+1}\right) dx$$

$$= \frac{1}{4}\left[x^2 + x + 2\log(2x+1)\right]_0^2$$

$$= \frac{1}{4}(4 + 2 + 2\log 5 - 0 - 2\log 1)$$
$$\underset{0}{}$$

$$= \frac{1}{2}(3 + \log 5) \text{ となる。}\cdots\text{(答)}$$

(1) $x \geqq 0$ において，次の不等式が成り立つことを示せ。

$$x - \frac{1}{2}x^2 \leqq \log(1+x) \leqq x \quad \cdots\cdots ①$$

(2) 次の極限を求めよ。 $\displaystyle\lim_{n\to\infty} \sum_{k=1}^{n} \frac{1}{\sqrt{4n^2 - k^2}}$

(3) 自然数 n に対して

$$P_n = \left(1 + \frac{1}{\sqrt{4n^2 - 1^2}}\right)\left(1 + \frac{1}{\sqrt{4n^2 - 2^2}}\right)\cdots\cdots\left(1 + \frac{1}{\sqrt{4n^2 - n^2}}\right)$$

とおく。極限 $\displaystyle\lim_{n\to\infty} P_n$ を求めよ。 （信州大）

ヒント！ **(1)** $f(x) = x - \log(1+x)$, $g(x) = \log(1+x) - \left(x - \frac{1}{2}x^2\right)$ とおいて，

これらが $x \geqq 0$ のとき $f(x) \geqq 0$, $g(x) \geqq 0$ となることを示せばいい。**(2)** は，区分

求積法： $\displaystyle\lim_{n\to\infty} \frac{1}{n} \sum_{k=1}^{n} f\left(\frac{k}{n}\right) = \int_0^1 f(x)dx$ を利用すればいい。**(3)** は，$\log P_n = Q_n$ と

おいて，まず $\displaystyle\lim_{n\to\infty} Q_n$ を求めよう。

---

(1) $\underset{(ii)}{\underline{x - \dfrac{1}{2}x^2}} \leqq \underset{(i)}{\underline{\log(1+x) \leqq x}} \cdots① \ (x \geqq 0)$

が成り立つことを示す。

(i) $f(x) = x - \log(1+x) \quad (x \geqq 0)$ とお

く と，$f'(x) = 1 - \dfrac{1}{1+x} = \dfrac{x}{1+x} \geqq 0$

よって，$y = f(x)$ は $x \geqq 0$ で単調に

増加し，かつ $f(0) = 0 - \log 1 = 0$

より，$x \geqq 0$ のとき，

$f(x) \geqq 0$ である。

$\therefore \underline{\log(1+x) \leqq x} \cdots②$

が成り立つ。

$y = f(x)$

単調増加

(ii) $g(x) = \log(1+x) - \left(x - \dfrac{1}{2}x^2\right)$

$(x \geqq 0)$ とおくと，

$g'(x) = \dfrac{1}{1+x} - (1-x)$

$= \dfrac{1 - (1-x)(1+x)}{1+x}$

$= \dfrac{x^2}{1+x} \geqq 0$ より，

$y = g(x)$ は $x \geqq 0$ で単調に増加し，

かつ $g(0) = \log 1 - (0 - 0) = 0$ で

ある。よって，(i) と同様に，

$x \geqq 0$ のとき $g(x) \geqq 0$ である。

$\therefore x - \dfrac{1}{2}x^2 \leqq \log(1+x) \cdots③$ が成

り立つ。

以上 (i)(ii) の②，③より，$x \geqq 0$ のとき

①は成り立つ。$\cdots\cdots\cdots\cdots\cdots\cdots$（終）

(2) 区分求積法：

$\displaystyle\lim_{n\to\infty} \frac{1}{n} \sum_{k=1}^{n} f\left(\frac{k}{n}\right) = \int_0^1 f(x)dx$

$\displaystyle\lim_{n\to\infty} \sum_{k=1}^{n} \frac{1}{\sqrt{4n^2 - k^2}}$

$\displaystyle = \lim_{n\to\infty} \sum_{k=1}^{n} \frac{1}{n} \cdot \frac{1}{\sqrt{4 - \left(\frac{k}{n}\right)^2}}$

$\displaystyle = \lim_{n\to\infty} \frac{1}{n} \sum_{k=1}^{n} \frac{1}{\sqrt{4 - \left(\frac{k}{n}\right)^2}}$ となる。

よって，区分求積法により，

$$与式=\int_0^1 \frac{1}{\sqrt{4-x^2}}\,dx$$

$f\left(\frac{k}{n}\right)=\dfrac{1}{\sqrt{4-\left(\frac{k}{n}\right)^2}}$ より，

$f(x)=\dfrac{1}{\sqrt{4-x^2}}$

ここで，$x=2\sin\theta$ と

おくと，$x:0\to1$ の

とき，$\theta:0\to\dfrac{\pi}{6}$

$\sqrt{a^2-x^2}$ などの積分では，$x=a\sin\theta$ とおく。

$dx=2\cos\theta\,d\theta$ より，

$$与式=\int_0^1 \frac{1}{\sqrt{4-x^2}}\,dx=\int_0^{\frac{\pi}{6}} \frac{2\cos\theta}{\sqrt{4-4\cdot\sin^2\theta}}\,d\theta$$

$2\sqrt{1-\sin^2\theta}=2\sqrt{\cos^2\theta}=2|\cos\theta|=2\cos\theta$

$\left(\because 0\leqq\theta\leqq\dfrac{\pi}{6}\text{のとき，}\cos\theta>0\right)$

$$=\int_0^{\frac{\pi}{6}} \frac{2\cos\theta}{2\cos\theta}\,d\theta=\left[\theta\right]_0^{\frac{\pi}{6}}=\frac{\pi}{6}\cdots④$$

である。……………………(答)

(3) $P_n=\left(1+\dfrac{1}{\sqrt{4n^2-1^2}}\right)\left(1+\dfrac{1}{\sqrt{4n^2-2^2}}\right)\cdots\left(1+\dfrac{1}{\sqrt{4n^2-n^2}}\right)$

$(n=1,2,3,\cdots)$ について，この両辺

は正より，この両辺の自然対数をとっ

て，$Q_n=\log P_n$ とおくと，

$Q_n=\log P_n$

公式：$\log xy=\log x+\log y$

$=\log\left(1+\dfrac{1}{\sqrt{4n^2-1^2}}\right)+\log\left(1+\dfrac{1}{\sqrt{4n^2-2^2}}\right)+$

$\cdots\cdots+\log\left(1+\dfrac{1}{\sqrt{4n^2-n^2}}\right)$

$=\sum_{k=1}^{n}\log\left(1+\dfrac{1}{\sqrt{4n^2-k^2}}\right)\cdots⑤$ となる。

$x(\geqq0)$

ここで，$k=1,2,3,\cdots,n$ より，

$\dfrac{1}{\sqrt{4n^2-k^2}}\geqq0$　ここで，$\dfrac{1}{\sqrt{4n^2-k^2}}=x$

とおくと，①より，

$\dfrac{1}{\sqrt{4n^2-k^2}}-\dfrac{1}{2(4n^2-k^2)}\leqq\log\left(1+\dfrac{1}{\sqrt{4n^2-k^2}}\right)$

$\leqq\dfrac{1}{\sqrt{4n^2-k^2}}$ ……⑥ が成り立つ。

よって，⑥の各辺の $\sum$ 計算を行うと，

$\sum_{k=1}^{n}\left(\dfrac{1}{\sqrt{4n^2-k^2}}-\dfrac{1}{2(4n^2-k^2)}\right)$

$\leqq\sum_{k=1}^{n}\log\left(1+\dfrac{1}{\sqrt{4n^2-k^2}}\right)\leqq\sum_{k=1}^{n}\dfrac{1}{\sqrt{4n^2-k^2}}$ …⑦

が成り立つ。ここで，

$\sum_{k=1}^{n}\dfrac{1}{2(4n^2-k^2)}=\dfrac{1}{2}\cdot\dfrac{1}{n}\cdot\dfrac{1}{n}\sum_{k=1}^{n}\dfrac{1}{4-\left(\frac{k}{n}\right)^2}$

より，この両辺の $n\to\infty$ の極限をとると，

$\lim_{n\to\infty}\sum_{k=1}^{n}\dfrac{1}{2(4n^2-k^2)}$

$=\dfrac{1}{2}\cdot\lim_{n\to\infty}\dfrac{1}{n}\cdot\dfrac{1}{n}\sum_{k=1}^{n}\dfrac{1}{4-\left(\frac{k}{n}\right)^2}$

(0)

$\int_0^1 \dfrac{1}{4-x^2}\,dx$（区分求積法）

$=\dfrac{1}{2}\times0\times\int_0^1 \dfrac{1}{4-x^2}\,dx=0$ となる。

有限確定値

また，(2) の結果より，

$\lim_{n\to\infty}\sum_{k=1}^{n}\dfrac{1}{\sqrt{4n^2-k^2}}=\dfrac{\pi}{6}$ …④より，

⑦の各辺の $n\to\infty$ の極限をとると，

$\dfrac{\pi}{6}-0\leqq\lim_{n\to\infty}\sum_{k=1}^{n}\log\left(1+\dfrac{1}{\sqrt{4n^2-k^2}}\right)\leqq\dfrac{\pi}{6}$

$Q_n(=\log P_n)$

となって，はさみ打ちの原理より，

$\lim_{n\to\infty}Q_n=\lim_{n\to\infty}\log P_n=\dfrac{\pi}{6}$ となる。

これから $\lim_{n\to\infty}\log P_n=\log e^{\frac{\pi}{6}}$ より，

求める極限 $\lim_{n\to\infty}P_n$ は，

$\lim_{n\to\infty}P_n=e^{\frac{\pi}{6}}$ である。……………(答)

203

| 補充問題　6 | 難易度 ★★★ | CHECK 1 | CHECK 2 | CHECK 3 |

右の断面図のように，水平な平面上に半径 a $(0 < a < 1)$ の半球が，おわんを伏せた形で置かれている。半球の中心 O から真上に 1 だけ離れた点 P にある点光源で半球を照らすとき，光の当たらない陰の部分（ただし，半球の外部で，平面より上）の体積を求めよ。（筑波大）

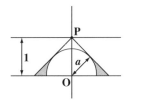

ヒント! 原点を O として，横軸を x 軸，たて軸を y 軸にとると，この陰の部分は y 軸のまわりの回転体の体積として求められる。まず，xy 座標平面上に O を中心とする半径 a の上半円を描き，点 $P(0, 1)$ を通り，この半円に接する接線 l の接点を $Q(x_1, y_1)$ とおいて，y_1 を a の式で表すことから始めよう。

右図のように xy 平面上に原点 O を中心とする半径 a の上半円 C を描く。

点 $P(0, 1)$ から，この半円 C に引いた接線を l とおく。そして l と半円 C との接点で，第 1 象限にある点を $Q(x_1, y_1)$ おくと，点 Q は，半円 $C : x^2 + y^2 = a^2 \cdots\cdots$① $(0 < a < 1)$ $(y \geqq 0,\ 0 < a < 1)$ 上の点より，$x_1{}^2 + y_1{}^2 = a^2 \cdots\cdots$② となる。そして，右上図の網目部を y 軸のまわりに回転してできる回転体が，光の当たらない陰の部分であり，この体積を V とおく。ここで，点 $Q(x_1, y_1)$ を通る半円 C の接線 l の方程式は，

$l : x_1 x + y_1 y = a^2 \cdots\cdots$③ である。

$(0 < x_1 < a,\ 0 < y_1 < a)$

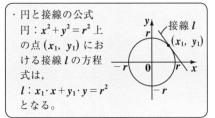

・円と接線の公式
円：$x^2 + y^2 = r^2$ 上の点 (x_1, y_1) における接線 l の方程式は，
$l : x_1 \cdot x + y_1 \cdot y = r^2$
となる。

③の接線 l は，点 $P(0, 1)$ を通るので，これを③に代入すると，

$x_1 \cdot 0 + y_1 \cdot 1 = a^2$ より，

$y_1 = a^2 \cdots\cdots$④ となる。

よって，求める陰の部分は，$0 \leqq y \leqq \underset{y_1}{a^2}$

の範囲に存在する。

④を③に代入すると，

$x_1 x + a^2 y = a^2$ より，

$x = \dfrac{a^2(1 - y)}{x_1} \cdots\cdots$⑤ となる。

204

ここで，直線 L を

$L : y = t$ とおく。

（t は $0 \leqq t \leqq a^2$ をみたす定数）

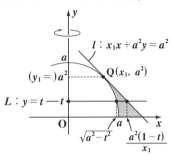

ここで，

L と半円 C との交点の x 座標 $(x > 0)$ を

求めると，①より，

$x^2 = a^2 - y^2 = a^2 - t^2$ だから，

$x = \sqrt{a^2 - t^2}$ ……⑦ となる。

次に L と l との交点の x 座標 $(x > 0)$

を求めると，⑤より，

$x = \dfrac{a^2(1-t)}{x_1}$ ……⑧ となる。

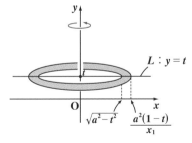

以上より，求める陰の部分の，y 軸のま

わりに直線 $L : y = t$ を回転させてできる

平面による断面は，上図のように，半径

が $\dfrac{a^2(1-t)}{x_1}$ と $\sqrt{a^2 - t^2}$ の 2 つの円に挟ま

れる円環となり，その断面積を $S(t)$ お

くと，

$S(t) = \pi \left\{ \dfrac{a^4(1-t)^2}{x_1{}^2} - (a^2 - t^2) \right\}$ ……⑨

となる。

$$\boxed{\begin{array}{l} \dfrac{a^4(t-1)^2}{a^2 - y_1{}^2} = \dfrac{a^4(t-1)^2}{a^2 - a^4} = \dfrac{a^2(t-1)^2}{1 - a^2} \\ (x_1{}^2 = a^2 - y_1{}^2 = a^2 - a^4 \ (②，④より)) \end{array}}$$

②，④，⑨より，求める陰の部分の体積 V は，

$V = \displaystyle\int_0^{a^2} S(t)\,dt$

$= \displaystyle\int_0^{a^2} \pi \left\{ \dfrac{a^2(t-1)^2}{1 - a^2} + t^2 - a^2 \right\} dt$

$= \pi \left[\dfrac{a^2}{1 - a^2} \cdot \dfrac{1}{3}(t-1)^3 + \dfrac{1}{3}t^3 - a^2 t \right]_0^{a^2}$

$$\boxed{\{(t-1)^3\}' = 3(t-1)^2 \text{より，} \int (t-1)^2 dt = \dfrac{1}{3}(t-1)^3 + C}$$

$= \dfrac{\pi}{3} \left\{ \dfrac{a^2}{1 - a^2}(a^2 - 1)^3 + a^6 - 3a^4 + \dfrac{a^2}{1 - a^2} \right\}$

$= \dfrac{\pi}{3(1 - a^2)} \left\{ a^2(a^2 - 1)^3 + (1 - a^2)(a^6 - 3a^4) + a^2 \right\}$

$$\boxed{\begin{array}{l} a^2(a^6 - 3a^4 + 3a^2 - 1) \\ = a^8 - 3a^6 + 3a^4 - a^2 \end{array}} \quad \boxed{a^6 - 3a^4 - a^8 + 3a^6}$$

$= \dfrac{\pi}{3(1 - a^2)} (a^8 - 3a^6 + 3a^4$

$\qquad + a^6 - 3a^4 - a^8 + 3a^6)$

$\therefore V = \dfrac{\pi a^6}{3(1 - a^2)}$ である。…………(答)

スバラシクよく解けると評判の

合格！数学Ⅲ
実力UP!問題集 改訂6

マセマ

著　者　馬場 敬之
発行者　馬場 敬之
発行所　マセマ出版社
〒 332-0023 埼玉県川口市飯塚 3-7-21-502
TEL 048-253-1734　　FAX 048-253-1729
Email：info@mathema.jp
https://www.mathema.jp

編　集	清代 芳生		
校閲・校正	高杉 豊　秋野 麻里子　馬場 貴史		
制作協力	久池井 茂　印藤 妙香　満岡 咲枝		
	久池井 努　真下 久志　石神 和幸		
	小野 祐汰　松本 康平　間宮 栄二		
	町田 朱美		
カバー作品	馬場 冬之		
ロゴデザイン	馬場 利貞		
印刷所	中央精版印刷株式会社		

平成 25 年 11 月 28 日　初版発行
平成 26 年　1 月 25 日　改訂 1　4 刷
平成 28 年　9 月 10 日　改訂 2　4 刷
令和元 年　7 月 14 日　改訂 3　4 刷
令和 3 年　1 月 18 日　改訂 4　4 刷
令和 4 年　5 月 20 日　改訂 5　4 刷
令和 5 年　4 月 12 日　改訂 6　初版発行